Laskowski

Elemente des Lebens

ELEMENTE DES LEBENS

Einführung in die Grundlagen
der allgemeinen Biologie

Wolfgang Laskowski
apl. Professor an der Freien Universität Berlin

Mit 74 Abbildungen

Walter de Gruyter & Co. · Berlin 1966
Vormals G. J. Göschen'sche Verlagshandlung · J. Guttentag, Verlagsbuchhandlung · Georg Reimer · Karl J. Trübner · Veit & Comp.

 — Archiv-Nr. 1372661 — Satz und Druck: Thormann & Goetsch, Berlin. — Printed in Germany.
Schutzumschlag und Einband: Ulrich Hanisch

Erkenne die Zusammenhänge der Dinge
und die Gesetze der Handlungen der Menschen,
damit Du wissest, was Du tuest.
Leo Szilard

Vorwort

Tag für Tag dringen Nachrichten über neue technische Errungenschaften auf uns ein. Bereits die Tagespresse versorgt uns neben Berichten über politische und gesellschaftliche Sensationen mit Meldungen über aufsehenerregende Fortschritte der Technik, z. B. in der Eroberung des Weltalls oder in der Erschließung atomarer Energiequellen. Dem aufmerksamen Leser werden auch hier und dort verstreute Berichte über neue Entdeckungen und Erkenntnisse auf den verschiedensten Gebieten der Naturwissenschaften, wie der Biologie, der Chemie oder der Physik nicht entgehen. Dennoch ist die Anzahl der Menschen wahrscheinlich recht klein, die bisher erkannt hat, daß neben allen aufsehenerregenden technischen Errungenschaften dem forschenden Menschen in jüngster Zeit Erkenntnisse beschert wurden, die von kaum zu überschätzender Bedeutung für seine Selbsterkenntnis sowie seine gegenwärtige und zukünftige Stellung sind. Diese neuen Erkenntnisse wurden vornehmlich innerhalb der letzten zwanzig Jahre gemeinschaftlich von Biologen, Chemikern und Physikern errungen. Sie haben zu einer vor wenigen Jahren noch ungeahnten Aufklärung der Prozesse und Mechanismen geführt, die die Grundlagen aller Lebensvorgänge ausmachen. Sind diese Grundlagen einmal erkannt, ist als nächster Schritt eine gesteuerte Beeinflussung wichtigster Lebensvorgänge kaum zu verhindern. Damit ergeben sich für den Menschen Möglichkeiten zur Beeinflussung biologischer Prozesse, deren Auswirkungen nicht nur medizinisch-biologisch für den Einzelnen, sondern auch gesellschaftlich für die Gemeinschaft der Einzelnen recht nachdrücklich in Zukunft spürbar werden mögen. Um dieser Situation verständnisvoll entgegensehen zu können, bedarf es einer gründlichen Orientierung über die z. Zt. bereits verfügbaren und in naher Zukunft mit bestimmter Wahrscheinlichkeit zu erwartenden Einsichten über den Ablauf grundlegender Lebensprozesse. Informationen hierüber können bisher recht vielen Fachzeitschriften und einigen wenigen Fachbüchern entnommen werden, sind aber im Grunde genommen nur Spezialisten verständlich. Wegen der eminenten gesellschaftlichen Bedeutung dieser

Erkenntnisse scheint es jedoch geboten, sie über den engen Rahmen der Fachgelehrtenschaft hinaus zu verbreiten und einem größeren, interessierten Menschenkreis Gelegenheit zu geben, sich über die wesentlichen Grundlagen der heutigen Einsichten in die Lebensprozesse sowie über bestimmte sich möglicherweise ergebende Folgerungen allgemein zu informieren. Dieser Versuch sei hiermit unternommen.

Es liegt in der Natur einer einführenden und zusammenfassenden Darstellung eines außerordentlich intensiv bearbeiteten Wissenschaftsgebietes, daß der Verfasser aus einer Fülle von Tatsachen diejenigen auswählen muß, die ihm als besonders geeignet zur Erörterung der zu behandelnden Themen erscheinen. Ein Leitgedanke bei der hier zu treffenden Auswahl war der, den Leser vorwiegend mit grundlegenden, allgemein gesicherten Erkenntnissen der modernen „molekularen" Biologie sowie bestimmten, neu entwickelten Vorstellungen zur Lösung noch offener Probleme vertraut zu machen. Einzelbefunde werden daher nur eingehender geschildert, wenn sie zur Erreichung dieses Zieles beitragen.

Zur wirklichen Orientierung über ein bestimmtes Sachgebiet gehört allerdings nicht nur die Kenntnis wichtiger Tatbestände, sondern auch eine Vorstellung darüber, auf welchen Wegen die Aufklärung der oft komplexen Tatbestände erreicht werden konnte. Daher ist es ein besonderes Anliegen dieses Buches, den Leser an Vorstellungen und experimentellen Ansätzen teilnehmen zu lassen, die zur Erreichung unserer heutigen Einsichten wesentlich beigetragen haben. Indem der Leser auf diese Weise an den heutigen Kenntnisstand herangeführt wird, kann er gleichzeitig den Weg erahnen, der sich aus forschenden Fragen und zeitentsprechenden Antworten dem Menschen auf der Suche nach neuen Erkenntnissen eröffnet hat.

Da jede Auswahl subjektiv ist, mag mancher Leser sich vielleicht gerade mit einem Problem intensiv auseinanderzusetzen wünschen, das hier nur kurz angeschnitten werden konnte. Als Anleitung zur Vertiefung der Kenntnisse sind am Schluß eines jeden Kapitels einige Hinweise auf in deutscher Sprache geschriebene Fachbücher gegeben, die dem Interessierten einen Zugang zu Spezialproblemen ermöglichen sollen. Mit der Erweckung und Förderung derartiger Interessen ist ein wesentliches Ziel dieses Buches erreicht.

Inhalt

Wertvolle Hinweise nach Durchsicht des Manuskriptes oder größerer Teile desselben habe ich von den Herren Prof. Dr. K. Günther und Dr. P. Giesbrecht in Berlin sowie Prof. Dr. U. Leupold in Bern erhalten. Herr Dr. Giesbrecht hat freundlicherweise auch unveröffentlichte Photographien elektronenmikroskopischer Abbildungen zur Verfügung gestellt. Außerdem wurde von mehreren Kollegen im In- und Ausland bereitwillig die Genehmigung zur Wiederveröffentlichung verschiedener Abbildungen gegeben. Schließlich sind Entwurf, Abfassung und Fertigstellung des Manuskriptes wesentlich durch die geduldige Unterstützung meiner Frau, Hildegard Laskowski, gefördert worden. Allen Beteiligten sei auch an dieser Stelle der herzliche Dank des Autors ausgesprochen.

Juli 1965 W. L.

Wegweiser

Gibt es gemeinsame Gesetzmäßigkeiten, die der Mannigfaltigkeit der uns umgebenden Lebewesen zugrunde liegen? Wie genau kennen wir diese, und welche Möglichkeiten ergeben sich für uns daraus?

Diese Fragen sollen im Zentrum unserer Überlegungen stehen, und wir wollen zunächst damit beginnen, uns Klarheit über den zu ihrer Beantwortung einzuschlagenden Weg zu verschaffen. Dabei sei von der Voraussetzung ausgegangen, daß der mit aufgeschlossenem Interesse seine Umwelt beobachtende Mensch im allgemeinen eine Fülle von Eindrücken aufnimmt, diese in bestimmtem Ausmaß ordnen sowie auch gewisse Beziehungen und Zusammenhänge erkennen kann, ohne über naturwissenschaftliche Spezialkenntnisse zu verfügen. Generell bleibt er bei diesen Orientierungsbemühungen erst einmal auf die mit seinen natürlichen Sinnen unmittelbar wahrnehmbaren Gegebenheiten beschränkt. Ist eine echte Neugier vorhanden, die Wahrheit der selbstgewonnenen Eindrücke zu überprüfen und neue Erkenntnisse zu gewinnen, so wird er beginnen, sich in Abhandlungen zu vertiefen, die von Mitmenschen geschrieben wurden, die sich eingehender mit besonderen Fragestellungen beschäftigen konnten. Je nach den besonderen Lebensumständen des Einzelnen kann eine solche Vertiefung der Interessen über das Lesen allgemeinverständlicher Abhandlungen bis hin zum Studium ausgesprochen wissenschaftlicher Fachbücher, ja bis zur selbständigen wissenschaftlichen Auseinandersetzung führen.

Aus vielen, hier nicht zu diskutierenden Gründen ist der Kreis der Menschen, die bis zu fachwissenschaftlichen Erörterungen vordringen, recht klein. Für die im Gegensatz dazu wohl recht zahlreiche Gruppe derer, die allgemein über den Drang zum Erwerb neuer Einsichten und Erkenntnisse verfügen und besonders an einem Wissen um bestimmte grundlegende, das Leben steuernde Prozesse interessiert sind, ist dieses Buch geschrieben worden. Es werden dementsprechend keine biologischen oder chemischen fachwissenschaftlichen Kenntnisse vorausgesetzt. Der Leser soll aber zu einem wirklichen Verständnis einiger besonders bedeutsamer biologischer Erkenntnisse geführt werden. Dazu muß er mit einigen wesentlichen Befunden der modernen biologischen Forschung bekannt werden. Dieses Bekanntwerden mit Forschungsergebnissen erfordert auch die Kenntnis einiger wichtiger wissenschaftlicher Begriffe, denn zur Kennzeichnung bestimmter Tatbestände hat die Wissenschaft ein spezielles Vokabular entwickelt. Das ist nicht geschehen, um den Laien zu verwirren und ihm den Zugang zum Verständnis zu erschweren, sondern weil die oft mehrdeutigen Begriffe unserer Umgangssprache zu einer eindeutigen Kennzeichnung bestimmter Tatbestände nicht ausreichen. Einmal mit den Tatbeständen bekannt und mit den zu ihrer Charakterisierung herangezogenen Begriffen vertraut gemacht, wird auch der Laie ihre sparsame Verwendung zur kurzen, eindeutigen Definition schätzen lernen. Er wird dabei bald feststellen, daß durch die modernen biologischen Entdeckungen Gesetzmäßigkeiten zutage gebracht wurden, die sich als unerhört reizvoll für den spekulierenden Geist herausstellen. So kann der Leser bereits jetzt darauf hingewiesen werden, daß er schließlich in Bereiche Eingang finden wird, deren Spannungsmomente einem guten Kriminalroman kaum nachstehen.

Es bleibt zu erörtern, auf welchen Wegen diese Erkenntnisse erreicht werden sollen. Das Leben umgibt uns in außerordentlicher Fülle und in den verschiedenartigsten Formen. Voraussetzung für eine Beantwortung der eingangs gestellten Fragen ist daher eine Orientierung über die verschiedenartigen Formen, in denen uns Leben begegnet. Diese kann natürlich nur in aller Kürze erfolgen. Sie soll aber der Ausgangspunkt für unsere Untersuchungen sein. Der nächste Schritt wird dann zu einer Behandlung der Bauelemente und Strukturen führen, aus denen die so verschiedenartig erscheinenden Lebewesen aufgebaut sind. Hierbei wird vorzudringen sein von großen, bereits mit bloßem Auge wahrnehmbaren makroskopischen Strukturen über nur mit geeigneten optischen Hilfsmitteln wahrnehmbare winzig kleine mikroskopische Elemente bis hin zu der nur noch mit chemischen und physikalischen Mitteln nachweisbaren molekularen und atomaren Zusammensetzung wichtiger Bauelemente. Eine Beschreibung von Bauelementen bliebe unvollständig, wenn nicht auch ihre spezifischen Aufgaben, ihre Funktionen, erörtert werden. Eine solche Erörterung gibt uns eine erste Möglichkeit zur Beurteilung ihrer Bedeutung für die Lebensprozesse.

Ist ein Überblick über wesentliche Bauelemente sowie deren besondere Funktionen gewonnen, stellt sich uns die Frage nach den Voraussetzungen für die Weitergabe, die Vermehrung und differentielle Entwicklung derart komplexer Strukturen. Eines der Kennzeichen des Lebens ist ja seine Fähigkeit, sich zu vermehren und dabei alle möglichen Plätze unseres Planeten zu bevölkern. Auch beginnen alle großen ausgewachsenen Organismen im allgemeinen ihren Lebensweg als winzig kleine Einheiten, das von der Mutter gelieferte Ei. So werden wir uns zu fragen haben:
Auf welche Weise erfolgt der Aufbau spezifischer biologischer Strukturen in heranwachsenden Organismen und wie wird er gesteuert?

Schließlich können wir uns dann mit folgender, außerordentlich wichtiger Frage befassen:
Wie hat es die Natur erreicht, daß die notwendigen Informationen zur Entwicklung der komplexen biologischen Strukturen von Generation zu Generation weitergegeben werden?

Erst seit jüngster Zeit können auf diese Fragen Antworten gegeben werden, die keine bloße Spekulation sind. Die weitgehende Aufklärung der den Vererbungserscheinungen zugrunde liegenden Mechanismen auf molekularer Ebene gehört zu den interessantesten Ergebnissen der gesamten biologischen Forschung.

Ausgerüstet mit den bisher erworbenen Erkenntnissen kann dann schließlich ein Versuch unternommen werden, die den menschlichen Geist immer wieder beschäftigenden Fragen nach den notwendigen Voraussetzungen für eine Entstehung von Leben aus unbelebter Materie sinnvoll zu erörtern. Hier, auf molekularem Niveau, wird deutlich werden, wie künstlich in vieler Hinsicht die uns so geläufige Unterscheidung zwischen Belebtem und Unbelebtem ist.

Damit ist das Ziel angedeutet, der Weg skizziert. Es gilt nun aufzubrechen.

I. Die Suche nach gemeinsamen Strukturen

1. Erste Orientierung in der Vielfalt der Lebensformen

Für unsere Bemühungen um ein Verständnis der wichtigsten Lebensprozesse und der ihnen zugrunde liegenden Mechanismen ist ein Überblick über die vielfältigen Formen, in denen uns Leben auf der Erde begegnet, eine wichtige Voraussetzung. Für lange Zeit war es ein wesentliches Anliegen der Biologen gewesen, eine Bestandaufnahme aller Lebewesen im Wasser, auf dem Lande und in der Luft vorzunehmen. Diese über Jahrhunderte ausgeübte Sammlertätigkeit hat viele hochinteressante Erkenntnisse über das Vorkommen und den Aufbau sowohl von weitverbreiteten als auch von sehr isoliert existierenden Pflanzen, Tieren oder Mikroben erbracht. Aus dem Vergleich bestimmter Konstruktionseigenheiten ist schließlich eine Einteilung der mannigfaltigen Lebewesen in bestimmte Gruppen (Rassen, Arten, Familien, Ordnungen, Klassen, Stämme) möglich geworden. Dadurch wurden Voraussetzungen für einen geordneten Überblick geschaffen.

Eine intensive vergleichende Betrachtung lebender und ausgestorbener Tier- und Pflanzenformen hat schließlich zur Konzeption der Evolutions-Theorie geführt, die uns eine Vorstellung über die Herkunft und Abstammung der mannigfaltigen Lebensformen liefert. Diese bekanntlich von Darwin 1859 zuerst gründlich fundierte Theorie hat ihre Gültigkeit in ihren wesentlichen Zügen bis heute bewahrt. Obwohl viel Mühe darauf verwendet wurde, konnten sachlich begründete Gegenbeweise nicht erbracht werden.

Die heute ständig noch fortgesetzte Bestandaufnahme führt zu immer neuen Entdeckungen bisher unbekannter Arten von Lebewesen, die sich aufgrund bestimmter Struktureigenheiten zwei bzw. drei großen Gruppen oder „Reichen" zuordnen lassen. Neben dem „Tierreich" und dem „Pflanzenreich" läßt sich das Reich der Mikroorganismen abgrenzen, zu dem vornehmlich winzig kleine Organismen wie z. B. Bakterien, bestimmte Pilze oder Infusorien gehören. Nach gewissen Kriterien werden jedoch Mikroorganismen mitunter auch mehr oder weniger zwanglos entweder dem Pflanzen- oder dem Tierreich zugeordnet, so daß dann anstatt von drei großen Gruppen nur zwei übrigbleiben.

Die meisten Arten heute existierender Lebewesen gehören dem Tierreich an. Man rechnet etwa mit einer Million Tierarten gegenüber einer viertel Million Pflanzenarten. Auf den ersten Blick sind die Vertreter der einzelnen Reiche im Vorhandensein oder Fehlen, in der Form oder der Größe bestimmter Einzelmerkmale außerordentlich verschieden. Zur Veranschaulichung seien je ein Vertreter beider Gruppen einander gegenübergestellt. Aus dem Tierreich z. B. ein Säugetier, etwa ein Hund, aus dem Pflanzenreich z. B. ein Laubbaum, etwa eine Buche. Während der eine Organismus umherlaufen und beliebig seinen Standort wechseln kann, ist der andere dazu verurteilt, dort, wo er einmal Wurzeln gefaßt hat, den Rest seines Lebens zu verbringen. Während der Hund mit Hilfe hoch spezialisierter Sinnesorgane, wie z. B. Augen und Nase, seine nähere und weitere Umwelt eindeutig wahrnehmen und sein Verhalten danach einrichten kann, fehlen der Buche derartige Sinnesorgane. Außerdem sind die Ernährungsbedürfnisse beider Organismen außerordentlich verschiedenartig. Während der eine Fleisch und Knochen bevorzugt, also auf Kosten anderer Lebewesen existiert, lebt der andere von Sonne, Regen und einigen Mineralien. Diesen Unterschieden lassen sich leicht viele weitere hinzufügen.

Geht man von der Beschreibung auffälliger äußerer Erscheinungsunterschiede zu einer eingehenden Untersuchung der Körper beider Lebewesen über, so finden sich weitere Differenzen, die jedem klar sind, der einmal einen gefällten Baum oder einen geöffneten Säugetierkörper gesehen hat. Während der Stamm und die Äste der Buche im wesentlichen massiv sind und keine großlumigen Hohlräume enthalten, ist der Säugetierkörper von relativ weitlumigen Kanälen, dem Schlund-, Magen- und Darmtrakt sowie den großen Adern durchzogen. So auffällige Differenzierungen wie etwa das Gehirn, das Herz oder das Skelett mit seinen verschiedenartigen Knochenformen (Schädel-, Wirbel- und Extremitätenknochen etc.), die sich beim Säugetier finden, fehlen dem Baum. Der Aufbau von Stamm und Ästen ist wesentlich einförmiger als beim Säugetier, das so verschiedenartige Organe wie Lunge, Niere, Leber etc. im Inneren des Körpers enthält. Auch bei vergleichend anatomischen Studien lassen sich also weitere Unterschiede in großer Zahl anführen.

2. Auffinden gemeinsamer Bauelemente: „Zellen“

Verläßt man die makroskopische anatomische Betrachtung beider Lebewesen und nimmt das Lichtmikroskop zur Untersuchung des feineren Aufbaus der Körperbestandteile zu Hilfe, so stellt sich bald eine erste auffallende Gemeinsamkeit heraus. Die anatomisch so verschiedenartigen Körperbestandteile von Baum und Säugetier erweisen sich als aufgebaut aus Elementen von gleichem Strukturprinzip. Das Charakteristische dieser mikroskopisch kleinen Elemente ist, daß jedes einzelne eine mehr oder weniger stark ausgeprägte Umgrenzung hat und im Innern einen oft deutlich erkennbaren Körper enthält, der sich durch eine besondere Anfärbbarkeit auszeichnet. Diese Elemente nennt man „Zellen“, da sie bei Pflanzen durch dicke Begrenzungen, die „Zellwände“, ausgezeichnet sind, und ein Querschnitt durch bestimmte Pflanzenkörper mikroskopisch betrachtet den Eindruck von vielen nebeneinanderliegenden Raumeinheiten oder Zellen vermittelt. Im tierischen Gewebe sind meist nur sehr dünne Membranen als Begrenzung ausgebildet, und die Abgrenzung der Zellen ist oft nicht sehr auffällig. Der relativ leicht erkennbare, spezifisch anfärbbare Körper jeder Zelle wird als „Zellkern“ bezeichnet. Im Innern der Zelle findet sich ein gallertartiges Substrat, das sogenannte „Cytoplasma“, in dem mit Hilfe des Lichtmikroskops eine Reihe von z. T. winzig kleinen Partikeln zu erkennen ist. Besonders bei ausdifferenzierten Pflanzenzellen sind größere Hohlräume im Cytoplasma auffallend, das sich häufig sogar nur als dünne Schicht an die Zellwand anlagert.

Tatsächlich verkörpert die Zelle ein grundlegendes Strukturelement aller Lebewesen, eine Einsicht, die von dem Zoologen Schwann 1839 zuerst in der Öffentlichkeit vertreten wurde. Zellen der verschiedenartigsten Form und mit z. T. sehr unterschiedlichen Funktionen bilden die verschiedenen Gewebe des Tier- wie des Pflanzenkörpers. Diese werden daher auch mit Recht als „Vielzeller“ bezeichnet. Jedoch können Zellen nicht nur im Verband mit anderen Zellen, sondern auch einzeln existieren. Viele dem Reich der Mikroorganismen zuzurechnenden Vertreter, wie z. B. die Bakterien, manche Algen und Pilze, bestehen nur aus einer Zelle. Diese einzeln existierenden Zellen, auch einzellige Organismen oder „Einzeller“ genannt, sind derart ausgerüstet, daß sie sich alleine gegenüber den Unbilden ihrer jeweiligen Umwelt behaupten können. Bei den Vielzellern ist dagegen eine weitgehende Arbeitsteilung und Spezialisierung der Zellen eingetreten, wodurch die Zellen in hohem Maße voneinander abhängig geworden sind.

Einen ersten Eindruck von verschiedenen beim Wirbeltier einerseits und beim Laubbaum andererseits vorzufindenden Zelltypen vermitteln die Abbildungen 1 bis 4. Um die Erkennung der Zellformen zu erleichtern, sind die tierischen Zellen, denen dicke Zellwände fehlen, isoliert gezeichnet worden.

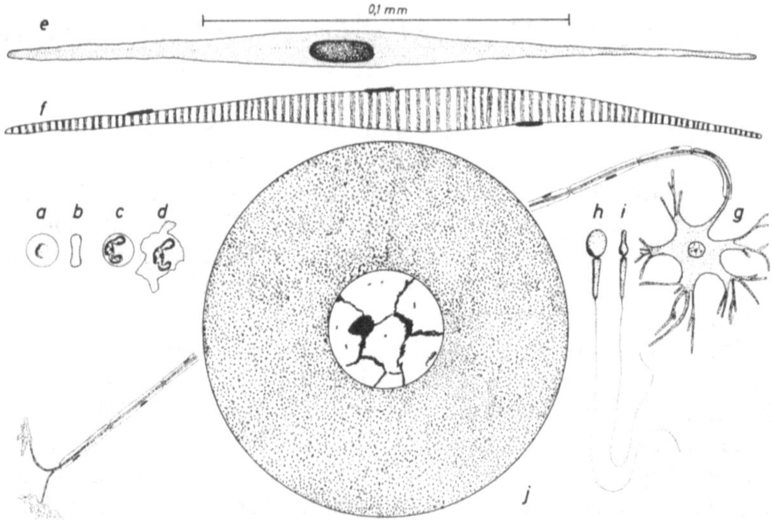

Abb. 1. Beispiele verschiedener Zelltypen der Wirbeltiere

a: Erythrozyt (rotes Blutkörperchen) des Menschen von oben gesehen
b: die gleiche Zelle von der Seite aus gesehen
c: kugelförmiger Leukozyt (weißes Blutkörperchen) des Menschen mit zerklüftetem Kern
d: Leukozyt, der „Pseudopodien" (Scheinfüßchen) aussendet
e: glatte Muskelzelle, wie sie z. B. in der Darmwand zu finden ist
f: quergestreifte Muskelfaser mit 3 Kernen, die z. B. in Arm- und Beinmuskeln auftritt
g: Neuron (Nervenzelle) mit langem Nervenfortsatz (Axon oder Neurit) und kurzen Fortsätzen (Dendriten). Den Nervenfortsatz umgeben die sogenannten Schwann'schen Zellen als Hülle (Markscheide). Am Ende des Nervenfortsatzes ist eine baumförmige Verzweigung, das „Endbäumchen", erkennbar
h: menschliche Samenzelle (Spermium) von oben gesehen
i: die gleiche Zelle von der Seite aus gesehen
j: menschliche Eizelle
Alle Zellen sind etwa maßstabgerecht wiedergegeben. Allerdings können Muskelzellen auch wesentlich länger sein. Die Nervenfortsätze mancher menschlicher Neuronen können sogar eine Länge von etwa 1 m erreichen.

→

Abb. 2. Mikroskopische Aufnahme eines Leukozyten, umgeben von mehreren Erythrozyten, im Blut eines Menschen. Im Leukozyten ist der zerklüftete Kern deutlich erkennbar. Die Erythrozyten sind mit Hämoglobin angefüllt und enthalten keinen Zellkern mehr. *(Aufnahmen von H.-J. Rind, Gießen)*

oben: Phasenkontrastaufnahme lebender Zellen
unten: Aufnahme abgetöteter und angefärbter Zellen

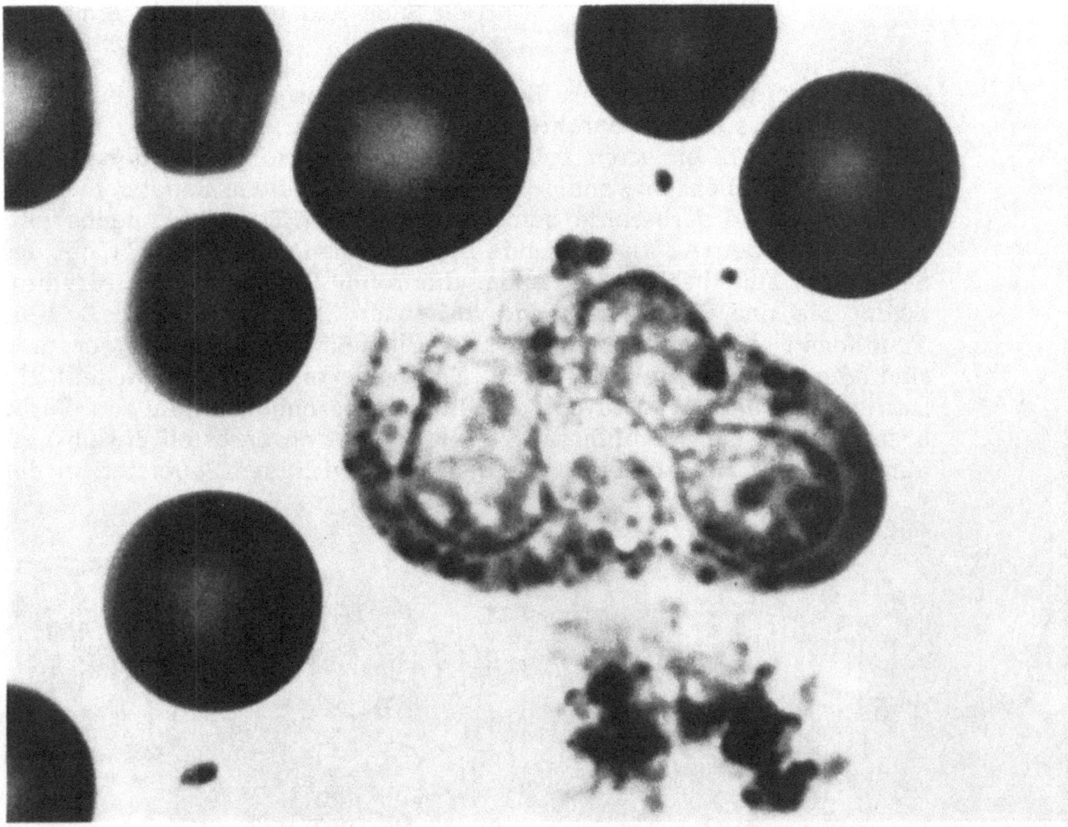

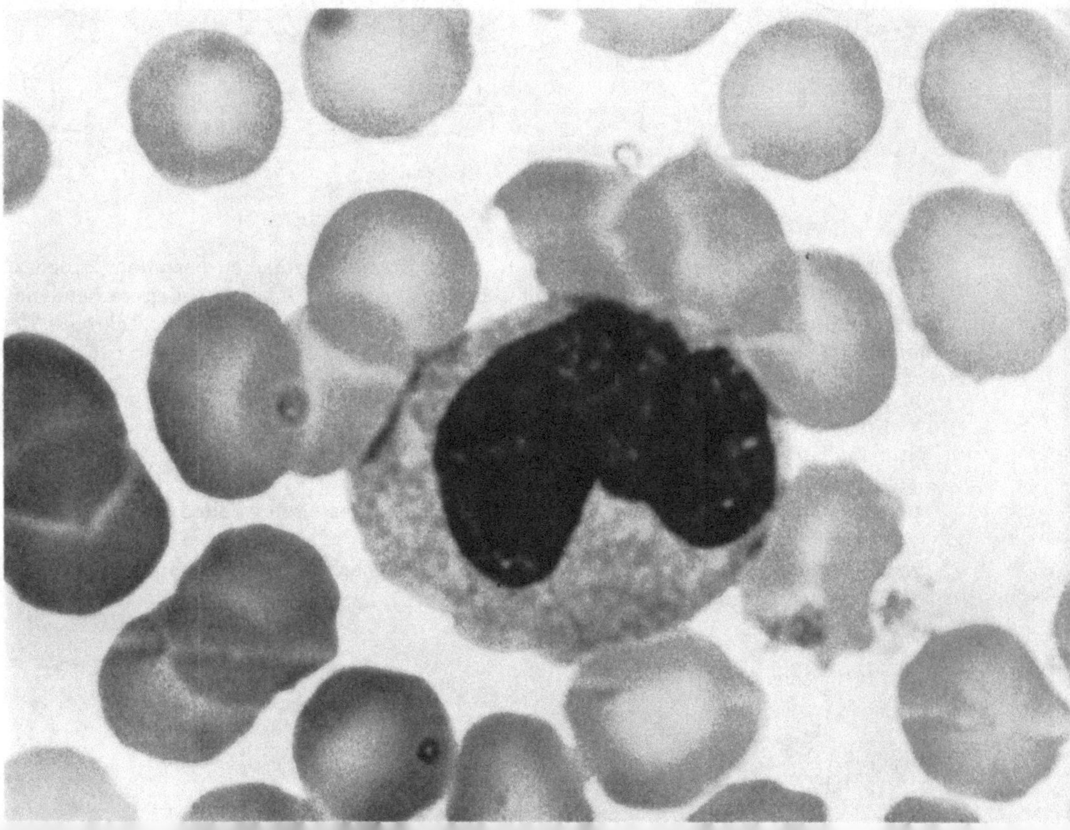

Beim Wirbeltier wurden als Beispiel Zellen ausgewählt, die für diese Tiergruppe besonders charakteristische Aufgaben erfüllen. So besitzen Wirbeltiere z. B. ein Kreislaufsystem, das dafür sorgt, daß der für alle Körperzellen lebensnotwendige, in der Luft enthaltene Sauerstoff bis in die innersten Körperbereiche befördert wird. Diese Transportaufgabe wird durch das in den Adern kreisende Blut wahrgenommen. Die Träger des Sauerstoffs sind bestimmte Zellen, die roten Blutkörperchen (Erythrozyten). Sie sind in großer Menge vorhanden. Beim Menschen z. B. 4 bis 5 Millionen in einem tausendstel Liter Blut. Erythrozyten des Menschen sind scheibenförmig und bikonkav, also beiderseits leicht eingedellt. Ihr Durchmesser beträgt etwa 8 μ[1]. Auf ihre Anwesenheit ist die rote Farbe unseres Blutes zurückzuführen. Sie enthalten eine Farbstoff-Eiweiß-Verbindung, das „Hämoglobin", das den lebenswichtigen Sauerstoff in der

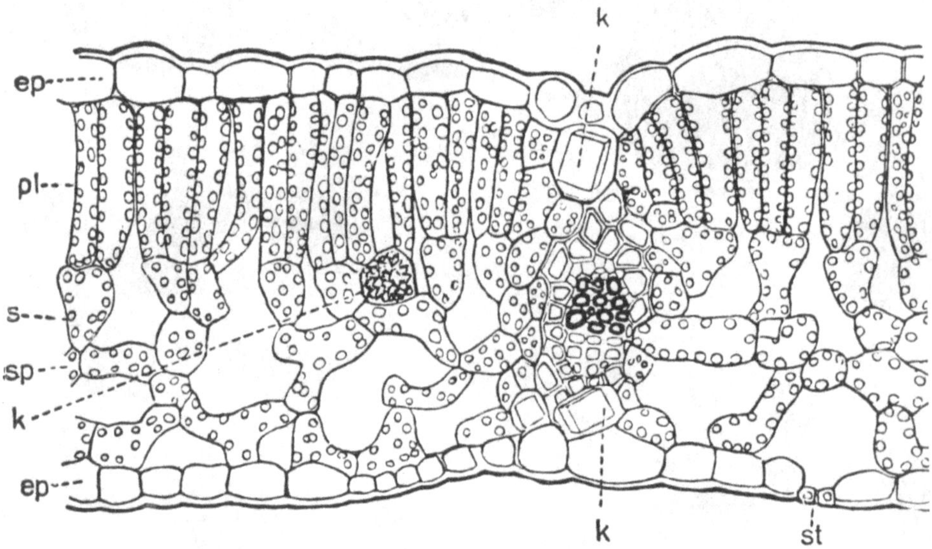

Abb. 3. Querschnitt durch ein Buchenblatt. Deutlich sind verschieden gestaltete Zellen zu erkennen. Die Zellkerne sind *nicht* eingezeichnet. Die in den inneren Zellen vorhandenen zahlreich runden Partikel sind Chloroplasten. *(Aus E. Strasburger, u. a. „Lehrbuch der Botanik" G. Fischer, Stuttgart 1962)*

ep: pflastersteinförmige Epidermiszellen
k: Kristalle, die sich in Zellen gebildet haben
pl: zylindrische Palisadenzellen
s: trichterförmige Zellen
sp: Schwammparenchym, eine Verband unregelmäßig gestalteter Zellen, zwischen denen größere, offene Zwischenräume bestehen
st: Spaltöffnung, Zellen die eine Öffnung umschließen und den Zutritt von Luft ins Schwammparenchym regulieren

[1] $1\,\mu = {}^{1}/_{1000}$ mm

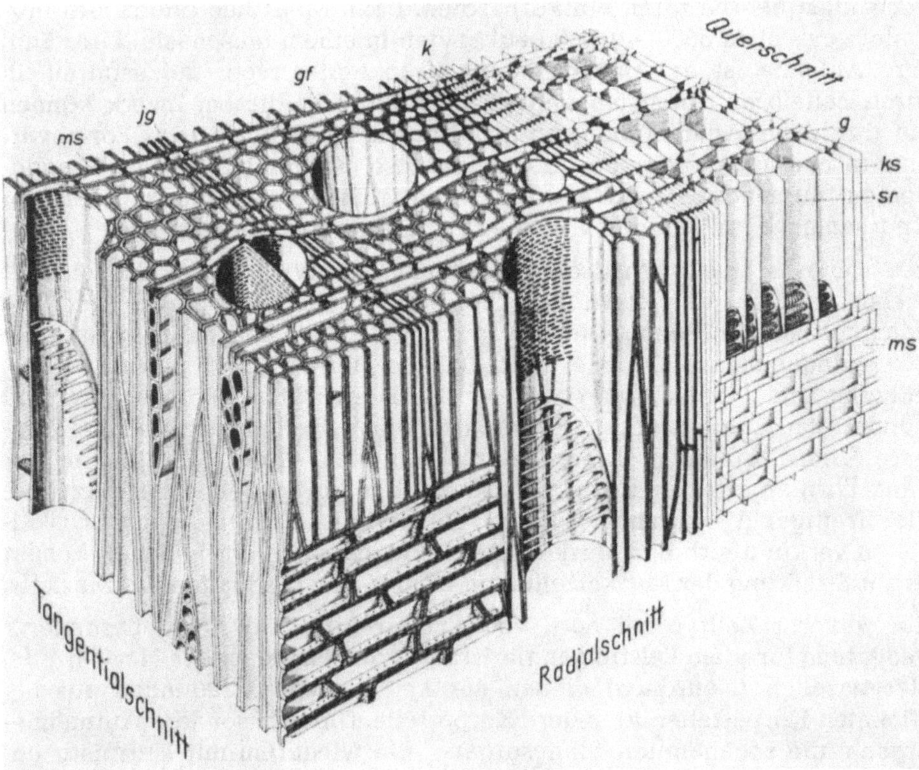

Abb. 4. Ausschnitt aus einem Birkenstamm. Auch hier sind verschiedene Zelltypen deutlich erkennbar. *(Aus W. Nultsch „Allgemeine Botanik" G. Thieme, Stuttgart 1964)*

g: Geleitzellen, die die Siebröhren begleiten und mit diesen durch zahlreiche Plasmaverbindungen in Zusammenhang stehen
gf: Gefäße oder Tracheen } Dienen der Wasserleitung.
jg: Tracheiden (Jahresgrenze) } Das Cytoplasma ist bereits abgestorben.
k: Kambium, Gewebe undifferenzierter, teilungsfähiger Zellen, aus denen die übrigen differenzierten Zelltypen hervorgehen
ks: kollabierte Siebröhren
sr: Siebröhren, dienen der Leitung organischer Stoffe
ms: Markstrahlzellen, dienen der Stoffspeicherung

Lunge an sich bindet und in den übrigen Organen wieder abgibt. Bei Säugetieren sind sie im ausgereiften Zustand ausschließlich mit Hämoglobin angefüllt und haben alle übrigen charakteristischen Innenstrukturen verloren. Ihre Lebensdauer ist dann sehr kurz. Sie werden im Knochenmark gebildet, verlieren bald ihren Kern sowie die übrigen Zellorganellen und gehen nach 90—120 Tagen in der Milz zugrunde.

Außer den roten Blutkörperchen enthält das Blut noch andere Zellen, die sogenannten weißen Blutkörperchen (Leukozyten). Sie sind kugelförmig und enthalten einen zerklüfteten Kern. Im Blut sind sie weniger zahlreich vorhanden als die roten Blutkörperchen. Beim Menschen finden sich normalerweise etwa 5000—10 000 Leukozyten in einem tausendstel Liter Blut. Ihre Aufgabe ist es, eingedrungene Krankheitserreger aufzuspüren, in ihren Zelleib aufzunehmen und zu vernichten. Zu diesem Zweck können sie durch die Aderwände hindurchdringen. Sie können ihre Form verändern und verschieden gestaltete Fortsätze (Scheinfüßchen oder Pseudopodien) aussenden. Gebildet werden die weißen Blutkörperchen teils im Knochenmark, teils in der Milz oder in besonderen Lymphknoten.

Ein weiteres charakteristisches Merkmal der Wirbeltiere, das sie mit vielen anderen Vertretern des Tierreiches gemeinsam haben, ist ihre Fähigkeit zur Bewegung. Die Bewegungen der Gliedmaßen, aber auch die Bewegungen innerer Organe, wie z. B. Herz, Darm u. a., werden durch Verkürzung und Verlängerung von Muskeln bewirkt. Diese Muskeln sind Bündel von langgestreckten Zellen, den Muskelzellen, die stark verkürzbare Längsfibrillen in ihrem Zelleib enthalten. Durch Verkürzung der Längsfibrillen wird auch die Längsachse der Muskelzellen verkürzt. Bei gleichzeitiger Verkürzung aller in einem Muskel enthaltenen Muskelzellen verkürzt sich der Muskel. Durch Entspannung der Fibrillen kommt es zur Streckung der Muskelzellen und damit zum Erschlaffen des Muskels.

Ein weiterer Zelltyp sei noch vor Augen geführt, der von besonderer Bedeutung für viele Leistungen tierischer Organismen ist, die Nervenzelle. Nervenzellen (Neuronen) dienen der Leitung von Erregungen aus bestimmten Körperteilen in andere Körperteile. Durch besondere Aufnahmeorgane, die sogenannten Sinnesorgane, die wiederum mit spezifisch gebauten Zellen (Sinneszellen) bestückt sind, kann der tierische Körper Eindrücke seiner Umwelt (z. B. Licht-, Temperatur-, Druck-, Geruchs- oder Geschmackseindrücke) wahrnehmen und, wenn nötig, darauf reagieren. Dazu muß die durch physikalische oder chemische Mittel erzeugte Erregung der Sinneszellen weitergeleitet werden zu den Zellen der Reaktionsorgane, z. B. zu bestimmten Muskelzellen. Die Weiterleitung derartiger Erregungen erfolgt in den Nervenzellen. Sie sind meist mit langen Fortsätzen versehen, in denen Faserstrukturen, die sogenannten Neurofibrillen, erkennbar sind. Neurofibrillen von Nervenzellen und Sinneszellen bilden an den Kontaktstellen der Zellen Verflechtungen, durch die die

---

—>

Abb. 5. Beispiele verschiedener Typen einzelliger Organismen

a: *Paramaecium* (Pantoffeltierchen)

b: *Vorticella* (Glockentierchen)

Pantoffeltierchen und Glockentierchen gehören zu den reich differenzierten Wimpertierchen oder Ciliaten. Der ganze Zellkörper ist bewimpert. Außer den Wimpern am Zellrand ist die in mehreren parallelen Reihen verlaufende Wimperanordnung deutlich zu erkennen

c: Amöbe (Schleimtierchen)

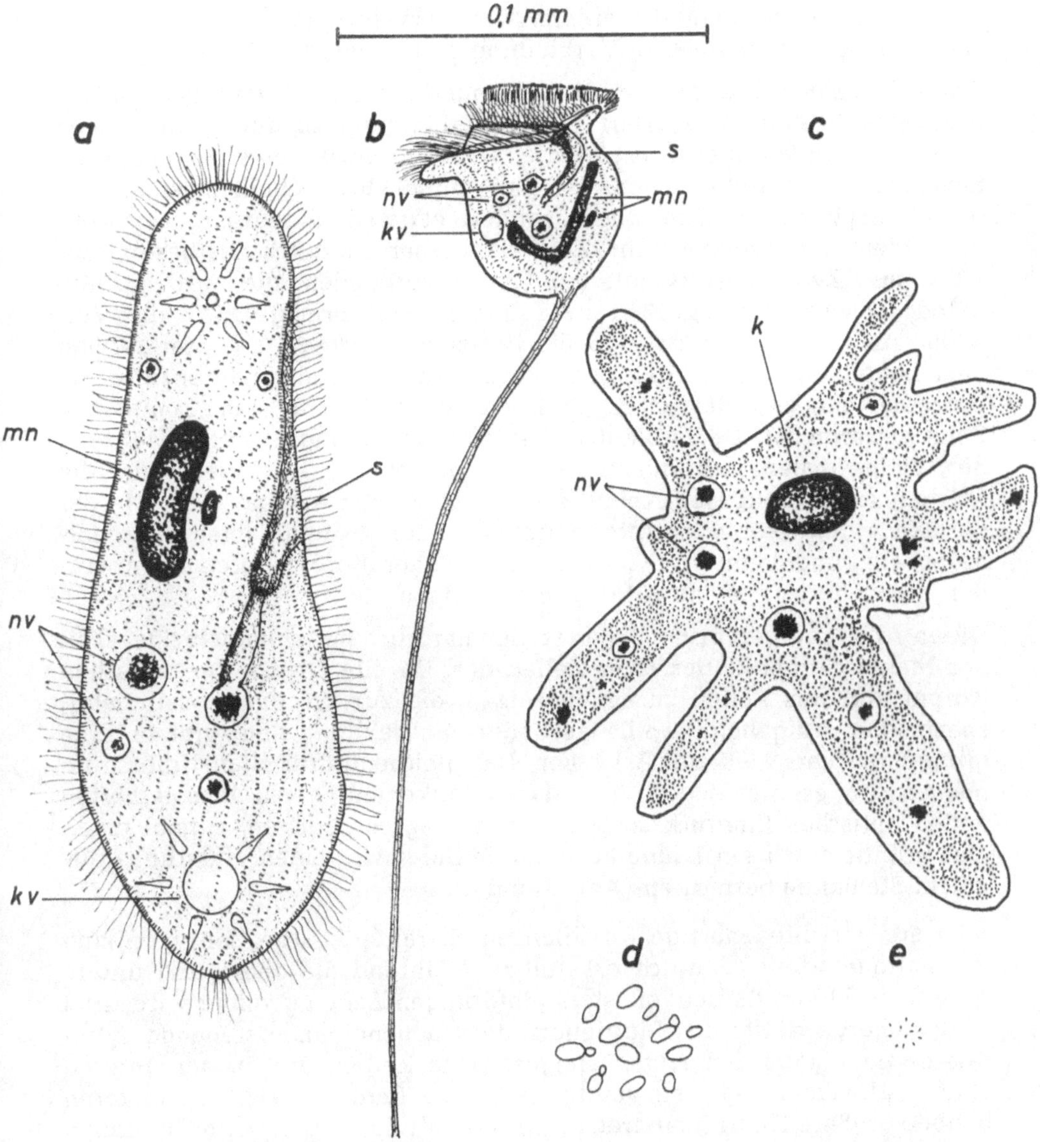

d: Ein Dutzend Zellen einer Backhefe. Einige mit knospenden Tochterzellen
e: Ein Dutzend Bakterienzellen, die z. B. als harmlose Bewohner des menschlichen Darms vorkommen (*Escherichia coli*)

k: Zellkern
kv: Kontraktile Vakuolen. Beim Paramaecium ist unten eine kv in gefülltem und oben in entleertem Zustand vorhanden
mn: Macronucleus und Micronucleus (Groß- und Kleinkern)
nv: Nahrungsvakuolen
s: Zellschlund, durch den die Nahrung aufgenommen wird

Erregungen weitergeleitet werden. Alle Nervenzellen eines Tierkörpers stehen derart miteinander in Verbindung und bilden das „Nervensystem".

Schließlich seien noch zwei Zelltypen angeführt, die — wenn auch äußerlich selbst wenig strukturiert — die Befähigung zu außerordentlichen Differenzierungen in sich tragen, die weibliche Eizelle und die männliche Samenzelle. Die reife Samenzelle (Spermium) des Menschen ist ähnlich wie die Erythrozyten nicht kugel- sondern etwa scheibenförmig. Der Kern der reifen Samenzelle ist ihr Kopfteil. Dieser ist durch ein besonderes Hals- und Zwischenstück mit der Geißel verbunden, die durch schlängelnde Bewegungen das Spermium anzutreiben vermag. Durch die Verschmelzung von Spermium und Eizelle ist in der Regel das Startzeichen zum Ablauf eines vielfältigen Vermehrungs- und Differenzierungsprozesses gegeben, dessen Ergebnis ein Vielzeller mit recht komplexen Zellstrukturen ist. Der Ablauf dieser Differenzierungsprozesse während der Embryonalentwicklung tierischer und pflanzlicher Vielzeller, die Mechanismen, die diesen Ablauf steuern, sowie die Art und Weise, in der die den Ablauf regelnden Informationen in den Ei- und Samenzellen enthalten sind und damit von Generation zu Generation weitergegeben werden, werden uns noch ausführlich beschäftigen.

Die in Abb. 1 aufgeführten Typen stellen natürlich nur einen winzigen Teil der Mannigfaltigkeit tierischer Zellen dar. Da alle Organe im tierischen Körper sich aus Zellen zusammensetzen, die zur Erfüllung bestimmter, spezifischer Aufgaben jeweils besonders ausgebildet sind, gibt es eine große Fülle verschiedener Zelltypen. Das gleiche gilt für pflanzliche Organismen. Da es hier jedoch nur darauf ankommt, einen beispielhaften ersten optischen Eindruck zu bekommen, mag es genügen, einmal einen Querschnitt durch ein Laubblatt einer Buche sowie einen Ausschnitt aus einem Stamm zu betrachten (Abb. 3 und 4).

Mehrere verschiedenartige für Pflanzen charakteristische Zelltypen sind im Blattquerschnitt deutlich erkennbar. Während die obere und untere Außenschicht von flachen, pflastersteinförmigen Zellen gebildet wird, sind in der oberen Hälfte des Blattinnern dicht nebeneinanderstehende zylindrische oder palisadenartige, langgestreckte Zellen, und in der unteren Hälfte schwammartig verzweigte Zellen zu finden. Zwischen letzteren bleiben größere Hohlräume frei, in die die Luft durch geeignete Öffnungen (Spaltöffnungen) auf der Blattunterseite eindringen kann. Die Kerne dieser Zellen sind in der Abbildung nicht eingezeichnet, dafür aber eine ganze Reihe einzelner Partikel. Diese Partikel (Chloroplasten) sind Träger eines grünen Farbstoffes, des Chlorophylls. Sie sind Stätten außerordentlich wichtiger Syntheseprozesse, bei denen mit Hilfe eingefangener Sonnenenergie aus dem in der Luft vorhandenen Kohlendioxyd und dem dem Boden entzogenen Wasser Zucker als wichtiger Nahrungsstoff pflanzlicher und tierischer Organismen aufgebaut und Sauerstoff freigesetzt wird.

Abb. 4 zeigt einen Ausschnitt aus einem Baumstamm. Drei wichtige Aufgaben sind es vor allem, die die Zellen eines solchen Baumstammes haben.

Sie müssen dem Stamm Festigkeit verleihen, sie müssen den Transport von Wasser und Säften von den Wurzeln zu den Blättern sowie von den Blättern zu den Wurzeln gewährleisten, und sie müssen schließlich auch bestimmte Stoffe speichern können. Die Festigkeit wird durch Ausbildung besonders starker Zellwände in den älteren, differenzierten Zellen erreicht. Für die Leitung von Flüssigkeit sind langgestreckte Zellen ausgebildet, die zu langen Kanälen oder „Gefäßen“ verschmelzen können. Einige besonders großlumige Gefäße fallen in Abb. 4 auf. Sie sind durch schrägstehende, leiterartig durchbrochene Endwände abgeschlossen. In ihnen steigt Wasser von den Wurzeln zur Baumspitze auf. Außer diesen weiträumigen Gefäßen sind noch andere Zelltypen deutlich erkennbar. So die senkrechtstehenden langgestreckten „Tracheiden“, in denen ebenfalls der Wasseraufstieg erfolgt. Bei Betrachtung des Querschnitts fällt auf, daß diese Tracheiden einen kleineren oder größeren Durchmesser haben können. Während im Frühjahr weitlumige Tracheiden gebildet werden, entstehen mit fortschreitender Vegetationsperiode immer engere. Hierdurch bilden sich die schon mit bloßem Auge sichtbaren „Jahresringe“ vieler

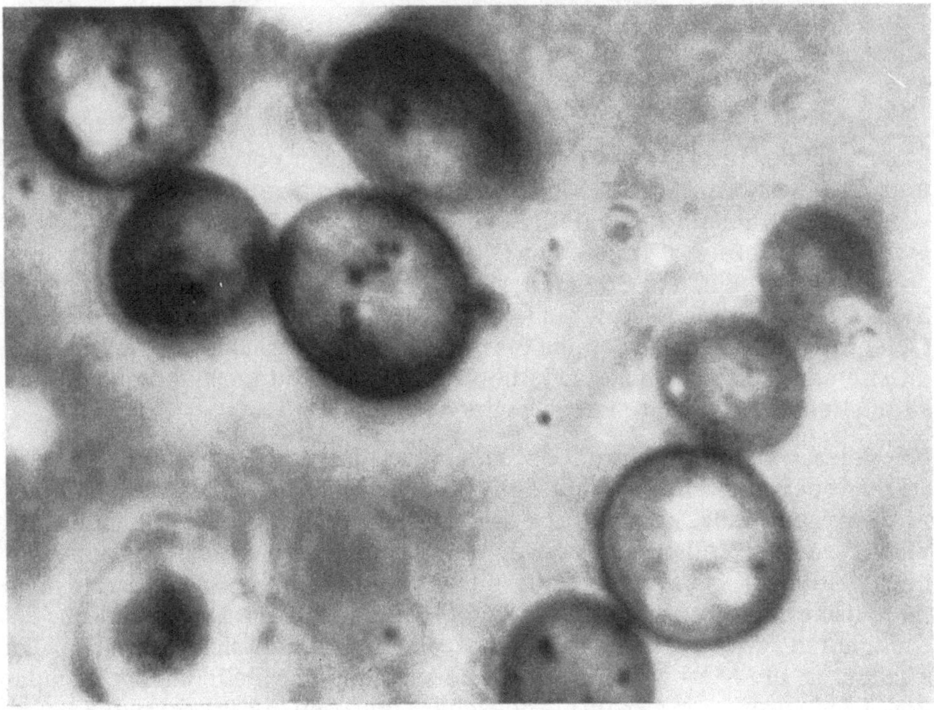

Abb. 6a

Abb. 6. Phasenkontrastaufnahmen lebender Hefezellen *(Aufn. von K. Haefner, Berlin)*

a: Zellen einer Backhefe

b: Backhefezellen nach einer geschlechtlichen Verschmelzung. Das Verschmelzungsprodukt, die „Zygote“, bildet eine erste Tochterzelle.

⟶

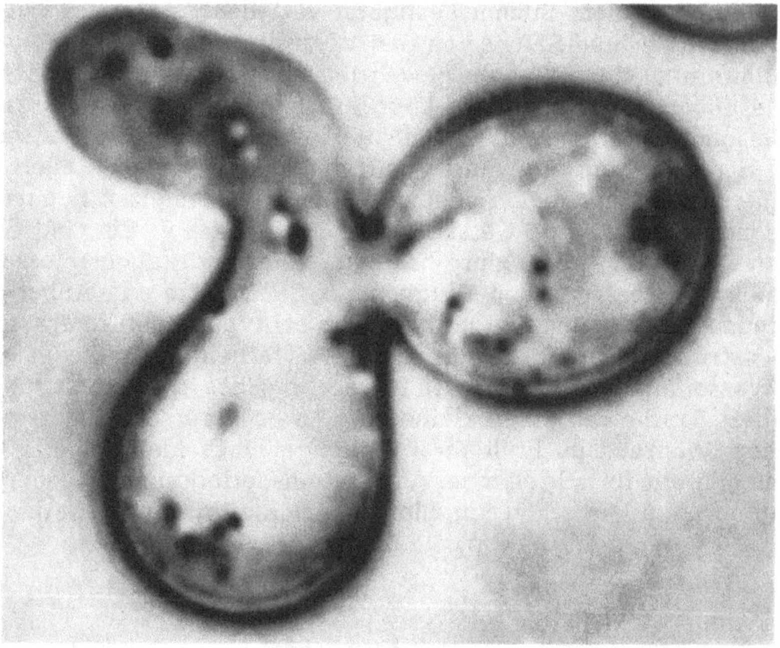

Abb. 6b.

Baumstämme. Unter den weiteren Zelltypen seien noch die „Siebröhren" und die „Markstrahlzellen" hervorgehoben. Erstere dienen der Leitung von Säften und sind ebenfalls aufrechtstehende langgestreckte Zellen, während letztere sich im rechten Winkel zu den aufsteigenden Leitungsbahnen von außen ins Stamminnere erstrecken und vornehmlich für die Stoffspeicherung eingerichtet sind. Alle diese verschiedenen Zelltypen und Gefäße gehen hervor aus einem Bereich noch undifferenzierter Zellen, dem „Kambium", das in Abb. 4 zwischen den Wasserleitungsbahnen und den säfteleitenden Siebröhren zu erkennen ist.

Nach dieser ersten einführenden Bekanntschaft mit wenigen charakteristischen Bauelementen tierischer und pflanzlicher Organismen bleibt darauf hinzuweisen, daß Zellen nicht ausschließlich nur im Zusammenspiel mit vielen anderen Zellen in Geweben und Körpern von Vielzellern vorkommen. Vielmehr gibt es, wie bereits erwähnt, eine große Anzahl von Organismen, die nur aus einer einzigen Zelle bestehen. Die Fähigkeit, bei bestimmten Voraussetzungen isoliert existieren und sich vermehren zu können, ist ein Merkmal, das die Kennzeichnung der Zelle als Bauelement von Lebewesen rechtfertigt. Abgesehen von den natürlicherweise vorkommenden Einzellern ist es der Wissenschaft in jüngster Zeit auch gelungen, einzelne Zellen aus bestimmten Geweben pflanzlicher und tierischer Vielzeller zu kultivieren, d. h. zur Vermehrung zu bringen. Voraussetzung hierfür ist die Schaffung einer für die jeweilige Zelle geeigneten Umwelt sowie das Angebot geeigneter Nahrung.

Nachdem die Mannigfaltigkeit der Zellformen in tierischen und pflanzlichen Geweben angedeutet worden ist, erscheint es kaum verwunderlich, daß auch unter den Einzellern außerordentlich verschiedengestaltete Zellformen zu finden sind.

Abb. 7. Beispiele einiger Formen von Bakterienzellen.

1. Kugelförmige Bakterien.

a: Staphylokokken (können Lebensmittelvergiftung verursachen, bewirken Bildung von Abzessen beim Menschen)
b: Diplokokken (z. B. *Diplococcus pneumoniae*, Erreger der Lungenentzündung des Menschen)
c: Streptokokken (hierzu gehören viele Erreger menschlicher Infektionskrankheiten, wie z. B. Scharlach)
d: Mikrokokken (kommen in Milch und Milchprodukten, aber auch im Erdboden sowie Meer- und Süßwasser vor; für den Menschen harmlos).

2. Stäbchenförmige Bakterien.

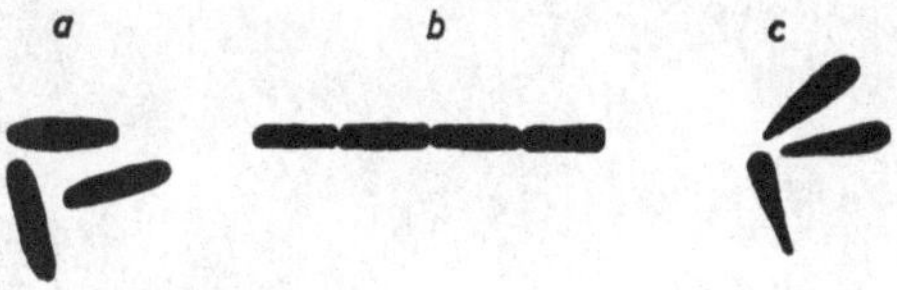

a: mit abgerundeten Enden (z. B. *Escherichia coli*, ein harmloser Bewohner des menschlichen Darms)
b: mit platten Enden, kettenbildend (z. B. *Bacillus anthracis*, Erreger des Milzbrandes bei vielen warmblütigen Tieren)
c: mit keulenförmigem Aussehen (z. B. *Corynebacterium diphtheriae*, Erreger der Diphtherie des Menschen).

3. Begeißelte Bakterien.

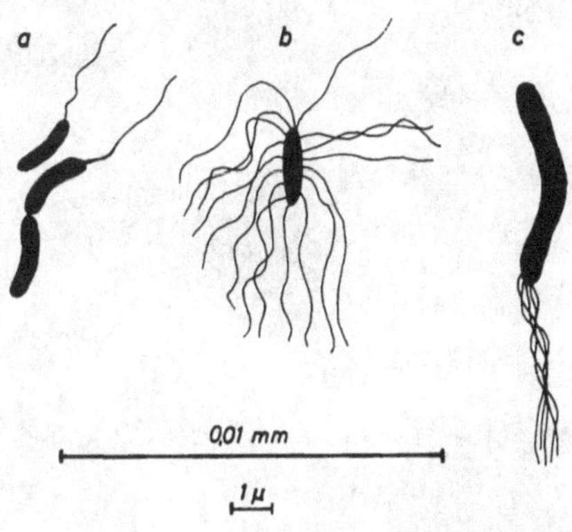

a: mit einer polaren Geißel (z. B. *Vibrio cholerae*, Erreger der asiatischen Cholera des Menschen)
b: mit vielen über den ganzen Körper verteilten Geißeln (z. B. *Salmonella typhi*, Erreger des Typhus beim Menschen)
c: mit vielen, an einem Pol angeordneten Geißeln (z. B. *Spirillum minus*, Erreger des Rattenbißfiebers beim Menschen).

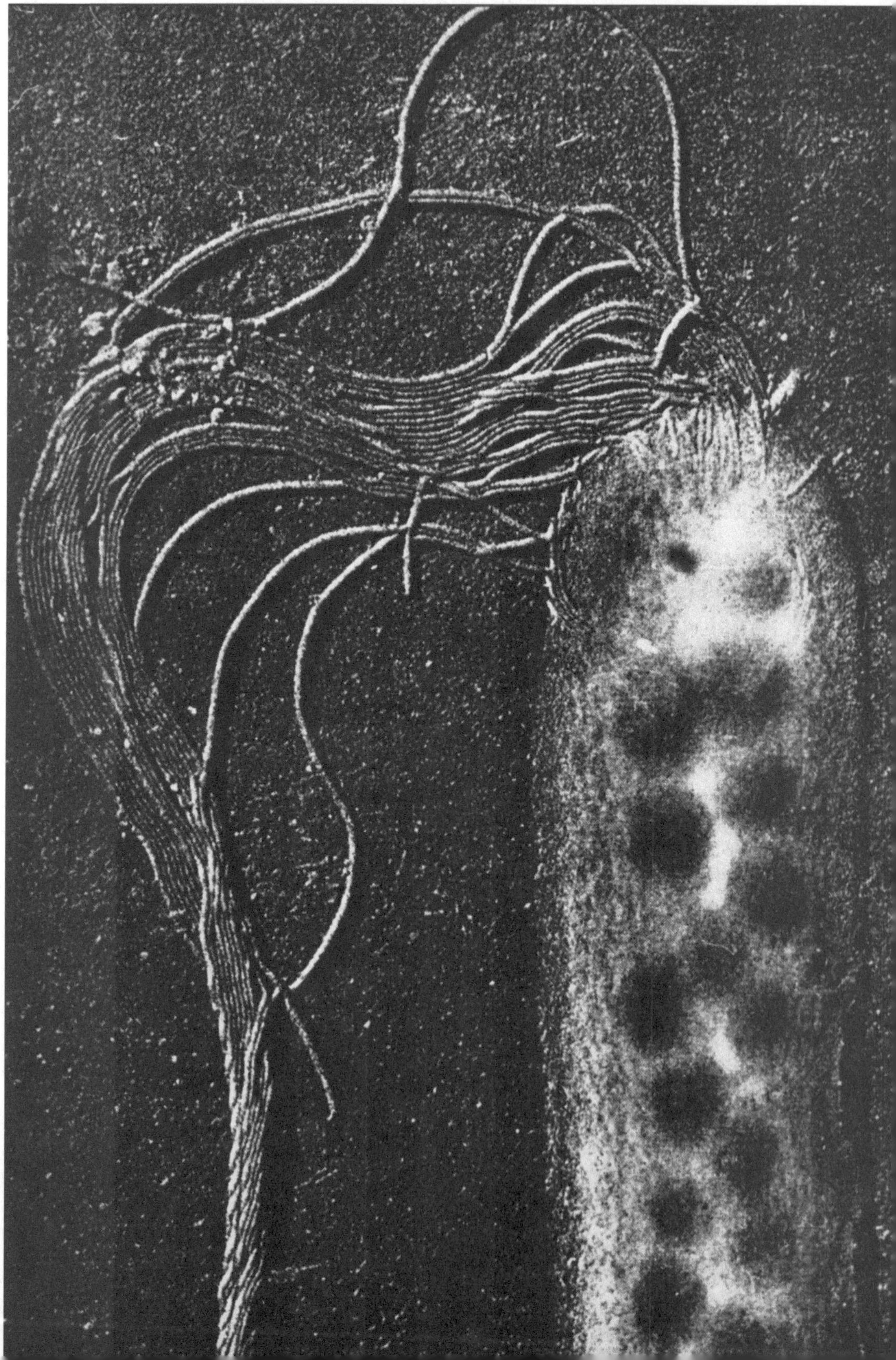

Es mag genügen, auch in diesem Falle zur allgemeinen Orientierung nur einige wenige Typen zu betrachten (s. Abb. 5). So findet man einmal verhältnismäßig einfach ausgebildete Zellen, wie z. B. Schleimtierchen (Amöben), deren Zelleib von einer sehr flexiblen Membran begrenzt wird und an den verschiedensten Stellen Ausstülpungen aussenden und wieder einziehen kann. Mit diesen Ausstülpungen (Pseudo-Füßchen oder Pseudopodien) können Nahrungspartikel (z. B. Bakterienzellen) umflossen und aufgenommen werden. Im Zellkörper bilden sich um diese Partikel Hohlräume (Vakuolen), in denen die Verdauung der Nahrung beginnt. In mancher Hinsicht gleichen diese Amöben den oben erwähnten formwandelbaren weißen Blutkörperchen im Blut der Säugetiere. Bestimmte Amöbenarten existieren in freier Natur, z. B. in Süßwassertümpeln. Andere Arten kommen auch als Parasiten in anderen Organismen vor und können schwere Krankheiten hervorrufen (z. B. die Amöbenruhr beim Menschen). Von relativ einfachem Bau sind ebenfalls manche einzelligen Pilzarten, wie z. B. die Hefen. Sie haben eine recht starre Zellwand und nicht die Möglichkeit ausgeprägter Formveränderungen (Abb. 5 und 6).

Zu den kleinsten Einzellern gehören die Bakterien. Bei ihnen findet man recht unterschiedliche Zellformen (Abb. 7). Neben kugelförmigen Zellen, die einzeln oder in Gruppen mehrerer Zellen vorkommen können, gibt es mehr oder weniger langgestreckte Zellen. Manche Bakterienzellen haben Geißeln, mit deren Hilfe sie sich fortbewegen können. In jüngster Zeit haben elektronenmikroskopische Untersuchungen wesentliche Informationen über den Feinbau der winzigen Bakterienzellen zu Tage gebracht (s. Abb. 8a und b).

Unter den Einzellern gibt es jedoch auch wesentlich differenziertere Formen, ja Zellen, die wohl zu den differenziertesten Typen gehören. Hier sind besonders bestimmte bewimperte Aufgußtierchen (Wimpertierchen oder Ciliaten), wie das bekannte Pantoffeltierchen *(Paramaecium)* oder das Glockentierchen *(Vorticella)*, zu erwähnen (Abb. 5). Diese einzelligen Organismen haben ausgeprägte Differenzierungen, wie z. B. einen Zellmund und einen Zellschlund, durch die die Nahrung aufgenommen wird. Auch finden sich besondere zusammenziehbare Hohlräume in der Zelle, die kontraktilen Vakuolen, die gewissermaßen die Funktion von Nieren ausüben und unverwertbare Stoffwechselprodukte ausscheiden. Im Stiel des Glockentierchens sind außerdem zusammenziehbare Fibrillen vorhanden, die wie bei den Muskelzellen eine Verkürzung in der Längsrichtung herbeiführen können. Viele Ciliaten besitzen zwei Zellkerne,

---

←

Abb. 8 a. Elektronenmikroskopische Aufnahme eines Bakteriums der Gattung *Spirillum*. Die an einem Zellende entspringenden Geißeln sind zu einem dicken Bündel gewunden. Die dunklen Zonen im Zellkörper sind wahrscheinlich Vakuolen.

(A. L. Houwink, Biochim. biophys. Acta 10, *360, 1953)*

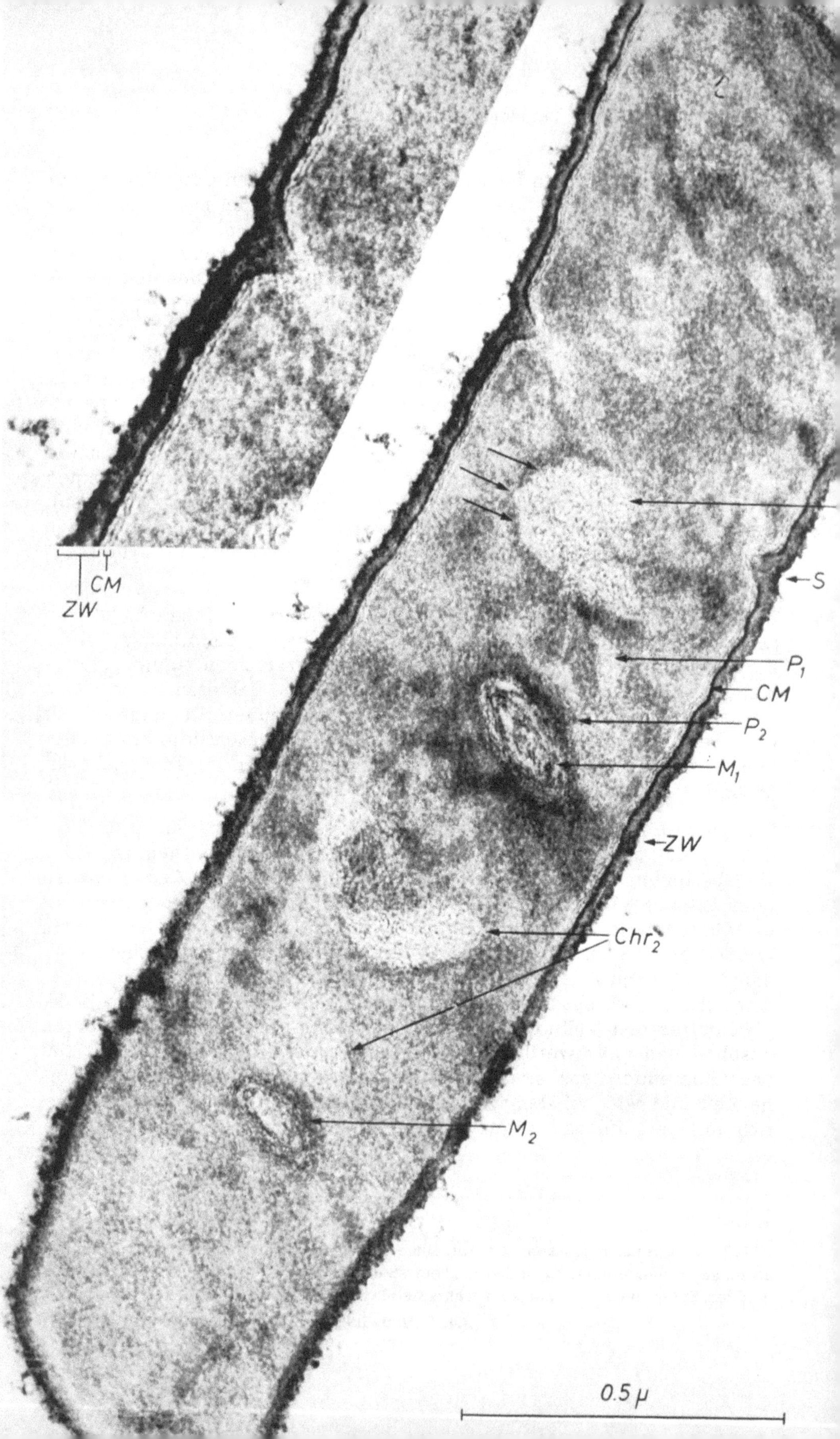
CM
ZW
S
P1
CM
P2
M1
ZW
Chr2
M2
0.5 μ

einen „Großkern" und einen „Kleinkern" (Macronucleus und Micronucleus).

Aus diesen wenigen Beispielen wird bereits deutlich, wie verschiedenartig die Strukturen von Zellen sein können, die entweder einzeln in der freien Natur oder als Parasiten in anderen Organismen vorkommen, aber auch in Verbänden (Geweben, Organen) zusammengeschlossen sind, die die verschiedenartigsten Funktionen in tierischen oder pflanzlichen Organismen ausüben. Unter den Vielzellern gibt es neben solchen mit außerordentlich großer Zellzahl andere, die nur aus sehr wenigen Zellen bestehen, wie z. B. bestimmte Algen *(Eudorina* oder *Volvox)* oder im Wasser lebende Rädertierchen (Rotatorien). Letztere zeichnen sich mitunter durch die besondere Eigenschaft einer Zellkonstanz aus. Alle Individuen bestimmter Arten enthalten stets die gleiche Anzahl von Zellen. So hat man bisher bei der Rädertierchenart *Hydatina senta* stets 959 Zellen pro Individuum gezählt. Schließlich sei noch erwähnt, daß bei bestimmten Vielzellern, wie den im Wasser lebenden Schwämmen, die Zellen eines Körpers nach künstlicher Trennung mit geeigneten Mitteln in beträchtlichem Ausmaß sich wieder selbständig zusammenfügen und dadurch einen neuen Schwamm entstehen lassen können.

Fassen wir das bisher Gesagte zusammen, so können wir feststellen:

1. Die formenreichen im Wasser, auf dem Lande und in der Luft vorkommenden Lebewesen sind aus gleichartigen Strukturelementen, den Zellen, aufgebaut.
2. Diese Zellen sind für bestimmte Aufgaben mehr oder weniger stark spezialisiert und unterscheiden sich dementsprechend in ihrer äußeren Gestalt.

Um zu einem Verständnis wesentlicher Lebensprozesse und der ihnen zugrunde liegenden Mechanismen zu gelangen, wird es nun notwendig, sich eingehender mit den Strukturen und Aufgaben der Zellen zu befassen.

←--

Abb. 8 b_1. Übersicht über die in einem Dünnschnitt einer Bakterienzelle (*Bacillus megaterium*) elektronenmikroskopisch zu erkennenden Feinstrukturen.

Abb. 8 b_2. Ausschnittvergrößerung

(Aufnahme von P. Giesbrecht, Berlin)

Chr_1 u. Chr_2: angeschnittene Chromosomenabschnitte
CM: Zellmembran
M_1 u. M_2: „Membrankörper", Bedeutung noch unbekannt
P_1: Grundsubstanz des Cytoplasma
P_2: Ribosomen
S: beginnende Querwandbildung
Zw: Zellwand

Abb. 9. Antony van Leeuwenhoek im Alter von 54 Jahren, einige Jahre nach seiner ersten Entdeckung mikroskopisch kleiner Lebewesen. In der linken Hand hält er eines seiner „Mikroskope", von denen er im Laufe seines Lebens mehr als 250 selbst hergestellt hat (vgl. Abb. 10). Der Kupferstich wurde im Jahre 1686 von J. Verkolje angefertigt. (*Aus C. Dobell „Antony van Leeuwenhoek and His little animals" Dover Publications, New York 1960)*

3. Woraus bestehen Zellen?

Seitdem Antony van Leeuwenhoek in der zweiten Hälfte des 17. Jahrhunderts aus selbstgeschliffenen Glaslinsen sehr einfache „Mikroskope" konstruiert und damit viele winzige Lebewesen erstmalig entdeckt hatte, haben sich viele Biologen, mit immer besseren Mikroskopen ausgerüstet, bemüht, die mit dem bloßen Auge nicht sichtbaren Strukturelemente tierischer und pflanzlicher Organismen aufzuklären (s. Abb. 9 bis 13). Etwa anderthalb Jahrhunderte hat es gedauert, ehe sich um die Mitte des 19. Jahrhunderts die Erkenntnis allgemein durchsetzte, daß alle Lebewesen aus Zellen aufgebaut sind. Wenn man auch anfangs noch sehr unklare Vorstellungen über die innere Struktur der Zellen hatte, so war ein Zellbestandteil doch bald aufgefallen, der Zellkern. Jede Zelle hat einen Zellkern, der sich in seiner materiellen Beschaffenheit mehr oder weniger deutlich vom übrigen Zelleib, dem „Cytoplasma", abhebt (s. z. B. die Abb. 1 und 5).

Jedoch besteht eine Zelle nicht allein aus einem Zellkern. Der Zelleib, das Cytoplasma, enthält ferner eine Anzahl wichtiger Strukturen, die jedoch auch mit Hilfe guter Lichtmikroskope nur als recht kleine, runde oder langgestreckte Körperchen erkennbar sind. Lange Zeit wußte man über ihren Aufbau nichts. Man gab ihnen bestimmte Namen, wie etwa „Mitochondrien" oder „Mikrosomen", und war auf Spekulationen über ihre Bedeutung für die Lebensprozesse der Zelle angewiesen.

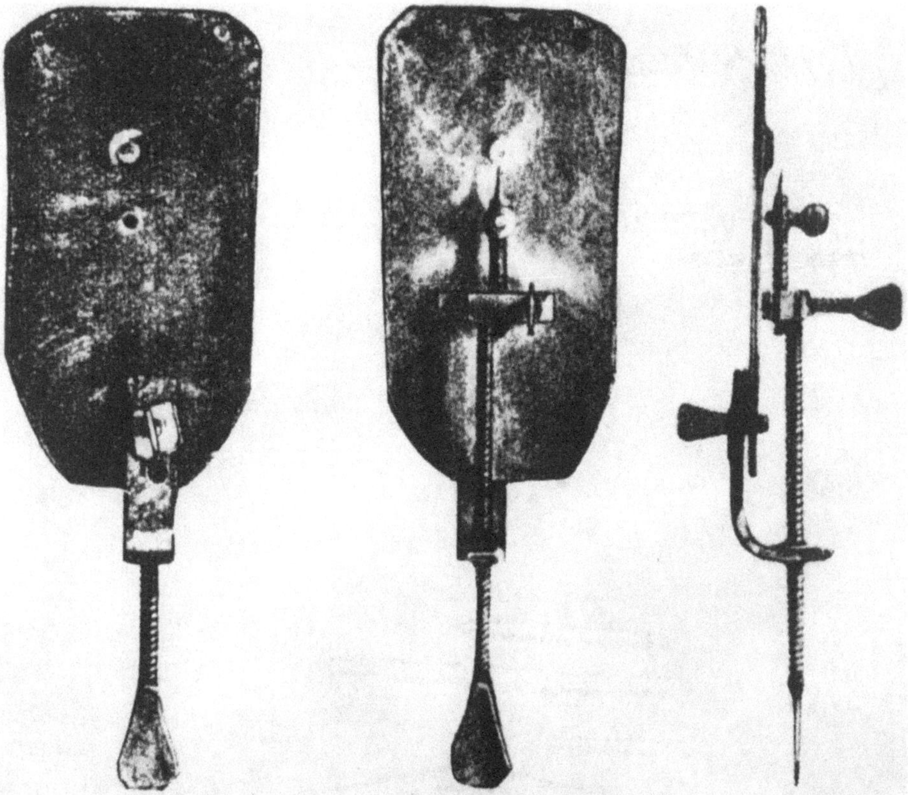

Abb. 10. Eines der von van Leeuwenhoek angefertigten „Mikroskope". Im Prinzip handelt es sich um eine Vergrößerungslupe. Die Instrumente wurden von van Leeuwenhoek selbst auch oft als solche bezeichnet. Die selbstgeschliffenen bikonvexen Linsen wurden jeweils zwischen zwei Metallplatten eingelegt, die meist aus Messing in seltenen Fällen aber aus Silber oder gar Gold waren. Mit seinen besten Linsen konnte van Leeuwenhoek eine etwa 200fache Vergrößerung erzielen und unter vielen anderen Kleinstlebewesen auch Bakterien beobachten (siehe Abb. 11). Die Untersuchungsobjekte wurden, oft in kleinen Glaskapillaren untergebracht, auf der Spitze des senkrechten, drehbaren Stabes befestigt. Die verschiedenen Schrauben dienten dazu, das jeweilige Objekt vor der Linse in die gewünschte Lage zu bringen. Die Ausmaße dieser Instrumente sind recht klein. Die Kantenlänge der Metallplatten beträgt etwa 2 x 4 cm.

(Aus M. Frobisher „Fundamentals of Microbiology" W. B. Saunders Co., Philadelphia 1962)

→

Abb. 11. Die ersten Zeichnungen von Bakterien. Diese Zeichnungen wurden einem Brief beigefügt, den A. van Leeuwenhoek am 17. 9. 1683 an die Royal Society in London geschrieben hat. In diesem Brief berichtet er u. a. über Beobachtungen, die er an Zahnbelag und Speiseresten aus seinem eigenen Mund durchgeführt hat. Stäbchen- und kugelförmige Bakterien sind zu erkennen. Der Bewegungsverlauf eines kurzen Stäbchens ist durch eine gepunktete Linie angezeigt. Manche heutigen Mikrobiologen glauben die Zeichnungen identifizieren zu können. So erkennt C. Dobell in Fig: B *Selenomonas sputigena*, in Fig: F *Leptothrix buccalis* und vermutet in Fig: G *Spirochaeta buccalis*.

(Aus M. Frobisher „Fundamentals of Microbiology" W. B. Saunders Co., Philadelphia 1962)

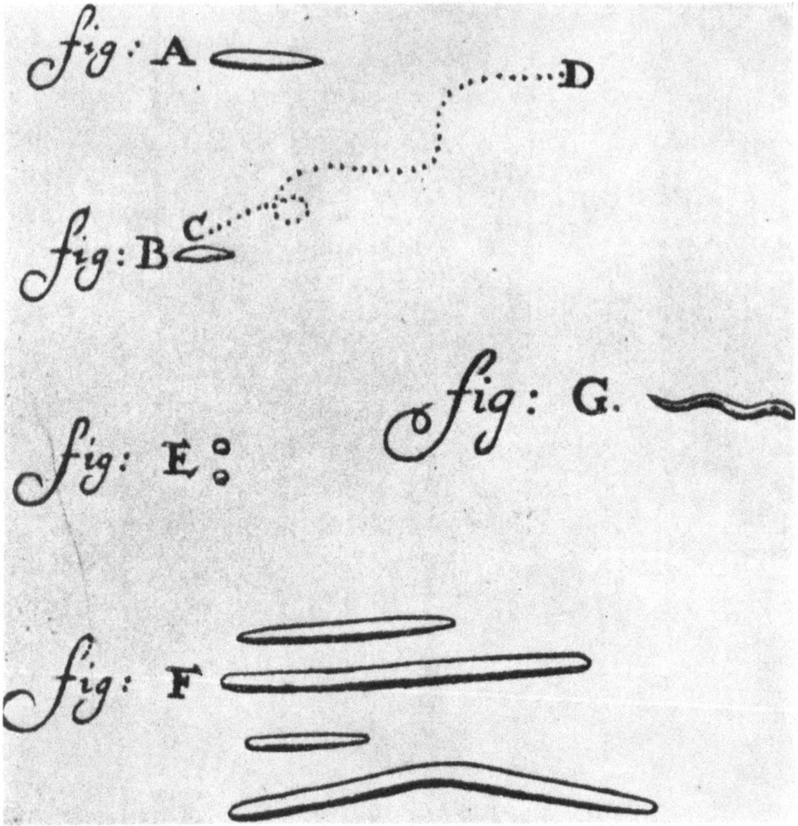

Abb. 11.

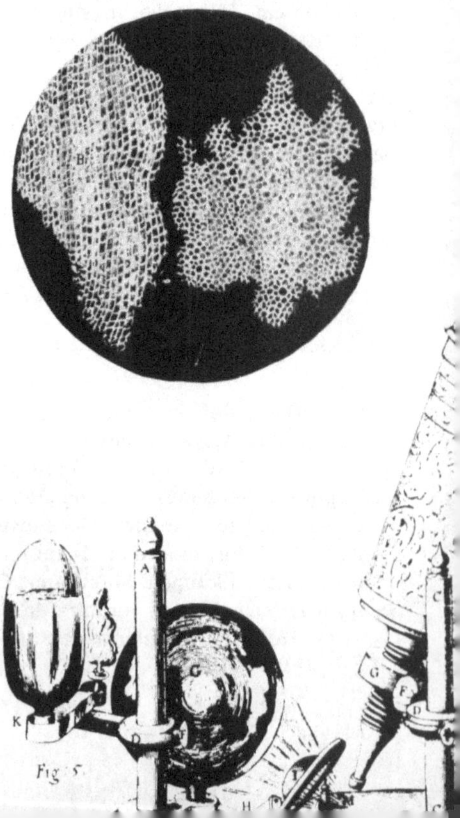

Abb. 12. Ein von Robert Hooke gebrauchtes Mikroskop und Zeichnungen seiner Beobachtungen an Quer- und Längsschnitten durch Flaschenkork. Hooke fiel die Ähnlichkeit dieser Strukturen mit den allbekannten Zellen der Honigwaben im Bienenstock auf. Bei der Beschreibung seiner Beobachtungen verwendete er zum ersten Mal den Begriff „Zelle" zur Kennzeichnung dieser biologischen Strukturelemente.
(Robert Hooke, Micrographia or some physiological descriptions of minute bodies made by magnifying glasses with observations and inquiries thereupon, London 1665, Neuauflage New York 1961)

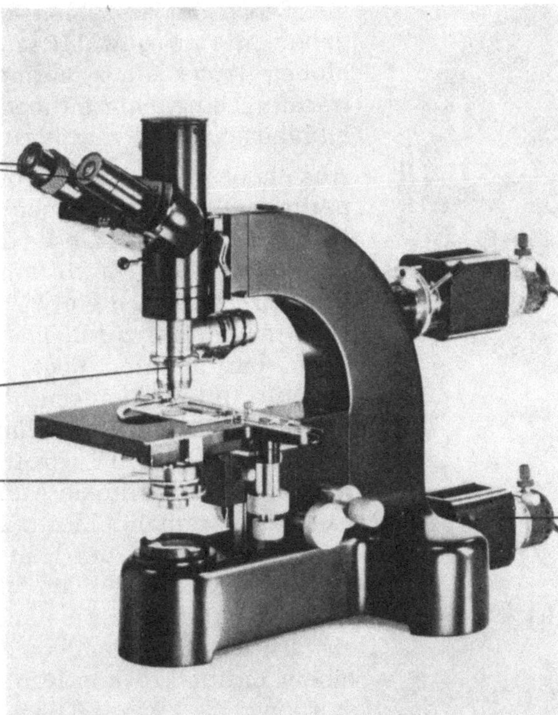

Abb. 13. Ein modernes Forschungsmikroskop (*„Ortholux" der Firma Leitz*).

Die Schwierigkeiten, die Strukturen und Aufgaben dieser Zellbestandteile zu erkennen, liegen in deren Kleinheit. Einzelstrukturen winzig kleiner Körper lassen sich nur erkennen, wenn es gelingt, sie für das Auge auseinanderzuziehen, ihren kompakten Zustand optisch aufzulösen. Bis zu einem gewissen Grad hilft einem hierbei das Mikroskop. Nun ist das „Auflösungsvermögen" eines Mikroskopes aber nicht unbegrenzt. Es ist gekennzeichnet durch den kleinsten Abstand, mit dem zwei dicht beieinanderliegende Punkte gerade noch als zwei Punkte von unserem durch das Mikroskop blickenden Auge unterschieden werden können. Liegen zwei Punkte dichter zusammen als das Auflösungsvermögen eines Mikroskopes, erscheinen sie als Einheit. So wird durch das Auflösungsvermögen der maximal nutzvolle Vergrößerungsmaßstab eines Mikroskopes bestimmt. Weitere Vergrößerungen ohne Steigerung des Auflösungsvermögens sind wenig sinnvoll, da keine weiteren Struktureinzelheiten erkennbar werden können. Es tritt ein ähnlicher Effekt auf wie z. B. bei der Vergrößerung eines im Rasterverfahren hergestellten Zeitungsbildes mit Hilfe einer Lupe (s. Abb. 14). Die einzelnen dunklen und hellen Felder des Rasters werden durch die Lupe betrachtet zwar deutlicher sichtbar; neue Bildeinzelheiten lassen sich jedoch durch die zusätzliche Vergrößerung nicht erkennen. Das Auflösungsvermögen ist in diesem Falle durch die Größe der einzelnen Rasterfelder gegeben, die so gewählt ist, daß sie dem bloßen Auge eines normalsichtigen Betrachters einen hinreichend genauen Abbildungseindruck vermittelt.

Aus theoretischen Überlegungen und experimentellen Erfahrungen weiß man, daß auch mit den besten Linsen das Auflösungsvermögen eines Mikroskopes eine natürliche Grenze hat, die etwa bei der halben Wellenlänge der zur Beobachtung verwendeten Lichtstrahlen liegt. Nun setzt sich das für unser Auge sichtbare Licht aus Strahlen mit den Wellenlängen von etwa 0,4 μ (violett) bis 0,8 μ (rot) zusammen (s. Abb. 15). Das maximale Auflösungsvermögen eines normalen Lichtmikroskopes entspricht dann etwa der Hälfte der Wellenlängen der kurzwelligen violetten Strahlen, also ungefähr 0,2 μ. Punkte, die dichter als 0,2 μ zusammenliegen, können mit einem Lichtmikroskop nicht unterschieden werden.

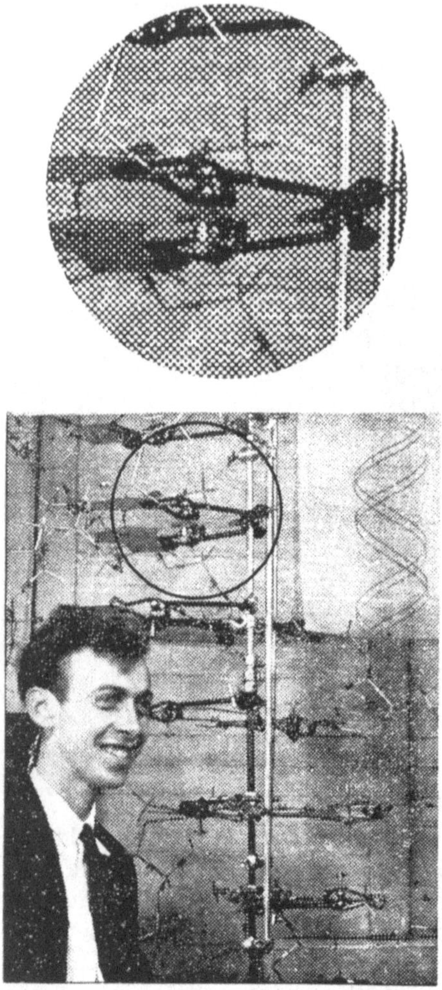

Abb. 14. Demonstration des Ergebnisses einer Vergrößerung bei ungenügendem Auflösungsvermögen. Mit Hilfe einer Lupe lassen sich in einem grobgerasterten Zeitschriftenbild keine weiteren Bildeinzelheiten erkennen. Nur der Raster wird deutlich sichtbarer. (Nobelpreisträger J. D. Watson vor einem Strukturmodell der DNS)
← *(Aufnahme CAMERA-PRESS, London)*

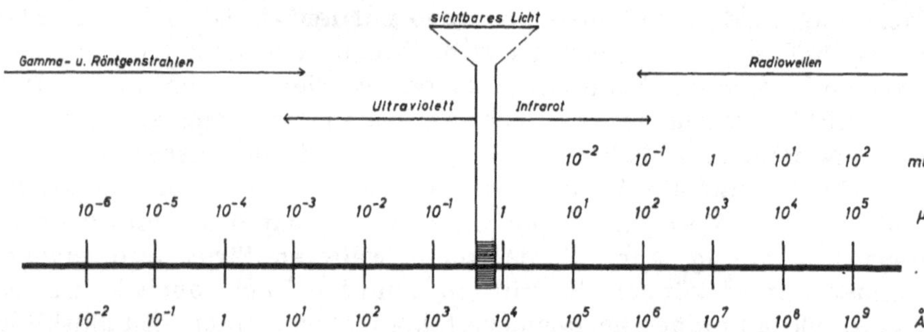

Abb. 15. Spektrum der elektromagnetischen Strahlen in logarithmischer Einteilung. Die Wellenlängen sind in mm, μ und Å-Einheiten angegeben.
1 mm = 1000 oder 10^3 μ = 10 Millionen oder 10^7 Å.
Der kleine, für das menschliche Auge sichtbare Bereich des elektromagnetischen Spektrums ist hervorgehoben.

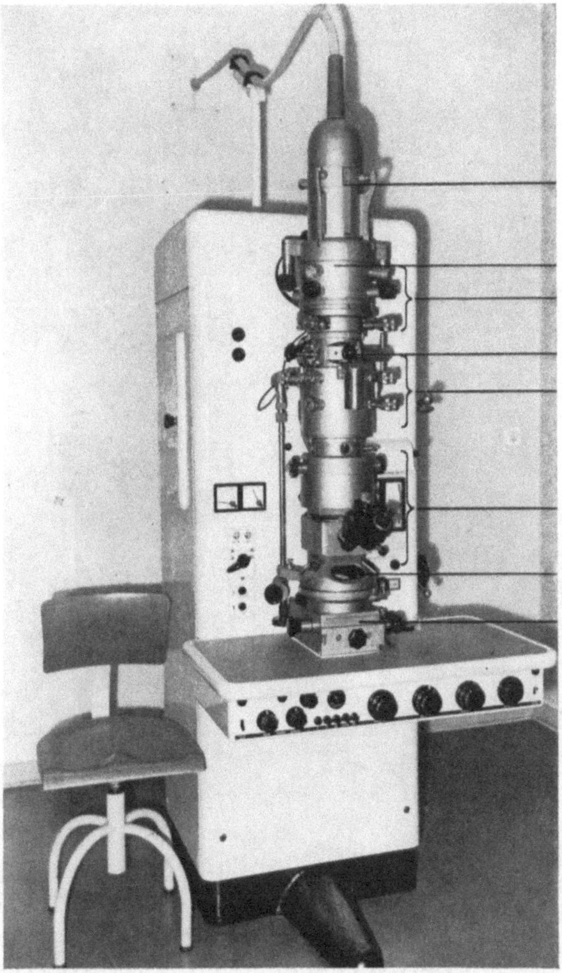

Abb. 16. Ein modernes Elektronenmikroskop der Firma „Siemens". *(Aufnahme von P. Giesbrecht, Berlin)*

Zu den größeren in der Zelle außer dem Kern befindlichen Strukturen gehören die „Mitochondrien", die etwa 0,5 μ bis 6 μ lang sind. Die meisten übrigen Strukturen sind wesentlich kleiner. Aus diesen Größenangaben wird verständlich, daß erst neue optische Hilfsmittel entwickelt werden mußten, ehe Aufklärungen über die Strukturen der weiteren Zellbestandteile erhalten werden konnten.

Bisher hat sich als geeignetstes Mittel zur Verbesserung des Auflösungsvermögens die Verwendung von Elektronenstrahlen erwiesen. Mit den seit 1936 entwickelten Elektronenmikroskopen kann heute ein Auflösungsvermögen von etwa 0,001 μ, in einigen Fällen sogar 0,0005 μ, erreicht werden (s. Abb. 16 und 17). Dadurch werden bereits bestimmte Untereinheiten biologisch wichtiger Makromoleküle erkennbar. Allerdings haben Elektronenstrahlen nur ein sehr geringes Durchdringungsvermögen. Die zu beobachtenden biologischen Präparate müssen daher in außerordentlich

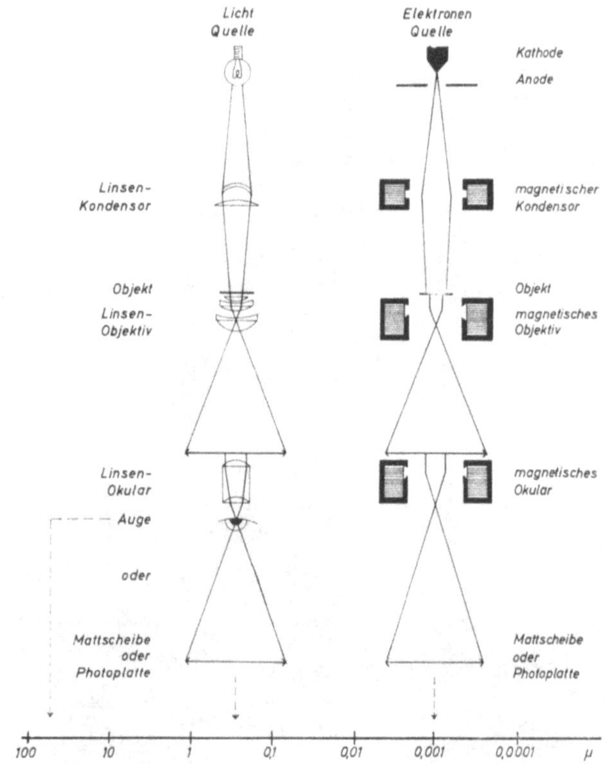

Abb. 17. Schematischer Vergleich des optischen Systems im Lichtmikroskop und im Elektronenmikroskop. Unten sind die Grenzen des Auflösungsvermögens für das unbewaffnete Auge, das Lichtmikroskop und das Elektronenmikroskop auf einer logarithmisch angeordneten Skala in μ-Einheiten angegeben. 1 μ = 1/1000 oder 10^{-3} mm

dünnen Schichten vorliegen. Mit geeigneten Hilfsmitteln gelingt es aber heute tatsächlich, biologische Objekte in Schnitte von nur 0,02 μ Dicke zu zerlegen. Eine andere wesentliche Erschwerung der Arbeit mit einem Elektronenmikroskop ergibt sich aus der Notwendigkeit, die zu beobachtenden Präparate im Vakuum unterzubringen, da der Verlauf der Elektronenbahnen durch Gasmoleküle gestört wird. Man ist also nicht in der Lage, lebende Zellen mit einem Elektronenmikroskop untersuchen zu können. Erst nachdem die Strukturen der Zellen fixiert worden sind und den Zellen alle Feuchtigkeit entzogen wurde, können sie in eine Spezialkammer im Elektronenmikroskop gebracht werden. In dieser wird dann durch Abpumpen der vorhandenen Luft ein Vakuum hergestellt, und die elektronenmikroskopische Beobachtung kann beginnen. Eine wichtige Voraussetzung bei der Deutung elektronenoptischer Bilder ist allerdings, daß die natürlichen Strukturen einer Zelle durch die Fixierung und Trocknung nicht verändert worden sind. Neben anderen Methoden haben ständig wiederholte Vergleiche elektronenmikroskopischer Abbildungen biologischer Strukturen, die mit unterschiedlichen Fixierungsmethoden behandelt worden sind, weitestgehend Klarheit über die Strukturen auch winzig kleiner Zellelemente erbracht.

Abb. 18. Schematische Darstellung der lichtmikroskopisch (a) und elektronenmikroskopisch (b) erkennbaren Strukturen in tierischen Zellen. Nicht alle in b) skizzierten Strukturen sind gleichzeitig in jeder Zelle zu finden, vielmehr sollen nur typische Strukturen angedeutet werden. Rechts im Bild b) eine Teilvergrößerung der die Zelle begrenzenden Plasmamembran, die häufig aus zwei Schichten besteht.

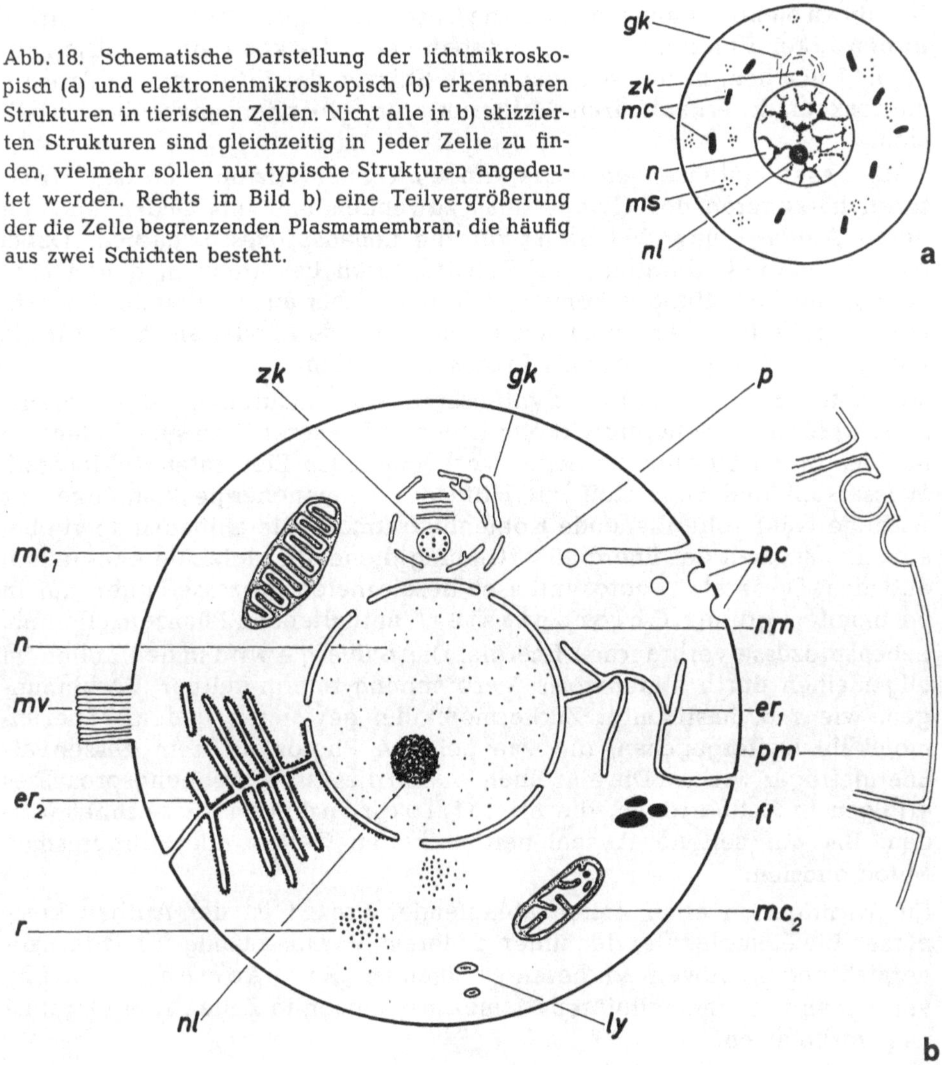

er₁: endoplasmatisches Retikulum (glatter Typ)
er₂: endoplasmatisches Retikulum mit Ribosomen (granulärer Typ)
ft: Fettropfen
gk: Golgi-Komplex
ly: Lysosomen
mc: Mitochondrien; 1 = Crista-Typ, 2 = Tubuli-Typ
ms: Microsomen, unspezifischer Sammelbegriff für winzig kleine Partikel im Cytoplasma
mv: Microvilli
n: Nucleus oder Zellkern
nl: Nucleolus
nm: Nucleus-Membran oder Kernmembran
p: Pore in der Kernmembran, Durchmesser 0,03 bis 0,07 μ
pc: Pinocytose- oder Phagocytose- Einstülpungen
pm: Plasma- oder Zellmembran
r: Ribosomen
zk: Zentralkörperchen

Die durch elektronenmikroskopische Untersuchungen erzielten Fortschritte in den Erkenntnissen über den Feinbau der Zelle kann man deutlich aus Abb. 18 ersehen, in der schematisierte Skizzen der licht- und elektronenmikroskopisch erkennbaren Zellstrukturen einander gegenübergestellt sind.

Nach diesen einführenden Bemerkungen können wir uns nun den Strukturen im Inneren des Cytoplasmas zuwenden und uns Gedanken über deren Aufgabe und Bedeutung für die Lebensprozesse machen. Dabei müssen wir uns allerdings auf Zellstrukturen beschränken, denen eine allgemeine Bedeutung zukommt, d. h. die — bis auf bestimmte Ausnahmen — in Zellen aller Typen anzutreffen sind, da in oder an ihnen für die Lebenserhaltung grundlegende Prozesse ablaufen.

An erster Stelle sind hier Syntheseprozesse anzuführen, die Voraussetzung für alles höherentwickelte Leben auf unserer Erde sind, indem sie aus den in der Luft und im Boden vorkommenden Elementen Kohlenstoff, Wasserstoff und Sauerstoff mit Hilfe der Sonnenenergie komplexe, als wichtige Nährstoffe dienende Kohlenhydratmoleküle aufbauen sowie bestimmte, speziell der Energieübertragung dienende Moleküle energetisch aufladen. Diese als „Photosynthese" bezeichneten Prozesse laufen nur in bestimmten, grüne „Chloroplasten" enthaltenden Pflanzenzellen ab. Lebensprozesse verbrauchen Energie. Diese Energie wird in den Zellen im allgemeinen durch stufenweise Verbrennung energiereicher Verbindungen, wie z. B. bestimmter Zuckermoleküle, gewonnen und an Spezialmoleküle weitergegeben, die wie bei den Photosyntheseprozessen als Energieträger wirken. Die einzelnen Phasen dieses Verbrennungsprozesses erfolgen in Zellpartikeln, die als „Mitochondrien" bezeichnet werden. Bis auf seltene Ausnahmen enthalten Zellen aller Organismen Mitochondrien.

Ein wichtiger in allen Zellen ablaufender Prozeß ist der Aufbau komplexer Eiweißmoleküle, der unter anderem Voraussetzung für jede Zellvermehrung ist. Eiweißsynthesen erfolgen an „Ribosomen", die häufig verbunden mit innerzellulären Membransystemen in Zellen aller Organismen vorkommen.

Jede Zelle wird schließlich umschlossen durch eine bestimmte Umgrenzung, die „Zellmembran". Bei manchen Zellen, z. B. Pflanzenzellen, ist um die Zellmembran noch eine feste Zellwand gebildet. Durch besondere Vorrichtungen in Zellmembranen und Zellwänden erfolgt bei Vielzellern der Kontakt von Zelle zu Zelle und wird auch der Zusammenhalt der Zellen gewährleistet.

a) Die Steuerungszentrale: „Nucleus"

Jede Zelle enthält in der Regel einen Zellkern oder „Nucleus". Der Zellkern ist die größte „Organelle" der Zelle. (In Anlehnung an die Bestandteile des Körpers, die als „Organe" bezeichnet werden, bezeichnet man die Bestandteile einer Zelle häufig als „Organellen".) Wie wir später noch eingehender erörtern werden, erfolgt die Vermehrung der Zellen durch Teilungen. Durch Teilung entstehen aus einer Zelle zwei Tochterzellen, aus zwei Zellen vier usw. Da nun jede Zelle nur einen Kern besitzt, erhebt sich die Frage nach dem Schicksal des Zellkerns während der Zellteilungsprozesse.

Wird er vor der Zellteilung aufgelöst und in den beiden Tochterzellen wieder neu gebildet, oder erfolgt vor oder während der Zellteilung auch eine Kernteilung? Eine Antwort auf diese Fragen könnte einen ersten Hinweis auf die Bedeutung des Zellkerns liefern. Wird er nach Auflösung oder Entfernung aus der Zelle wieder von der Tochterzelle neu gebildet, so können in ihm trotz seiner Einmaligkeit für die Zelle kaum einmalige und unersetzliche Strukturen verkörpert sein. Wird er dagegen regelmäßig bei der Zellteilung auf die Tochterzellen verteilt, so könnte man darin einen Hinweis auf das Vorliegen wichtiger, unersetzlicher Strukturen in ihm erblicken.

Beobachtungen, daß kernlose Zellen ihre Teilungsfähigkeit einbüßen, waren ein erster Hinweis darauf, daß dem Zellkern tatsächlich eine wesentliche, unersetzliche Bedeutung zukommt. Die für alle weiteren biologischen Erkenntnisse so entscheidende erste eindeutige Beobachtung des Kernverhaltens während der Zellteilung wurde im Jahre 1875 unabhängig voneinander durch den Botaniker E. Strasburger und die Zoologen O. Hertwig und O. Bütschli erfolgreich durchgeführt (Abb. 19). Diese Forscher

Abb. 19. Die ersten Beobachter der Kernteilungsprozesse
E. Strasburger (1844—1912) O. Hertwig (1849—1922)

konnten nachweisen, daß es vor der Zellteilung bei pflanzlichen und tierischen Zellen zu einer Teilung des Kernmaterials kommt. Dieser Kernteilungsprozeß ist ein recht komplexer Vorgang, dessen Einzelheiten intensiv bis in die heutige Zeit erforscht werden. Wenn wir auch heute die wesentlichen Phasen des Kernteilungsprozesses kennen, so bleiben doch viele Einzelheiten noch zu klären.

Verfolgt man unter günstigen methodischen Voraussetzungen mit Hilfe eines Mikroskops die im Kern während einer Zellteilung ablaufenden Prozesse, so kann man Vorgänge beobachten, die mit erstaunlicher Regelmäßigkeit ablaufen. Die einander folgenden Geschehnisse sind derart auffällig, daß jeder Beobachter sich sofort Gedanken über ihre mögliche Bedeutung machen wird. Bevor man jedoch Überlegungen darüber verständnisvoll nachgehen kann, gilt es, die einzelnen Kernteilungsphasen etwas genauer kennenzulernen (vergl. Abb. 20).

Zunächst sind im Kern einer sich nicht teilenden Zelle nur wenige Strukturen deutlich erkennbar. Ein fädiges Netzwerk, das durch bestimmte Farbstoffe besonders stark angefärbt werden kann und „Chromatin" genannt wird, füllt sein Inneres aus. Oft ist ein kleines kompaktes Körperchen, der „Nucleolus", deutlich wahrnehmbar. Dieses Stadium findet sich in den Zellen nahezu aller Organismen während der mehr oder weniger ausgedehnten Periode zwischen den eigentlichen Zellteilungsprozessen und wird „Interphase" genannt (Abb. 20 A). Unter günstigen Bedingungen kann der aufmerksame Beobachter bald eine Kondensierung der netzartigen Kernstrukturen bemerken. Eine Anzahl von Fäden oder Schleifen, häufig mit knotenartigen Verdickungen, wird deutlich erkennbar. Diese Kernfäden oder „Chromosomen" verkürzen sich durch „Spiralisierung" mehr oder weniger und nehmen charakteristische Formen an. Jetzt kann man unter geeigneten Umständen beobachten, daß jedes Chromosom aus zwei eng zusammenliegenden Doppelfäden (Chromatiden) besteht. Bald darauf bemerkt man einen Zerfall der den Kern begrenzenden Membran. Derart beginnen die eigentlichen Teilungsprozesse. Die Zelle befindet sich nun in der Vorphase der Teilung, die auch als „Prophase" bezeichnet wird (Abb. 20 B). Bevor die eigentliche Kernteilung beginnt, sieht man die Chromosomen sich in einer mittleren Ebene, der „Äquatorialplatte", anordnen. In diesem, „Metaphase" genannten Stadium, kommt es zur Ausbildung einer spindelartigen Struktur (Abb. 20 C). Von zwei einander in der Zelle gegenüberliegenden Polen, den Zentralkörperchen oder „Zentrosomen", die meist aus der Teilung eines ursprünglich vorhandenen Zentrosoms und dem Auseinanderweichen der beiden Tochterzentrosomen hervorgehen, erstrecken sich Spindelfasern zu den in der Äquatorialplatte angeordneten, jeweils aus zwei Chromatiden bestehenden Chromosomen. In der folgenden Phase, der „Anaphase", dehnt sich der Spindelapparat (Abb. 20 D). Dabei kommt es zu einem Auseinanderweichen der beiden Chromatiden jedes einzelnen Chromosoms. Aus jedem Chromosom sind zwei Tochterchromosomen entstanden, die sich in der nun folgenden „Telophase" jeweils trennen und geführt durch

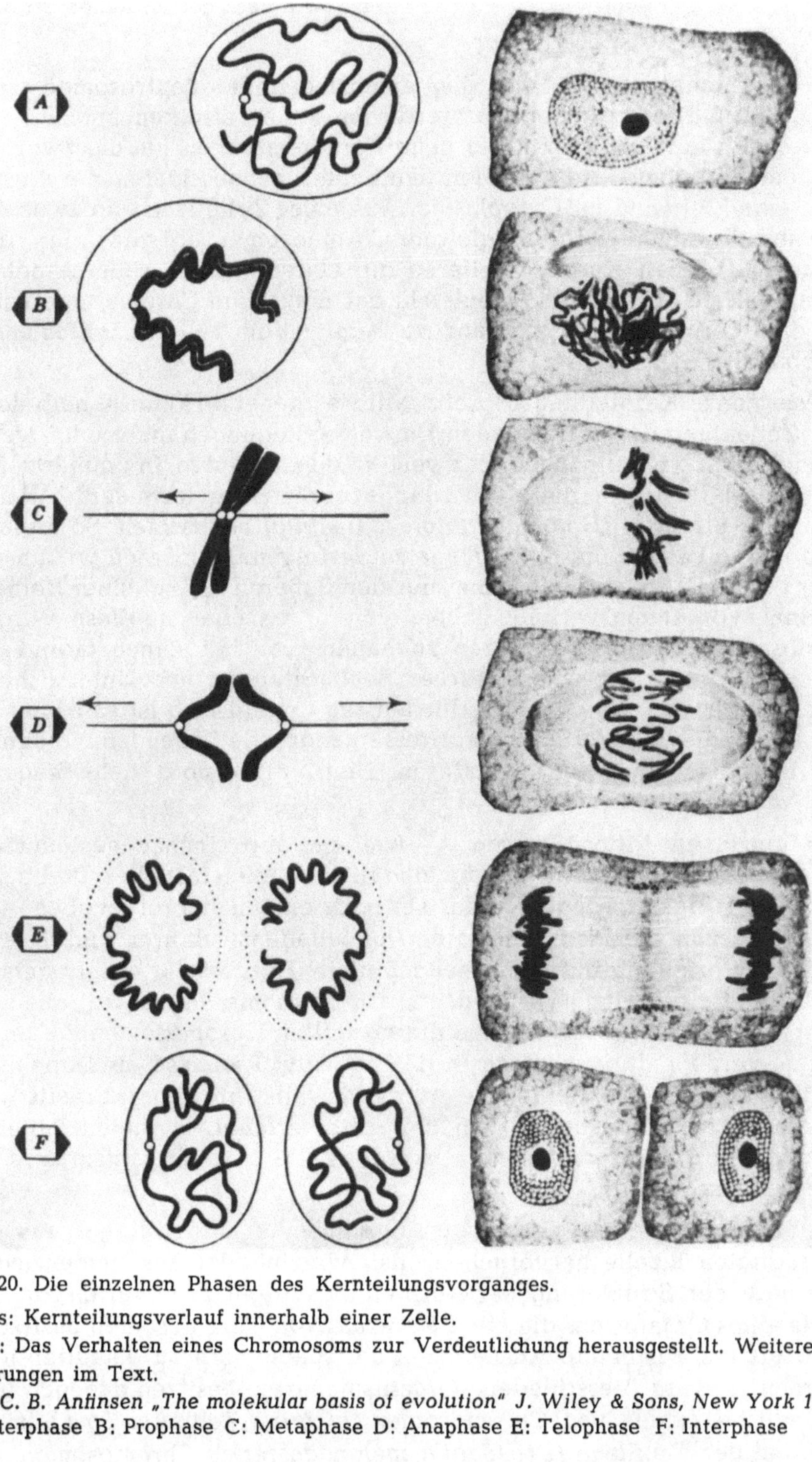

Abb. 20. Die einzelnen Phasen des Kernteilungsvorganges.

Rechts: Kernteilungsverlauf innerhalb einer Zelle.

Links: Das Verhalten eines Chromosoms zur Verdeutlichung herausgestellt. Weitere Erläuterungen im Text.

(Aus C. B. Anfinsen „The molekular basis of evolution" J. Wiley & Sons, New York 1959)

A: Interphase B: Prophase C: Metaphase D: Anaphase E: Telophase F: Interphase die Spindelfasern an die gegenüberliegenden Zentrosomen rücken (Abb. 20 E). Die einzelnen Tochterchromosomen strecken und entspiralisieren sich dort. Es bilden sich neue Kernmembranen um die zwei Chromosomengruppen, und zwischen den beiden neugebildeten Kernen formt sich eine Zellwand im Cytoplasma. Aus einer Zelle sind nun zwei Zellen mit jeweils einem Kern und gleicher Chromosomenzahl geworden. In den neuentstandenen Kernen verlieren die Chromosomen sehr schnell ihre charakteristische Gestalt. Es entsteht das netzartige Chromatingerüst, das für die Interphase kennzeichnend ist. Damit ist ein Teilungszyklus beendet (Abb. 20 F).

Dieser ganze Kernteilungsprozeß, „Mitose" genannt, kann je nach der Art der Zellen und der vorliegenden Umweltbedingungen mehr oder weniger schnell, häufig bereits in ein bis zwei Stunden, ablaufen. In unübertroffener Klarheit lassen sich die Kernteilungsvorgänge in lebenden Zellen bestimmter Einzeller *(Holomastigotoides tusitala)* beobachten. So auffallend und reizvoll es ist, diese Vorgänge zu verfolgen, so müssen wir uns doch klar darüber sein, daß wir bisher nur den äußeren Ablauf einer Reihe von Teilungsvorgängen verfolgt haben, ohne etwas über die diese Vorgänge auslösenden Ursachen erfahren zu haben. Das hat seinen Grund, denn trotz zahlreicher wissenschaftlicher Beobachtungen und Untersuchungen der Mitosen in Zellen der verschiedensten Organismen ist es bisher nicht gelungen, die den Verteilungsprozessen zugrunde liegenden molekularen Mechanismen eindeutig aufzuklären. Hier warten noch viele Fragen auf eine Antwort.

Die einzelnen Mitose-Phasen — wie sie auch immer gesteuert sein mögen — verlaufen recht gleichmäßig in den Zellen fast aller Organismen. Dabei fällt immer wieder — das sei noch einmal hervorgehoben — das Auftreten von spezifisch geformten Doppelfadenstrukturen und deren geordnete Verteilung auf. Jede neugebildete Tochterzelle erhält stets eine Hälfte jedes einzelnen vorhandenen Chromosoms. Im „entspiralisierten" Zustand der Interphase werden die verteilten Chromosomenhälften wiederum verdoppelt, erscheinen in der nächsten Prophase als Doppelfaden und nehmen in der Metaphase wieder jeweils ihre charakteristische Erscheinungsform an, die es dem Betrachter erlaubt, in vielen Fällen bestimmte einzelne Chromosomen in jeder Zelle eines Organismus wiederzuerkennen.

Da alle Zellen eines vielzelligen Organismus in der Regel aus einer befruchteten Eizelle hervorgehen, also voneinander abstammen, sollten wir nach der Schilderung der Kernteilungsvorgänge erwarten, daß jede Zelle eines Organismus die gleiche Anzahl von Chromosomen besitzt. Das trifft bis auf bestimmte Ausnahmen, die später noch zu diskutieren sein werden, auch zu. Verschiedene Organismenarten besitzen dagegen unterschiedliche Zahlen von Chromosomen in ihrem Zellkern. So findet man z. B. bei der Taufliege *(Drosophila melanogaster)* 8 Chromosomen, beim Menschen 46 (s. Abb. 21), beim Hund *(Canis familiaris)* 78 und bei be-

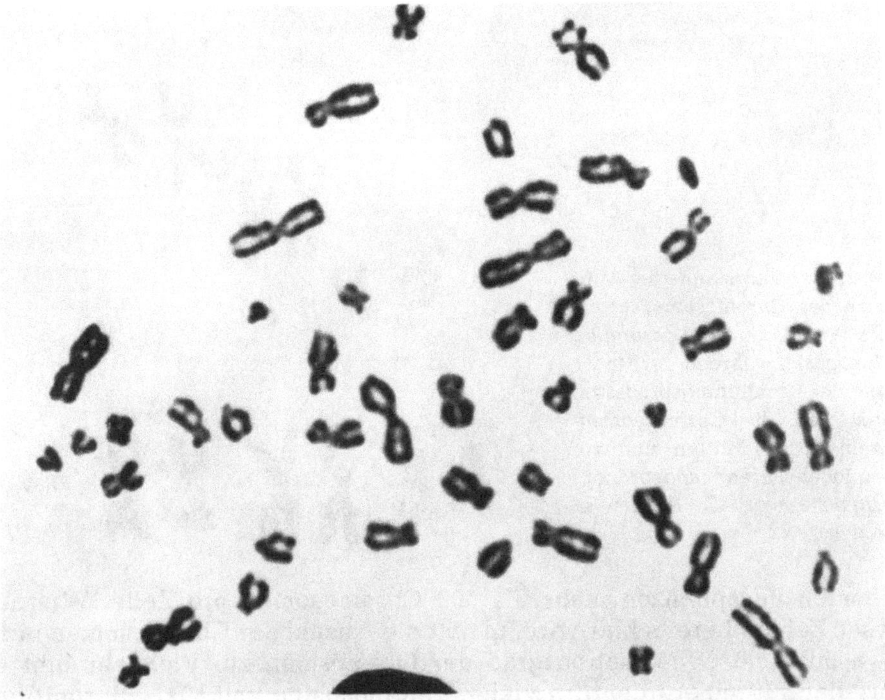

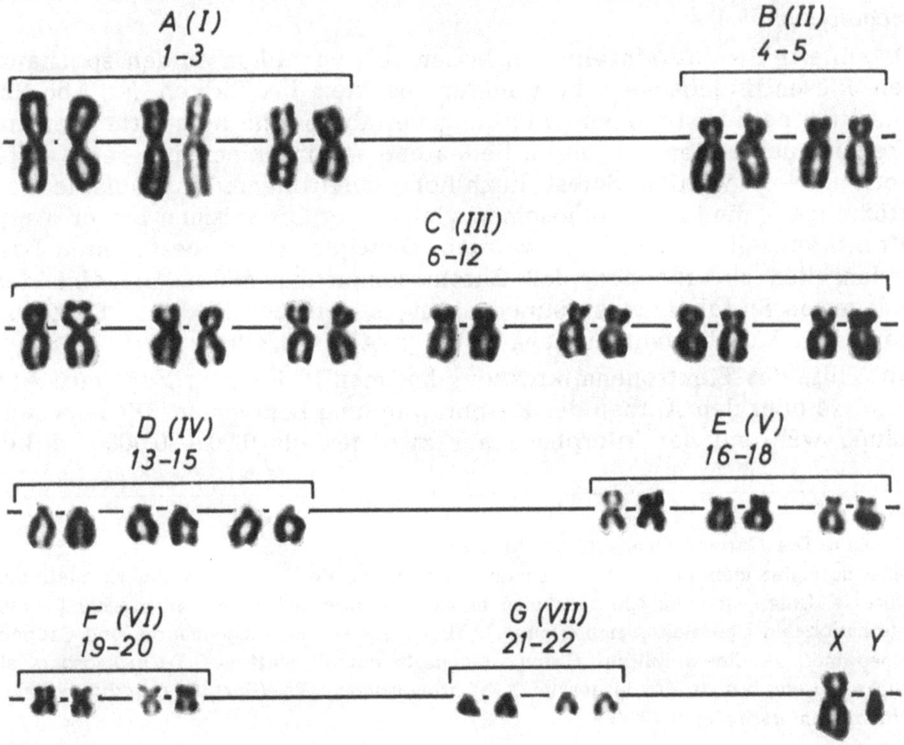
A (I)
1–3
B (II)
4–5
C (III)
6–12
D (IV)
13–15
E (V)
16–18
F (VI)
19–20
G (VII)
21–22
X Y

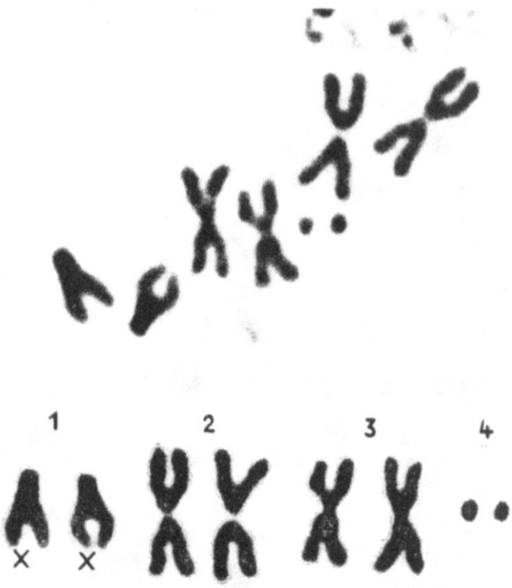

Abb. 21 b. Mikroskopische Aufnahme des Chromosomensatzes eines Weibchens von *Drosophila melanogaster* während der Metaphase der Kernteilungsprozesse. Unten sind die Chromosomen einzeln ausgeschnitten und zu Homologenpaaren angeordnet. *(Aufnahme von E. B. Lewis, Pasadena)*

stimmten Farnpflanzen mehr als 500 Chromosomen pro Zelle. Wie aus diesen Zahlen bereits klar wird, nimmt die Anzahl der Chromosomen nicht etwa mit dem Organisationsgrad der Organismen zu. Vielmehr gibt es Einzeller mit außerordentlich vielen Chromosomen und Vielzeller mit nur 2 Chromosomen (z. B. die Rasse *univalens* des Pferdespulwurms *Ascaris megalocephala)*.

Detaillierte Struktureinzelheiten lassen sich vor allem an den sogenannten Riesenchromosomen bestimmter Insekten beobachten (s. Abb. 22). Hier tritt nach bestimmten Anfärbungsverfahren eine Reihe schmaler und breiter Querbanden auf, deren Bedeutung wir in einem späteren Kapitel noch erörtern werden. Selbst durch hohe elektronenmikroskopische Vergrößerungen sind in Chromosomen vielzelliger Organismen bisher wenig Struktureinzelheiten enthüllt worden. Dagegen ist bei bestimmten Bakterienzellen zu erkennen, daß Chromosomen aus mehrfach ineinandergelagerten Spiralen eines dünnen Stranges, der vermutlich aus Desoxyribonucleinsäure besteht, aufgebaut sind (s. Abb. 8 b, Chr_1).

Mit Hilfe des Elektronenmikroskops hat man in jüngster Zeit auch Aufschlüsse über den Aufbau der Kernumwandung bekommen. Diese besteht häufig während der Interphase aus zwei jeweils 0,004—0,008 μ dicken

←—

Abb. 21 a. Der Chromosomensatz des Menschen.
Oben normaler männlicher Chromosomensatz während der Metaphase der Kernteilungsprozesse. Unten sind die Chromosomen einzeln ausgeschnitten und entsprechend einem internationalen Übereinkommen (Denver-Abkommen) zu Homologenpaaren und Gruppen angeordnet. — Ein weiblicher Chromosomensatz enthält statt des Y-Chromosoms ein X-Chromosom, besitzt also insgesamt 2 X-Chromosomen. *(Th. Lüers, Z. f. naturwiss.-med. Grundlagenforschg. 2, 1, 1964)*

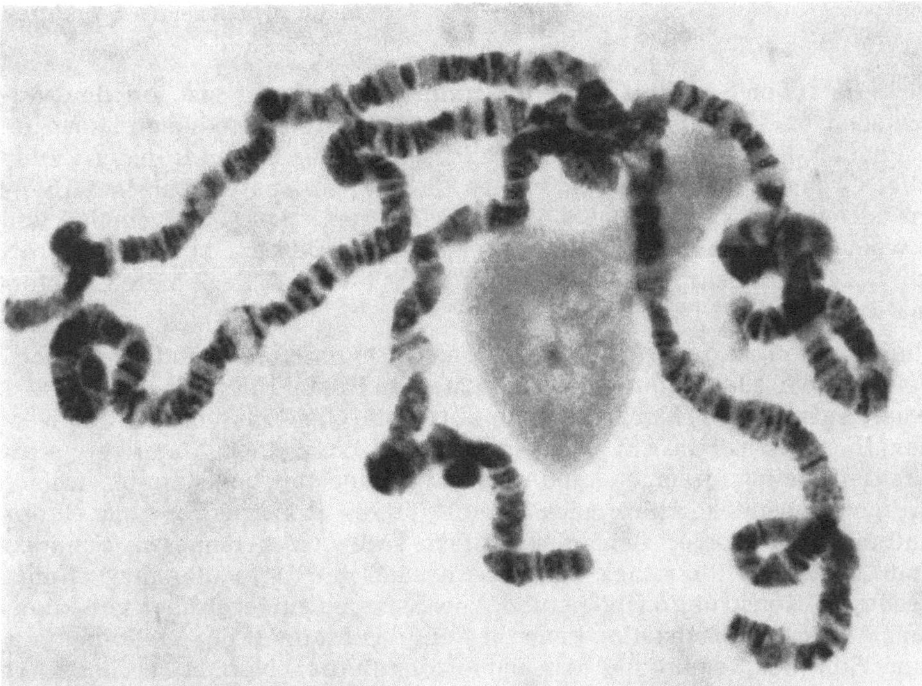

Abb. 22. Riesenchromosomen von der Taufliege *Drosophila melanogaster* mit deutlich erkennbaren Querbanden. (Vergl. hierzu auch Abb. 54.) Wie aus Abb. 21 b ersichtlich, hat *Drosophila melanogaster* 4 Chromosomenpaare. Bei Riesenchromosomen, die z. B. in den Kernen der Speicheldrüsenzellen der Larven gebildet werden, sind die Partner jedes Paares vereint. Alle Riesenchromosomen eines Kerns hängen darüberhinaus mit ihren Spindelfaseransatzstellen (Zentromeren) zusammen. Die Zentromere der Chromosomen 2 und 3 liegen in der Chromosomenmitte, die der Chromosomen 1 (= X) und 4 am Chromosomenende (s. auch Abb. 21 b). Die Riesenchromosomen eines Kerns lassen daher 5 lange Abschnitte, die von einem gemeinsamen Berührungspunkt ausgehen, erkennen. Ein Abschnitt gehört zum Chromosom 1 und je zwei Abschnitte zu den Chromosomen 2 und 3. Das kurze Chromosom 4 liegt dicht am gemeinsamen Berührungspunkt. *(Aufnahme von B. E. Wolf, Berlin)*

Membranen. An der dem Cytoplasma zugewandten Seite der äußeren Kernmembran sind oft winzig kleine Partikel, die „Ribosomen", angeheftet. Eine Reihe von Poren durchlöchert die Doppelmembran und liefert Durchtrittsmöglichkeiten beim Stoffaustausch zwischen Kern- und Plasmaraum (s. Abb. 18b).

Die streng geregelte Verteilung der Chromosomen während der Mitose, ihre konstante Anzahl in jeder Zelle eines Organismus sowie ihre gleichbleibenden Struktureigentümlichkeiten haben bereits bald nach der Entdeckung dieser Vorgänge zu der Vermutung geführt, daß hier Strukturen von besonderer Bedeutung vorhanden sind. Alle diese Eigenschaften entsprechen nämlich Erwartungen, die man an Träger der für das Schicksal eines jeden Organismus so wichtigen Erbeigenschaften stellen sollte. Durch die kritischen Untersuchungen von T. Boveri im ersten Dezennium des 20. Jahrhunderts wurde diese Erwartung zum ersten Mal eindeutig bei bestimmten tierischen Organismen bestätigt. Die später noch näher zu diskutierenden Ergebnisse vieler weiterer Untersuchungen an den verschiedensten Organismen und mit verschiedenartigen Methoden haben gezeigt, daß die Chromosomen tatsächlich Träger des Erbgutes in den Zellen aller Organismen sind. Nachdem aus chemischen Analysen schließlich ermittelt werden konnte, daß sie im wesentlichen aus einem Komplex von Eiweißen und einer bestimmten Kernsäure, der „Desoxyribonucleinsäure", kurz „DNS" genannt, bestehen, ist auch das Material, in dem die Erbinformation verankert ist, bekannt.

Die Situation, in der wir uns mit diesen Erkenntnissen befinden, die noch bis vor etwa 2 Jahrzehnten dem allgemeinen Erkenntnisstand der Wissenschaft entsprachen, kann vielleicht durch ein Gleichnis verdeutlicht werden. In gewisser Hinsicht sind wir an dieser Stelle einem Mann vergleichbar, der in einem fremden Land in einem großen, ihm unbekannten, fremdartigen Gebäudekomplex nach Plänen für die Konstruktion und Unterhaltung gleichartiger Gebäudekomplexe sucht. Nach längerem Fahnden stößt er auf die Bibliothek und erkennt, daß in den Regalen die von ihm gesuchten Konstruktionspläne und Anweisungen aufgezeichnet sein könnten. Wie er bald feststellen kann, besteht das Material der Bibliothek aus dem Holz der Regale und dem Papier der Bücher. Noch ist es ihm aber nicht gelungen, die Bibliothek näher zu untersuchen und die Bücher aufzuschlagen. Infolgedessen weiß er auch noch nicht, mit welchen Symbolen und in welcher Sprache die vermuteten Informationen niedergelegt sind. Das Auffinden der Symbole und die Entschlüsselung ihrer Bedeutung liegt als Aufgabe vor ihm in gleicher Weise, wie die Auffindung und Entschlüsselung derjenigen Symbole, die die Erbinformationen der Zelle enthalten, für uns zu erörtern bleibt. Bevor wir uns damit jedoch befassen wollen, ist es notwendig, in Kürze mit einigen weiteren wichtigen Strukturen bekannt zu werden, deren Aufbau und Funktion durch die Erbinformationen gesteuert werden.

b) Fänger und Verwerter der Sonnenenergie: „Chloroplasten"

Bereits in Abb. 3 auf Seite 18 sind uns in den Palisadenzellen und in den schwammartig verzweigten Zellen des sogenannten „Schwammparenchyms" Chloroplasten aufgefallen. Diese Zellstrukturen gehören zu einer Gruppe von Bestandteilen pflanzlicher Zellen, die man allgemein als das „Plastidensystem" zusammenfaßt. Z. Zt. besteht noch keine einheitliche Auffassung darüber, ob sich Plastiden nur durch Teilung vermehren oder auch im Zelleib neu gebildet werden können. Auf keinen Fall teilen sich allerdings bei den höheren Pflanzen vollentwickelte Plastiden, sondern nur deren Jugendstadien. In bestimmten teilungsfähigen, nicht differenzierten Zellen (Meristemzellen) der höheren Pflanzen finden sich in der Regel 10 bis 20 dieser Jugendstadien und werden als „Proplastiden" bezeichnet. Diese vermögen sich durch einfaches Durchschnüren zu teilen. Bei jeder Zellteilung gelangen Proplastiden an die beiden Pole der Mutterzelle, so daß nach Durchtrennung des Zelleibs jede Tochterzelle mit Proplastiden versorgt ist. Aus den Proplastiden können sich bei der Differenzierung der Pflanzenzellen drei Typen von Plastiden entwickeln. Im Blattgewebe entstehen grüne „Chloroplasten", im Gewebe von Früchten oder Blütenblättern gelbe und rote „Chromoplasten", die diesen Geweben charakteristische Farben verleihen, die aber selbst keine besonderen Stoffwechselaufgaben durchführen, und schließlich in den Samen-, Knollen- und Wurzelgeweben die farblosen, als Speicherorganellen für Zucker und Stärke dienenden „Leukoplasten". Diese Plastidendifferenzierung ist jedoch nicht endgültig und unwiderruflich. Unter bestimmten Umweltbedingungen können die farblosen Leukoplasten auch zu grünen Chloroplasten umgewandelt werden, und Chloroplasten können zu Chromoplasten werden. Ersteres geschieht beim Ergrünen von Wurzeln oder Knollen (z. B. Kartoffeln) im Licht, letzteres z. B. beim Gelbwerden reifender Zitronen.

Wir wollen nun unsere Aufmerksamkeit der Entstehungsweise und Struktur der Proplastiden und der daraus hervorgehenden Chloroplasten der höheren Pflanzen zuwenden. Aus lichtmikroskopischen Untersuchungen glaubte man zunächst erkennen zu können, daß ein Proplastid aus einem amöboid beweglichen Plasma, in dem ein einzelnes 0,3 bis 0,4 μ breites Scheibchen, das „Primärgranum", eingebettet ist, besteht. Dieses Primärgranum wurde als Vorstufe der lamellenartigen Struktur angesehen, in der die Photosyntheseprozesse nach der Differenzierung des Proplastiden zum Chloroplasten ablaufen. Vor jeder Teilung des Proplastiden sollte eine Teilung des Primärgranums erfolgen. Die zwei entstandenen Tochtergrana sollten dann an die Pole des Proplastiden wandern und auf die Tochterproplastiden verteilt werden.

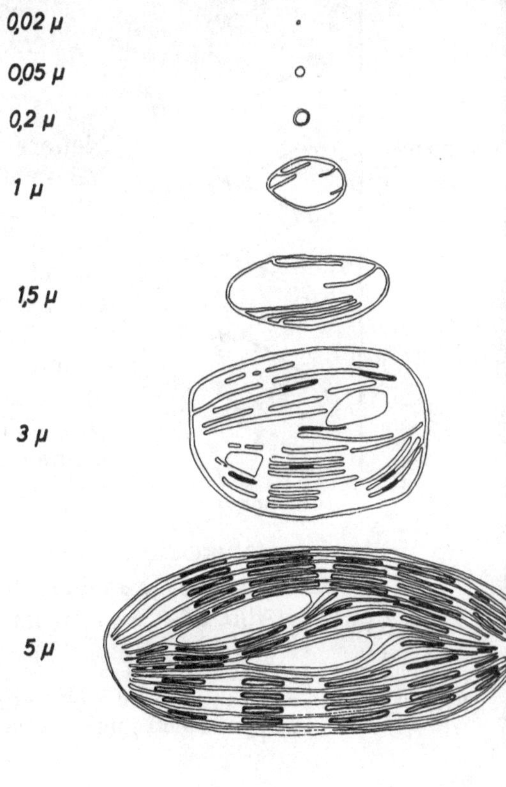

Abb. 23. Schematische Darstellung der Entwicklung der Chloroplasten höherer Pflanzen aus sublichtmikroskopischen Vorstufen bis zum ausgewachsenen Chloroplasten. Links sind mittlere Durchmesser angegeben. Bis zu 0,2 µ Durchmesser sind die Vorstufen lichtmikroskopisch nicht erkennbar. Mit etwa 1 µ Durchmesser beginnt die Lamellenbildung. Bei guter Belichtung differenzieren sich dann die einwachsenden Doppelschichten zu Grana- und Stromalamellen bis schließlich mit etwa 5 µ Durchmesser der fertige Chloroplast mit geldrollenartig übereinanderliegenden, hier dunkel markierten chlorophyllhaltigen Granalamellen vorliegt. Ein Modell einer möglichen molekularen Struktur der Granalamellen ist in Abb. 26 wiedergegeben.
(Nach K. Mühlethaler und A. Frey-Wissling, J. Biophys. Biochem. Cyt. 6, 507, 1959)

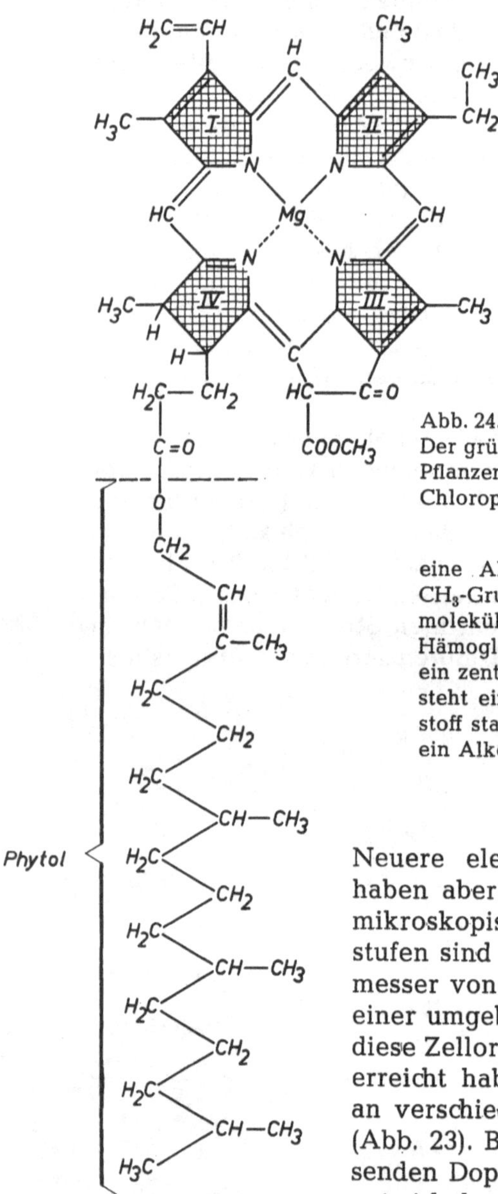

Chlorophyll a

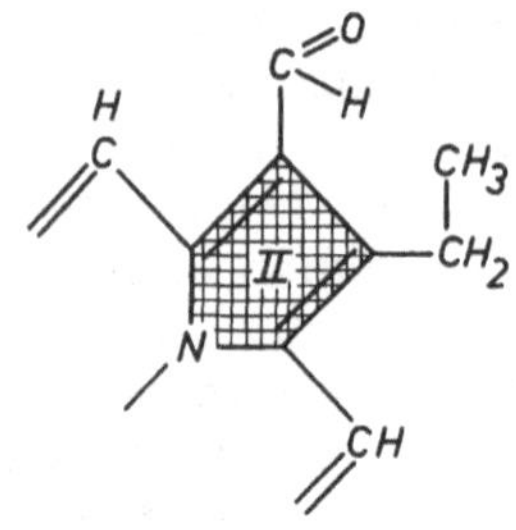

Chlorophyll b

Abb. 24. Strukturbild des Chlorophylls.
Der grüne Farbstoff Chlorophyll kommt in den meisten Pflanzen als a- und b-Typ etwa im Verhältnis 2:1 vor. Chlorophyll b unterscheidet sich von a lediglich durch eine Aldehydgruppe (—C(=O)—H), die die Stelle einer CH_3-Gruppe am Ring II einnimmt. Das Chlorophyllmolekül ist ähnlich wie der tierische Blutfarbstoff, das Hämoglobin, aus vier Pyrrolringen aufgebaut, die um ein zentrales Atom angeordnet sind. Beim Chlorophyll steht ein Magnesiumatom im Zentrum, beim Blutfarbstoff statt dessen ein Eisenatom. Am IV. Pyrrolring ist ein Alkoholmolekül, das Phytol, verestert.

Neuere elektronenmikroskopische Untersuchungen haben aber gezeigt, daß die Plastiden aus sublichtmikroskopischen Vorstufen entstehen. Diese Vorstufen sind winzig kleine Partikel mit einem Durchmesser von etwa 0,02 bis 0,2 μ, die aus Stroma[1] und einer umgebenden Doppelmembran bestehen. Wenn diese Zellorganellen einen Durchmesser von etwa 1 μ erreicht haben, beginnt die innere Membranschicht an verschiedenen Stellen ins Stroma einzuwandern (Abb. 23). Bei guter Belichtung werden die einwachsenden Doppelschichten kontinuierlich vermehrt und entwickeln sich zu den dichteren Grana- und den weniger dichten Stromalamellen. Bei fehlender Belichtung zerfallen die Lamellen dagegen in zahlreiche Bläschen und andere Strukturen. Die Granalamellen enthalten den grünen Farbstoff „Chlorophyll" (Abb. 24). Sie sind im ausdifferenzierten Chloroplasten geldrollen-

[1] Als „Stroma" wird eine ein Volumen ausfüllende Grundsubstanz bezeichnet, in der u. a. winzige eiweißhaltige Partikel vorhanden sein können.

Abb. 25. Elektronenmikroskopische Aufnahme ausgewachsener Chloroplasten aus einem Blatt der Wasserpest (*Elodea*). Die dunkleren geldrollenartig übereinanderliegenden chlorophyllhaltigen Granalamellen sind deutlich erkennbar. Die Grana-Bereiche werden durchzogen von zahlreichen Stromalamellen, die wahrscheinlich kein Chlorophyll enthalten. *(Aus K. Mühlethaler und A. Frey-Wissling, J. Biophys. Biochem. Cyt. 6, 507, 1959)*

artig übereinanderliegend angeordnet (Abb. 25). Ein Stoß von Granalamellen erreicht oft Ausmaße von 0,3 bis 1 μ und tritt daher im Lichtmikroskop als Einheit in Erscheinung. Eine solche Einheit wird „Granum" genannt. Geldrollenartig angeordnete, chlorophylltragende Membranstapel findet man bereits in bestimmten Bakterienzellen.

Fertige Chloroplasten haben häufig einen Durchmesser von 5 bis 8 μ, können aber in Zellen verschiedener Pflanzen und bei verschiedenen Umweltbedingungen von recht unterschiedlicher Länge sein. Die Anordnung der Lamellen in den Chloroplasten ist ähnlich derjenigen, die man in der Netzhaut des Auges findet, wo ebenfalls Lichtenergie aufgefangen wird. Aus elektronenoptischen Aufnahmen und bestimmten chemischen und physikalischen Erkenntnissen ist kürzlich von M. Calvin ein Modell der molekularen Struktur dieser Granalamellen entworfen worden, das in Abb. 26 wiedergegeben ist.

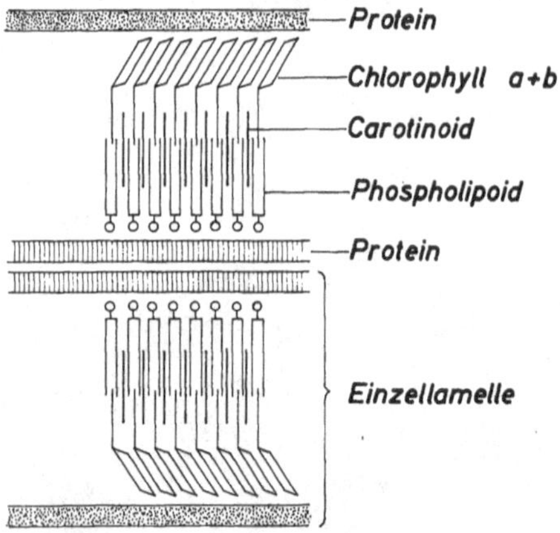

Abb. 26. Modell des molekularen Aufbaus der Granalamellen in Chloroplasten, nach Calvin. Vergleiche Abb. 23. Die Absorption der photosynthetisch wirksamen Strahlen erfolgt durch das Chlorophyll. Welche Bedeutung die Carotinoide haben, ist noch nicht eindeutig geklärt.

Aus den elektronenmikroskopischen Befunden wird klar, daß die Anlagen zur Bildung von Plastiden höherer Pflanzen offensichtlich von makromolekularer Größenordnung sind. Daher kann die Möglichkeit einer Neubildung im Cytoplasma nicht ausgeschlossen werden. Jedoch sei darauf hingewiesen, daß sich in vielen Untersuchungen ein Verlust oder eine Veränderung aller Chloroplasten einer Zelle als irreparabel erwiesen hat. Waren die in den Zellen vorhandenen Chloroplasten verloren oder verändert, so konnte eine Neubildung nicht beobachtet werden. Es muß weiteren Untersuchungen vorbehalten bleiben, das Problem möglicher Entstehungsweisen von Plastiden endgültig zu klären.

Zum ersten Mal sind wir bis zum molekularen Niveau biologisch bedeutsamer Strukturen vorgedrungen, und zwar bei Strukturen, in denen Prozesse ablaufen, die Voraussetzung für alle weiteren Lebensprozesse auf der Erde sind. Das wird klar, wenn man sich überlegt, daß mit Ausnahme einiger weniger besonders spezialisierter Bakterien alle Lebewesen, die nicht selbst zur Photosynthese befähigt sind, direkt oder indirekt von den Photosyntheseprodukten der Pflanzen leben. So ist Leben in seiner heutigen Form erst durch die Photosynthese möglich. Das Sonnenlicht liefert die zur Lebenserhaltung notwendige Energie, die von dem in den Chloroplasten enthaltenen grünen Farbstoff Chlorophyll (Abb. 24) absorbiert und durch komplizierte chemische Reaktionen nutzbar gemacht wird. Jährlich werden dabei auf unserer Erde etwa 400 Milliarden Tonnen Kohlendioxyd zu 270 Milliarden Tonnen Glukose umgewandelt.

Auf welchem Wege wird das erreicht?

Als wesentliche Produkte entstehen bei der Photosynthese einmal aus jeweils sechs Molekülen Kohlendioxyd (CO_2) und sechs Molekülen Wasser (H_2O) ein Molekül Zucker ($C_6H_{12}O_6$) nebst sechs Molekülen Sauerstoff (O_2). Formal läßt sich das summarisch folgendermaßen ausdrücken:

$$6\,CO_2 + 6\,H_2O \xrightarrow[\text{Chlorophyll}]{\text{Sonnenlicht}} C_6H_{12}O_6 + 6\,O_2$$

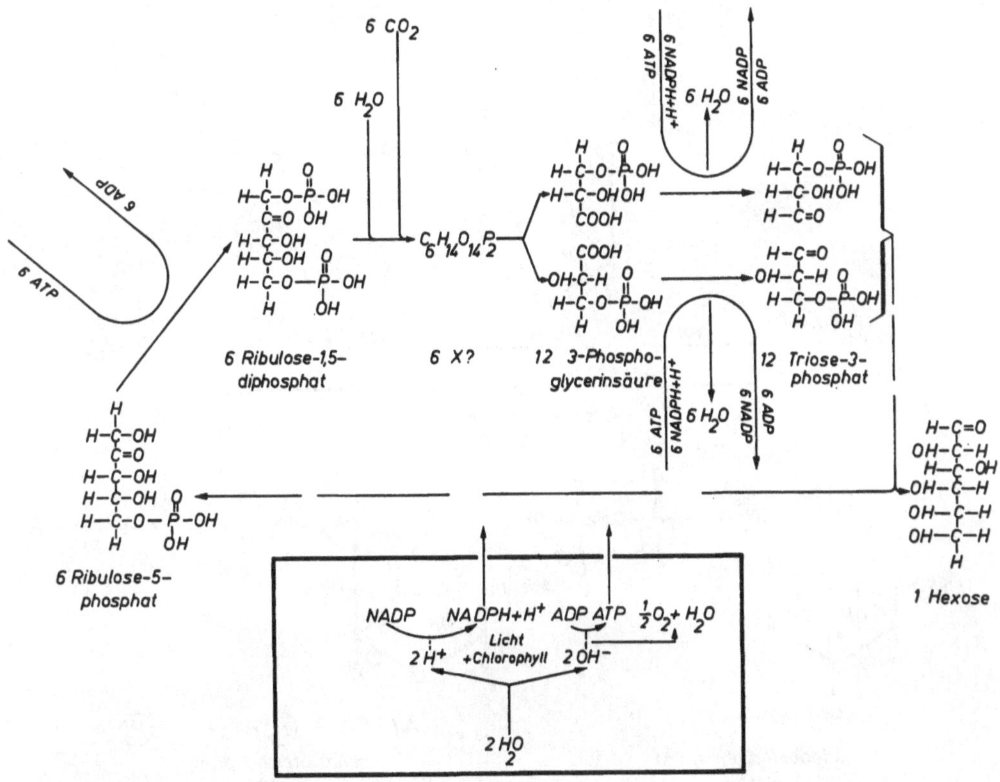

Abb. 27. Schema der bei der Photosynthese ablaufenden molekularen Prozesse. Nach den Untersuchungen von Calvin (Nobelpreis 1961) wird CO_2 in einen Zucker aus fünf Kohlenstoffatomen, Ribulose-1,5-diphosphat, eingebaut. Dadurch entsteht ein instabiles, in seiner Zusammensetzung noch nicht genau bekanntes Molekül (X) mit 6 Kohlenstoffatomen. Dieses zerfällt in zwei Moleküle mit je drei C-Atomen. Unter Mitwirkung von $NADPH+H^+$ und ATP und Abspaltung von Wasser entsteht dann Triose-3-phosphat. Zwei Moleküle Triose-3-phosphat werden zu einer Hexose vereint. Aus 6 Ribulose-1,5-diphosphat-Molekülen und 6 CO_2-Molekülen entstehen 1 Hexose-Molekül sowie 6 Ribulose-Moleküle, die über mehrere Zwischenstufe neugebildet werden und somit für den Kreislauf wieder zur Verfügung stehen. Neben der CO_2-Inkorporation erfolgt eine Zersetzung von Wassermolekülen (eingerahmter Teil der Abbildung). Hierbei wird Sauerstoff (O) freigesetzt sowie über mehrere, teilweise noch unbekannte Zwischenstufen $NADPH+H^+$ und ATP gebildet. Diese stehen dann für die CO_2-Bindung zur Verfügung.

Im einzelnen setzt sich dieser Vorgang aber aus einer Reihe komplizierter Prozesse zusammen, die im wesentlichen zwei Gruppen angehören. In der einen wird das CO_2 fixiert und zu einem Kohlenhydrat reduziert, aus dem dann schließlich Zucker synthetisiert wird. In der anderen erfolgt eine Zersetzung (Photolyse) des Wassers unter Freisetzung von Sauerstoff. Der freiwerdende Sauerstoff stammt also nicht aus dem aufgenommenen CO_2 (Abb. 27).

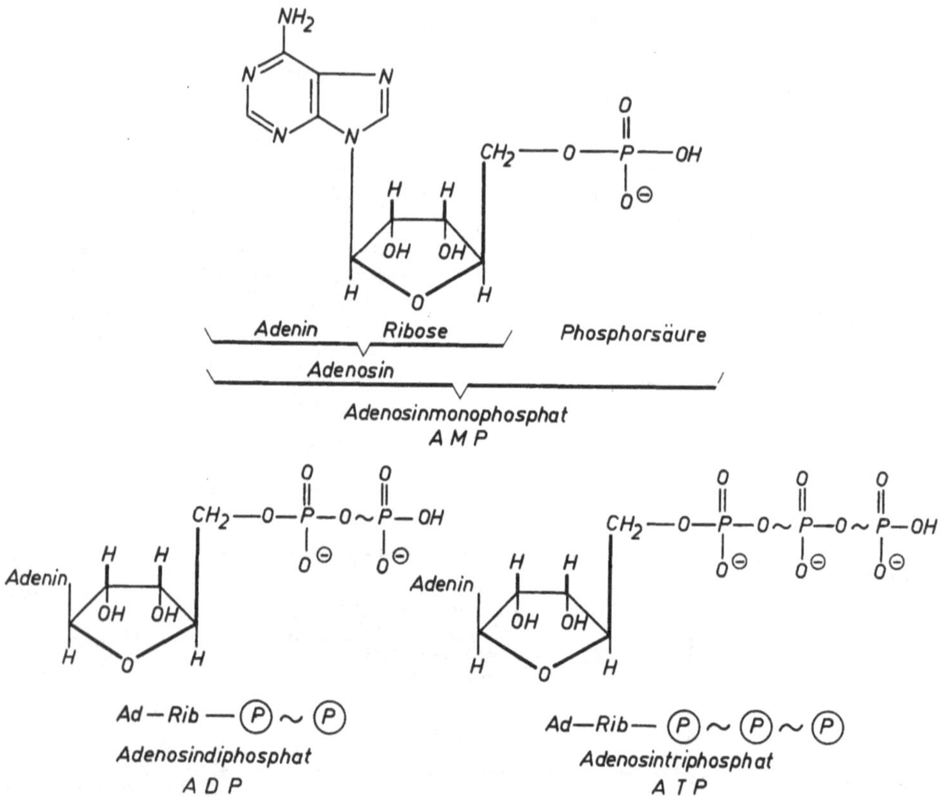

Abb. 28. Strukturbilder von Adenosinmonophosphat (AMP), Adenosindiphosphat (ADP) und Adenosintriphosphat (ATP). Adenin und Ribose ergibt Adenosin. Aus Adenosin und Phosphorsäure entsteht AMP. (An den unbezeichneten Schnittpunkten von drei oder vier Linien stehen CH- bzw. C-Atome, die aus Gründen einer besseren Übersichtlichkeit hier nicht eingetragen sind.)

Sowohl in Verbindung mit der Photolyse des Wassers als auch unabhängig davon werden schließlich besondere als Energieüberträger dienende Moleküle mit Energie aufgeladen. Über die Einzelheiten dieser Vorgänge ist noch wenig bekannt. Bei der Absorption von Lichtenergieeinheiten, den „Lichtquanten", werden zunächst im Chlorophyllmolekül Elektronen angeregt. Diese „energiereichen Elektronen" werden benutzt, um durch Anhängung einer anorganischen Phosphatgruppe an ein „Adenosindiphosphat"-Molekül ein energiereiches „Adenosintriphosphat"-Molekül herzustellen (Abb. 28). Die allgemein kurz als „ATP" bezeichneten Moleküle stehen als Lieferanten chemischer Energie zur Verfügung, z. B. bei der CO_2-Fixierung (Abb. 27) oder bei der Ausübung anderer Leistungen. Bei der Energieabgabe verliert das ATP-Molekül eine Phosphatgruppe und wird dadurch wieder zum energieärmeren Adenosindiphosphat oder kurz „ADP", das an geeigneten Stellen wiederum zum energiereichen

ATP umgewandelt wird. Gleichzeitig wird ein für den Stoffwechsel der Zelle bedeutsames Molekül, das Nicotinamid-adenin-dinucleotid-phosphat (NADP)[1] reduziert (Abb. 29), d. h. unter Bindung von zwei Wasserstoffionen zu NADPH + H^+ umgebildet. Das NADP ist ein Abkömmling des Vitamins Nicotinsäure (Niacin), dessen Fehlen beim Menschen u. a. Pellagra oder Anämie verursacht. NADPH + H^+ ist z. B. als Wasserstoffüberträger notwendig bei der Reduktion und Polymerisation von CO_2 zu Glukose (Abb. 27).

Damit haben wir einen ersten wichtigen zellulären Stoffwechselkreislauf kennengelernt. Seine zweite Hälfte, die Umwandlung von energiearmen ADP- in energiereiche ATP-Moleküle, erfolgt nicht nur während der Photosynthese in Zellen mit Chloroplasten, sondern läuft in den Zellen aller Organismen als Folge der energiegewinnenden Atmungsprozesse ab. Damit sind wir zum ersten Mal auf molekulare Strukturen gestoßen, die allen Lebewesen gemeinsam sind.

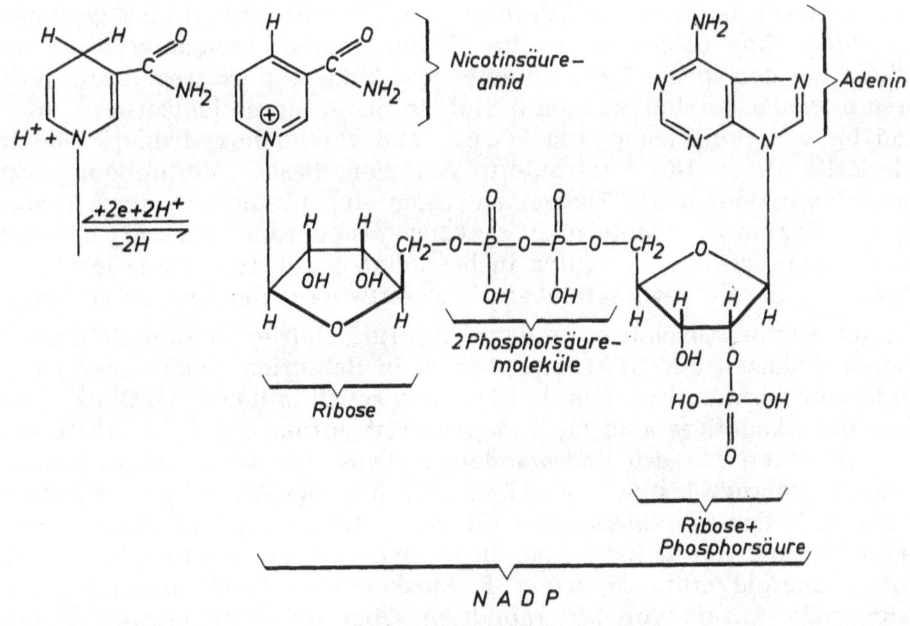

Abb. 29. Strukturbild des Nicotinamid-adenin-dinucleotid-phosphat (NADP). Ohne Phosphorsäurerest am Riboseteil des Adenosins liegt Nicotinamid-adenin-dinucleotid (NAD) vor, das bei den Atmungsprozessen eine Rolle spielt (vgl. Abb. 32). Die reversible Bindung von 2 Wasserstoffionen erfolgt am Nicotinsäureamid-Bestandteil des Moleküls. (Wie in Abb. 28 sind zur besseren Übersicht CH- und C-Atome, die an Schnittpunkten von 3 oder 4 Linien stehen, nicht eingetragen.)

---

[1] Früher häufig auch als Triphospho-pyridinnucleotid (TPN) bezeichnet.

c) Energieumschaltstationen: „Mitochondrien"

Wie wir im Zusammenhang mit den Aufgaben der Chloroplasten erfahren haben, erfolgt im Innern der Zelle die Energieübertragung von energiehaltigen Quellen zu energieverbrauchenden Prozessen durch spezielle Moleküle. Während der Photosynthese wird Lichtenergie zur Bildung von energiereichen ATP-Molekülen aus ADP verwendet. Nicht zur Photosynthese befähigte Zellen, wie z. B. alle tierischen Zellen, müssen andere Energiequellen als das Licht zur Deckung ihres Energiebedarfs benutzen. Aber selbst in Pflanzenzellen stellen die bei den Photosyntheseprozessen gebildeten ATP-Moleküle nur einen kleinen Teil der Energieüberträger dar. Der größere Teil entsteht auch in Pflanzenzellen wie in Zellen tierischer Organismen bei der „Verbrennung" komplexer, organischer Moleküle, wie z. B. Kohlenhydraten. Diese werden von pflanzlichen Organismen selbst synthetisiert, müssen aber von tierischen Organismen als Nahrung aufgenommen werden.

Da ein gleichzeitiges Freiwerden relativ großer Energiemengen die Zellen zerstören würde, muß der „Verbrennungsprozeß" stufenweise gesteuert verlaufen. Eine solche abgestufte „Verbrennung" geeigneter Moleküle erfolgt bei den in der Zelle ablaufenden Atmungsprozessen. Unter Verbrauch von Sauerstoff werden geeignete Substrate stufenweise oxydiert und bis zur Freisetzung von Wasser und Kohlendioxyd umgewandelt. Die Zelle atmet. Das kontrollierte Ablaufen dieses „Verbrennungsprozesses" wird durch das Zusammenwirken einer Reihe von durch besondere Moleküle (Fermente oder Enzyme) gesteuerten Prozessen bewirkt. Diese Atmungsprozesse laufen in bestimmten Zellstrukturen, den Mitochondrien, ab, die gewissermaßen die „Kraftwerke" der Zelle darstellen.

Bis auf wenige Ausnahmen findet man Mitochondrien in allen Zellen von Tieren, Pflanzen und Mikroorganismen. In Bakterien können sie in vereinfachter Form vorkommen. In Blaualgen sowie in den roten Blutkörperchen der Säugetiere sind sie dagegen nicht vorhanden. Ihre äußere Gestalt ist unterschiedlich und wandelbar. Teils sind sie kugelig, teils gestreckte Stäbchen bis zu einer Länge von 6 μ. Die Anzahl der Mitochondrien ist in den verschiedenen Zelltypen variabel. Sie ändert sich ferner bei Änderung der Zellaktivität. In besonders spezialisierten Zellen mit hohem Energieverbrauch, wie z. B. Muskelzellen, findet man stets eine sehr große Anzahl von Mitochondrien. Über ihre Vermehrung besteht heute noch keine vollkommene Klarheit. Wahrscheinlich erfolgt sie durch Teilung bereits vorhandener Mitochondrien. Jedoch glauben einige Biologen, auch die Neubildung von Mitochondrien beobachtet zu haben. Diese soll, ähnlich wie bei den Chloroplasten, mit dem Auftreten winzig kleiner, von einer Membran umschlossener Bläschen beginnen. Wenn diese Bläschen heranwachsen, sollen sich eine Innenmembran und Einstülpungen herausdifferenzieren. Wegen ihrer Kleinheit und ihres meist recht zahlreichen Vorhandenseins in der Zelle ist diese Frage jedoch schwer eindeutig zu entscheiden.

Von den zahlreichen im Cytoplasma vorhandenen winzig kleinen Partikeln lassen sich die Mitochondrien erst mit Hilfe des Elektronenmikroskops eindeutig unterscheiden. Elektronenmikroskopische Aufnahmen von Quer- und Längsschnitten durch Mitochondrien zeigen nämlich, daß sich diese durch eine einmalige Anordnung bestimmter innerer Membranstrukturen auszeichnen (Abb. 30, 31). Die Außenwand der Mitochondrien bildet eine 0,004 bis 0,008 μ dicke Hüllmembran. In relativ gleichmäßigem Abstand von 0,01 μ liegt dieser äußeren Hüllmembran eine Innenmembran an, die mehr oder weniger zahlreiche Einstülpungen in den Innenraum aussendet. Diese Einstülpungen sind in zwei typischen Grundformen ausgebildet, entweder als flächige Querwände *(Cristae mitochondriales)* oder als zylindrische Röhren *(Tubuli mitochondriales)*. Auch durch die Cristae wird der Innenraum der Mitochondrien jedoch nicht in einzelne vollständig abgetrennte Kammern zerlegt. Es bleiben Lücken bestehen, so daß alle Teile des Innenraumes miteinander verbunden sind. In Zellen mit hohem Energieverbrauch, wie z. B. den bereits erwähnten Muskelzellen, findet man nicht nur besonders viele Mitochondrien, sondern in jedem Mitochondrium sind auch außerordentlich zahlreiche Cristae dicht gepackt vorhanden.

Wie neuere biochemische Untersuchungen gezeigt haben, sind die die Prozesse der Atmungskette regelnden Fermente wahrscheinlich an der Oberfläche der Einstülpungen lokalisiert. Es hat sich nämlich herausgestellt, daß Mitochondrien mit sehr vielen Cristae eine relativ große Menge bestimmter Fermente (z. B. Cytochrom c) enthalten, während in Mitochondrien mit weniger Cristae, die man z. B. in Gehirnzellen findet, der entsprechende Fermentgehalt verhältnismäßig klein ist. Atmungsprozesse laufen auch in Mitochondrien ab, die unbeschädigt aus Zellen isoliert worden sind. Zerstört man jedoch die Cristae durch künstliche Eingriffe, verlieren die Mitochondrien ihre Atmungsfähigkeit. Daraus folgt, daß die Strukturen der Innenmembranen für den ungestörten Ablauf der Atmungsprozesse unbedingt erforderlich sind.

Über den molekularen Aufbau dieser so wichtigen Membranen gibt es bisher nur Spekulationen. Auch bei den die verschiedenen Atmungsprozesse steuernden Fermenten sind nur die molekularen Strukturen ihrer wirksamen Bestandteile bekannt. Da sie fest an die Cristae der Mitochondrien gebunden sind, konnte noch nicht entschieden werden, ob die wirksamen Molekülteile mit größeren Eiweißmolekülen gekoppelt sind, oder ob diese bloße Bestandteile der Membranen sind.

Um unsere Vorstellungen über die Bedeutung der Mitochondrien für die Zelle abzurunden, ist schließlich noch eine kurze Orientierung über die wesentlichen molekularen Grundlagen der Atmungsprozesse notwendig. Dabei müssen viele, z. T. auch noch ungeklärte Einzelheiten unberücksichtigt bleiben.

Zunächst werden die als Energiequelle dienenden langen, kettenartigen organischen Moleküle in der Zelle in kleinere Bruchstücke zerlegt. Diese

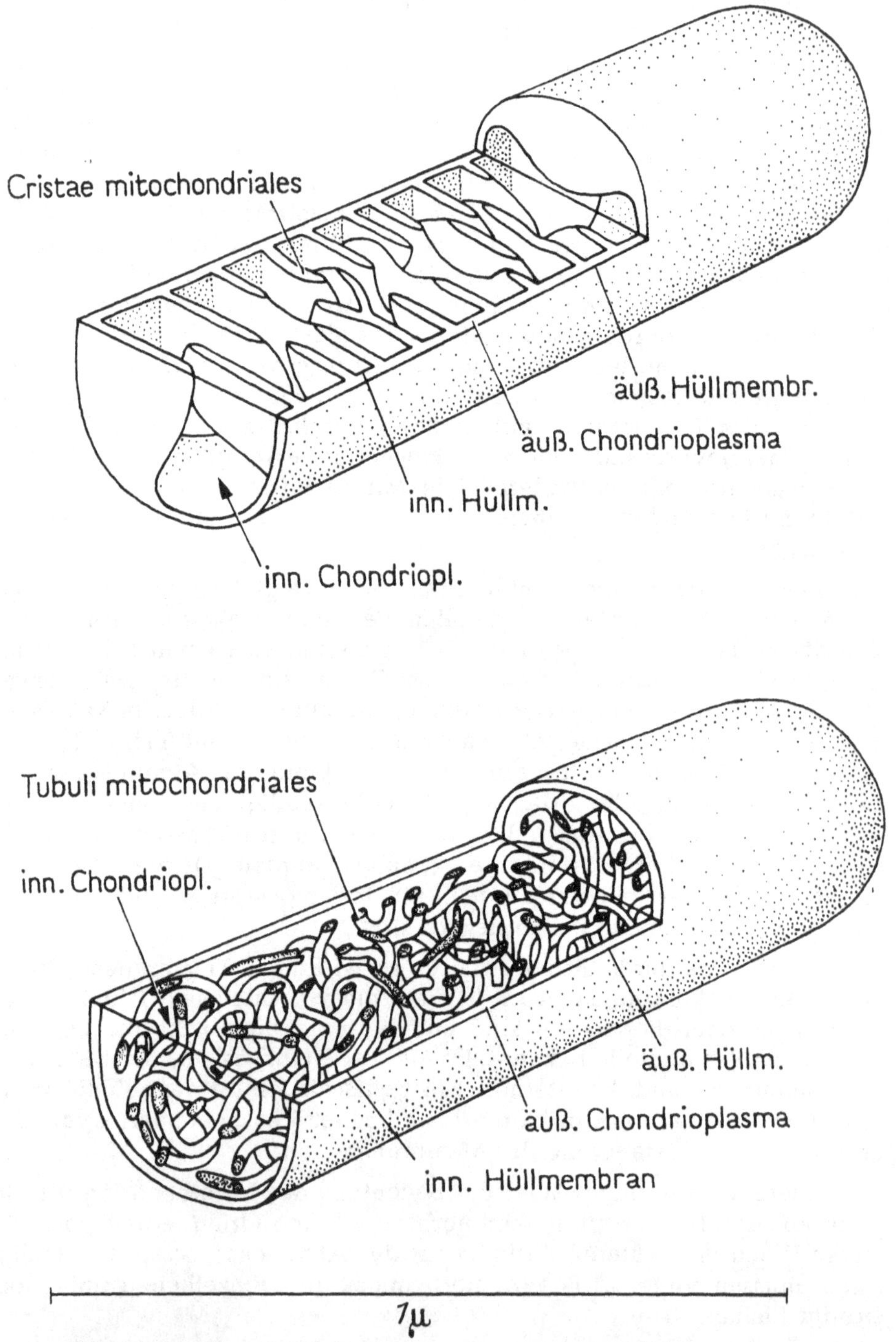

Abb. 30. Schematische Darstellung der Struktur von Mitochondrien.
oben: Mitochondrium vom Crista-Typ,
unten: Mitochondrium vom Tubulus-Typ.
(Aus K. E. Wohlfarth-Bottermann, Zool. Anz. Suppl. 23, 393, 1959)

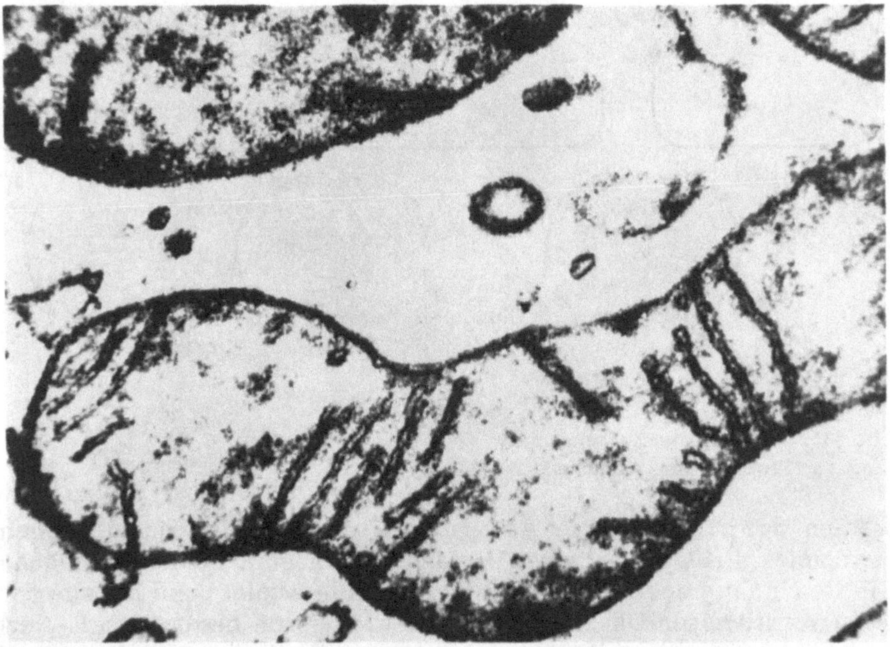

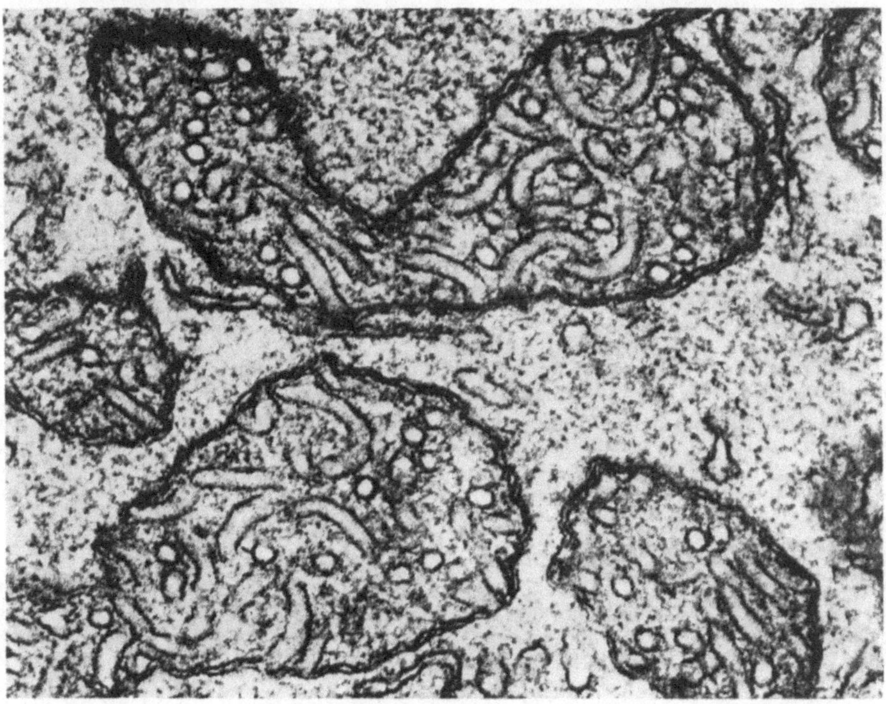

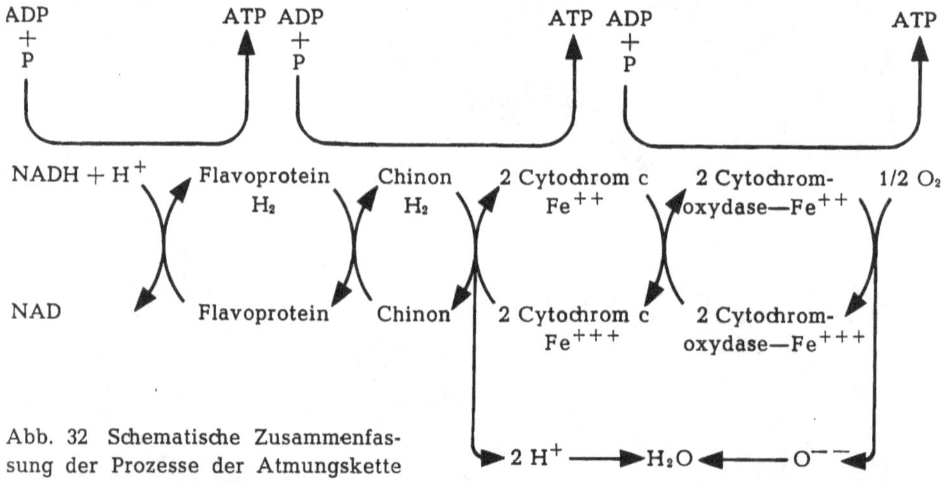

Abb. 32 Schematische Zusammenfassung der Prozesse der Atmungskette

werden durch schrittweise Abtrennung von entweder einem Kohlendioxydmolekül (CO_2) oder zwei Wasserstoffatomen (2 H) weiter abgebaut. Die Gewinnung energiereicher ATP-Moleküle erfolgt dann bei einer weiteren schrittweisen Übertragung der H-Atome von besonderen H-Akzeptor-Molekülen auf drei Fermente der Atmungskette. Die einzelnen Stadien dieses Prozesses sind schematisch in Abb. 32 dargestellt. Als H-Akzeptor wirkt ein Molekül, das wir bereits bei Besprechung der Photosynthese-Prozesse kennengelernt haben. Es handelt sich um das Nicotinamid-adenin-dinucleotid (NAD), das in der Lage ist, reversibel Wasserstoff zu binden und in die reduzierte Form NADH + H^+ überzugehen (Abb. 29). Vom NADH + H^+ wird der Wasserstoff an drei Wasserstoffüberträger, Flavoprotein, Chinon und Cytochrom c[1], weitergegeben. Unter Mitwirkung eines weiteren Ferments, der Cytochromoxydase, werden schließlich zwei H-Atome mit einem Sauerstoff-Atom (O) zu einem Wassermolekül (H_2O) vereint. Auf den einzelnen Stufen dieser Atmungskette wird freiwerdende Energie als chemische Energie gebunden und in Form von ATP gespeichert. Insgesamt werden auf jeweils ein Molekül NADH + H^+ und ein halbes Molekül Sauerstoff ($^1/_2$ O_2) drei Moleküle ATP gewonnen.

[1] Auch die Cytochrome enthalten ein uns bereits bekanntes Molekülbestandteil, das Porphyrinringsystem, dessen Aufbau wir beim Chlorophyll kennengelernt haben (Abb. 24). Bei den Cytochromen befindet sich jedoch in der Mitte des Ringes anstatt des Mg-Atoms ein Eisenatom.

←

Abb. 31. Elektronenoptische Aufnahmen von Mitochondrien-Dünnschnitten.
oben: Mitochondrien vom Crista-Typ.
(Aus A. Thiel, Deutsche med. Wochenschr. 84, 2038, 1959)
unten: Mitochondrien vom Tubulus-Typ.
(Aus H. Kommick und K. E. Wohlfarth-Bottermann, Fortschritte der Zoologie 17, 1964)

Das gebildete energiereiche ATP wandelt sich bei Energieabgabe in ADP um, das während der Atmungsprozesse wiederum zu ATP zurückgebildet wird. In diesem Kreislauf von ADP zu ATP und zurück können beträchtliche Mengen umgesetzt werden. So hat man z. B. errechnet, daß ein Mensch innerhalb von 24 Stunden etwa 70 kg ATP produziert. Diese Menge ist natürlich niemals zu einem Zeitpunkt vorhanden, sondern das erzeugte ATP wird immer wieder unter Energieabgabe zu ADP umgesetzt.

Im normalen Stoffwechsel der Zelle ist die Kapazität der Atmungskette nicht maximal ausgelastet. Begrenzend wirkt, wie man heute weiß, normalerweise das Angebot von ADP. Da in einer arbeitleistenden, energieverbrauchenden Zelle viel ATP in ADP umgesetzt wird, steht letzteres in großer Menge zur Verfügung und beschleunigt die Atmungsprozesse. Verbraucht eine Zelle weniger Energie, d. h. ATP, so entsteht auch weniger ADP, und die Intensität der zellulären Atmung wird reduziert. So erfolgt in der Zelle eine Selbstregulation von Energieverbrauch und Energiegewinn. Natürlich wirkt auch ein Mangel an Sauerstoff oder geeigneten Nahrungssubstraten reduzierend auf die Atmungsintensität. Wenn diese Mangelzustände andauern, kommt es jedoch in der Regel bald zu schweren Zellschädigungen.

Der kurze Überblick über Strukturen und Aufgaben der Mitochondrien kann hiermit beendet werden. Zu erwähnen bleibt noch, daß außer den Fermenten der Atmungskette weitere Enzyme in diesen Zellorganellen vorhanden sind. Hervorgehoben seien die des sogenannten Citronensäurezyklus, der chemisch eng mit den Prozessen der Atmungskette verbunden ist, indem er das notwendige NADH + H^+ liefert und außerdem viele Bausteine zur Synthese neuer Zellkomponenten erzeugt. Im Gegensatz zu den Enzymen der Atmungskette befinden sich die Enzyme des Citronensäurezyklus nicht an den eingestülpten Membranen sondern im Inneren der Mitochondrien („Matrix" oder „inneres Chondrioplasma").

Zum zweiten Mal sind wir damit bei der Untersuchung der Zellbestandteile und ihrer Aufgaben bis zum molekularen Niveau vorgedrungen und haben Strukturen kennengelernt, die den Zellen aller Lebewesen gemeinsam sind.

d) Produktionsstätten von Eiweißmolekülen: „Ribosomen"

Wir haben bisher außer dem Zellkern die Chloroplasten und Mitochondrien als Zellorganellen mit besonders wichtigen Aufgaben kennengelernt. Diese Körper fallen bereits bei lichtmikroskopischer Betrachtung von Zellen auf. Für lange Zeit hielt man sie auch für die einzigen wesentlichen partikulären Elemente in der Zelle und glaubte, daß der übrige Zelleib, das „Cytoplasma", aus einem unstrukturierten, halbgelierten Substanzgemisch bestehe. Erst aus elektronenmikroskopischen Beobachtungen wurden bestimmte Strukturen im Cytoplasma genauer erkenntlich. Nachdem es ferner gelang, nach Zerstörung der äußeren Zellwände oder Zellmembranen einzelne Zellfraktionen durch differentielles Zentrifugieren gesondert abzuschleudern und dadurch zu isolieren, konnten auch die spezifischen Aufgaben dieser Strukturen für den Stoffwechsel der Zelle untersucht und bestimmt werden.

Wie die elektronenmikroskopischen Bilder gezeigt haben, ist das Cytoplasma nicht homogen strukturlos, sondern von einer Vielzahl kleiner Kanäle oder Bläschen mit einem Durchmesser von etwa 0,1 bis 0,2 μ durchzogen. Da, wie wir bereits erfahren haben, elektronenmikroskopische Untersuchungen nur an sehr dünnen Zellschnitten vorgenommen werden können, ist es schwierig zu entscheiden, inwieweit die kleinen in jedem einzelnen Schnitt angeschnittenen Kanäle und Bläschen einem gemeinsamen System angehören oder verschiedenartigen Zellorganellen zuzuordnen sind. Bei einer Schnittdicke von 0,02 μ müßte man eine ununterbrochene Folge von etwa 500 Schnitten herstellen und elektronenmikroskopisch untersuchen, um das Kanalsystem einer einzigen Zelle rekonstruieren zu können. Viele Zellforscher halten dennoch die Kanäle und Bläschen für Teile eines zusammengehörigen Systems, das von einer kontinuierlichen Innenmembran ausgekleidet wird. Die Gesamtheit der mit Membranen ausgekleideten Innenhohlräume wird daher häufig einheitlich als „endoplasmatisches Retikulum" bezeichnet. Die Ausbreitung dieses Kanalsystems ist unterschiedlich in Zellen verschiedenen Typs und ändert sich auch innerhalb einer Zelle in Abhängigkeit von der Stoffwechselaktivität. Sackartig erweiterte Gänge, die nach ihrem Entdecker als „Golgikomplex" bezeichnet werden, gehören wahrscheinlich ebenfalls diesem Kanalsystem an. Heute weiß man, daß in den Hohlräumen des Golgikomplexes Proteine, Vorstufen der Zellmembran, und möglicherweise auch andere Substanzen synthetisiert oder angesammelt werden. Sicher gehört auch die den Zellkern begrenzende Doppelmembran zu dem Kanalsystem des endoplasmatischen Retikulums. Schließlich hat man auch beobachten können, daß die Wandungen der Kanäle kontinuierlich in die die Zelle nach außen begrenzende Zellmembran übergehen. Dadurch bestehen Verbindungswege von der äußeren Umgebung der Zelle bis zum Kern im Zellzentrum (s. Abb. 18 b und 34). Die Bildung des endoplasmatischen Retikulums kann durch Ein- bzw. Ausstülpungen der Zell- und Kernmembran erfolgen.

→

Abb. 33. Elektronenoptische Aufnahme eines Schnittes durch Zellen der Bauchspeicheldrüse einer Fledermaus. In diesen Zellen sind viele Kanäle des endoplasmatischen Retikulums ausgebildet. In der Vergrößerung in der linken oberen Bildecke sind die dem endoplasmatischen Retikulum anhaftenden Ribosomen deutlich erkennbar.

(Aus Porter und Bonneville „Fine Structure of Cells and Tissues" Lea & Febinger, Philadelphia 1963)

ER: endoplasmatisches Retikulum
G: Golgikörper
M: Mitochondrien
N: Nucleus
Z: inaktive Enzymvorstufen

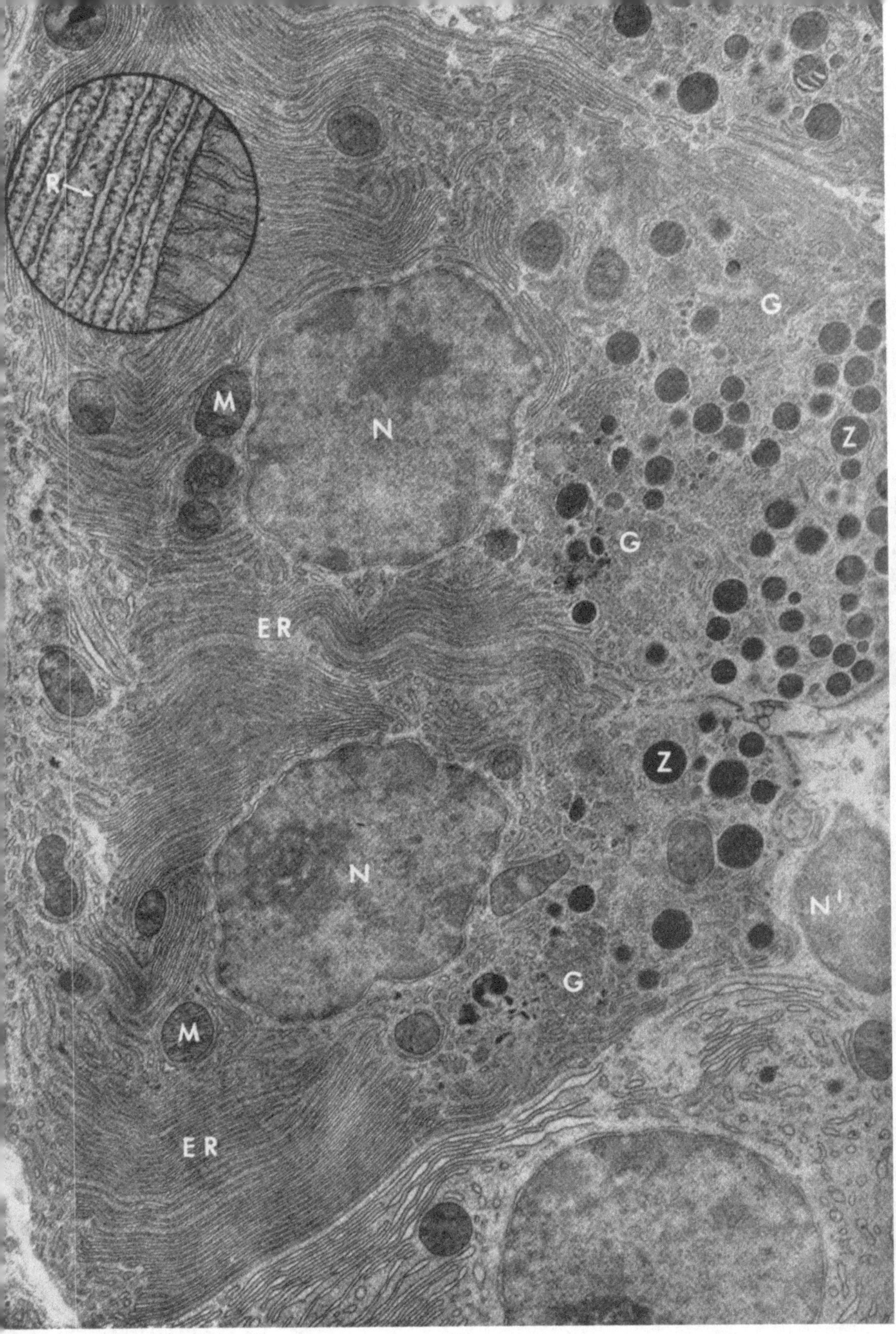
R
G
M
N
Z
G
ER
Z
N
N'
G
M
ER

An der Außenseite der Kanäle des endoplasmatischen Retikulums finden sich häufig winzig kleine Körperchen mit einem Durchmesser von etwa 0,015 μ (s. Abb. 33). Durch differentielles Zentrifugieren lassen sich diese Körperchen isolieren und chemisch analysieren. Da sie zu einem hohen Prozentsatz aus Ribonucleinsäure bestehen, werden sie als „Ribosomen" bezeichnet. Nicht alle Ribosomen sind jedoch an die Membranen des endoplasmatischen Retikulums geheftet. Man findet sie auch frei im Cytoplasma. Bei Bakterien, denen ein endoplasmatisches Retikulum fehlt, sind Ribosomen oft auch an der Zellmembran angeheftet. Ihre Anzahl hängt von der Stoffwechsellage der Zelle ab. So haben Zellen, die sich in Stoffwechselruhe befinden, relativ wenig Ribosomen, während sich teilende Zellen stets außerordentlich reich mit Ribosomen versehen sind.

Wie man in Versuchen mit isolierten Ribosomen feststellen konnte, findet an ihnen die Synthese von Eiweißmolekülen (Proteinmolekülen) statt. Proteinmoleküle spielen in jeder Zelle eine große Rolle. Einmal sind sie Bestandteile von Enzymen und damit für den Ablauf vieler Stoffwechselprozesse unbedingt erforderlich, zum anderen enthalten viele Strukturelemente der Zellen Proteinkomponenten. Proteine sind aus einer Anzahl von maximal 20 verschiedenen Bauelementen, den „Aminosäuren" (s. Abb. 64a auf S. 138), aufgebaut, deren Reihenfolge die Spezifität des Proteinmoleküls bestimmt. Aus Variationen in der Anzahl der eingebauten Aminosäuren sowie in deren Reihenfolge ergeben sich praktisch unbegrenzte Möglichkeiten für verschiedenartige Proteinmoleküle. Da ihre Fähigkeit zur Erfüllung bestimmter Aufgaben im Stoffwechsel der Zellen häufig bereits durch das Fehlen oder die Verwechslung eines einzigen Bausteins beeinträchtigt oder gar unterbunden wird, ist ihr streng kontrollierter Aufbau eine absolut notwendige Voraussetzung für die Lebensfähigkeit jeder Zelle. Er wird durch die im Zellkern verankerten Erbinformationen gesteuert, die durch besondere, als Informationsüberträger wirksame Moleküle auf die Ribosomen übertragen werden. Der hochinteressante molekulare Mechanismus dieser Steuerungsprozesse ist heute weitgehend geklärt. In einem späteren Kapitel werden wir uns damit noch eingehend beschäftigen.

Die synthetisierten Proteine lassen sich zwei Gruppen zuordnen; denjenigen, die für den Aufbau der Zelle selbst notwendig sind, sowie denjenigen, die von bestimmten Zellen in ihre Umgebung ausgeschieden werden (z. B. Antikörper oder bestimmte Enzyme). Besonders bei Zellen, die mit der Ausscheidung von Proteinen beschäftigt sind, findet man sehr viele Ribosomen an den Membranen des endoplasmatischen Retikulums befestigt und relativ wenig frei im Cytoplasma. Da diese spezifische Ribosomenverteilung nicht bei Zellen auftritt, die kein Protein abscheiden, ist zu vermuten, daß das Kanalsystem bei der Herausleitung von Stoffen aus dem Zelleib eine Rolle spielt. Tatsächlich gibt es dafür eine Reihe von Hinweisen aus Untersuchungen über Sekretionsvorgänge in Bauchspeicheldrüsenzellen. Möglicherweise dienen die Kanäle auch der Verteilung von Stoffen, die von Zellen aus ihrer Umwelt aufgenommen werden.

Außer den Ribosomen finden sich im Cytoplasma noch weitere Partikel mit anderen Aufgaben wie z. B. die sogenannten „Lysosomen" mit einem mittleren Durchmesser von etwa 0,4 μ. Sie enthalten verschiedenartige Abbauenzyme, über deren Bedeutung für die Lebensprozesse der Zelle man jedoch noch wenig weiß. Häufig werden alle diese winzig kleinen Zellbestandteile einschließlich der Ribosomen als „Mikrosomen" zusammengefaßt.

e) Abgrenzungs- und Verbindungsmittel: „Zellmembran"

Mit den wesentlichen bisher im Innern einer Zelle erkennbaren Strukturen sind wir nun bekannt geworden. Die verschiedenen im Zelleib vorhandenen Teilchen befinden sich natürlich nicht in einem Vakuum, sondern schwimmen in einer die Zelle erfüllenden Substanz, die man als Grundcytoplasma bezeichnen kann. Dieses Grundcytoplasma weist keine erkennbaren Strukturen auf. Man kann jedoch nicht mit absoluter Sicherheit ausschließen, daß es von feinsten, auch für das Elektronenmikroskop nicht mehr auflösbaren Fäden oder Membranen durchzogen wird. Daher ist auch heute noch nicht wirklich eindeutig feststellbar, ob es im Grundcytoplasma gelöste Enzyme gibt, d. h. ob in der Zelle enzymatische Prozesse ablaufen, die nicht an bestimmte Zellstrukturen gebunden sind. Aus biochemischen Analysen weiß man zwar, daß vor allem Zuckermoleküle abbauende Enzyme im Grundcytoplasma vorkommen, jedoch mögen auch diese an Membranstücke des endoplasmatischen Retikulums gebunden sein, die bei der Präparation nicht eindeutig abgetrennt werden können.

Umgeben wird das Grundcytoplasma mit den in ihm enthaltenen Körperchen von der sogenannten Plasma- oder Zellmembran, die, wie elektronenoptische Aufnahmen zeigen, meist aus zwei jeweils 0,002 bis 0,003 μ dicken Schichten besteht. Da zwischen diesen Schichten ein ebenfalls 0,002 bis 0,003 μ starker Zwischenraum vorhanden ist, beträgt die Gesamtdicke der Zellmembran etwa 0,008 μ. Wie man heute weiß, besteht die zentrale Schicht aus einer Lage von Lipoid-Molekülen. Die beiden peripheren Schichten setzen sich dagegen aus nicht-lipoidem Material zusammen, das in vielen Fällen sicherlich aus Protein besteht. Bei tierischen Vielzellern ist die Zellmembran häufig die einzige Umgrenzung der Zellen. Besondere Zellwände werden im Gegensatz zu den Verhältnissen bei Pflanzenzellen nur in wenigen bestimmten tierischen Zellen, z. B. Knochen- und Knorpelzellen, gebildet. An den Berührungsstellen der Zellmembranen benachbarter Zellen sieht man in elektronenoptischen Bildern meist einen etwa 0,02 μ breiten Zwischenraum, der mit einer diffusen Substanz unbekannter Zusammensetzung angefüllt ist. Bei Untersuchungen von Darmepithelzellen hat man beobachtet, daß von der Darmwand aufgenommene Fettröpfchen diese Zwischenräume entlang fließen, wobei sie mitunter erheblich gedehnt werden. Daher liegt die Vermutung nahe, daß die Zwischenräume zwischen den Zellmembranen als Beförderungswege winzig kleiner Partikel dienen können. Zur festeren Ver-

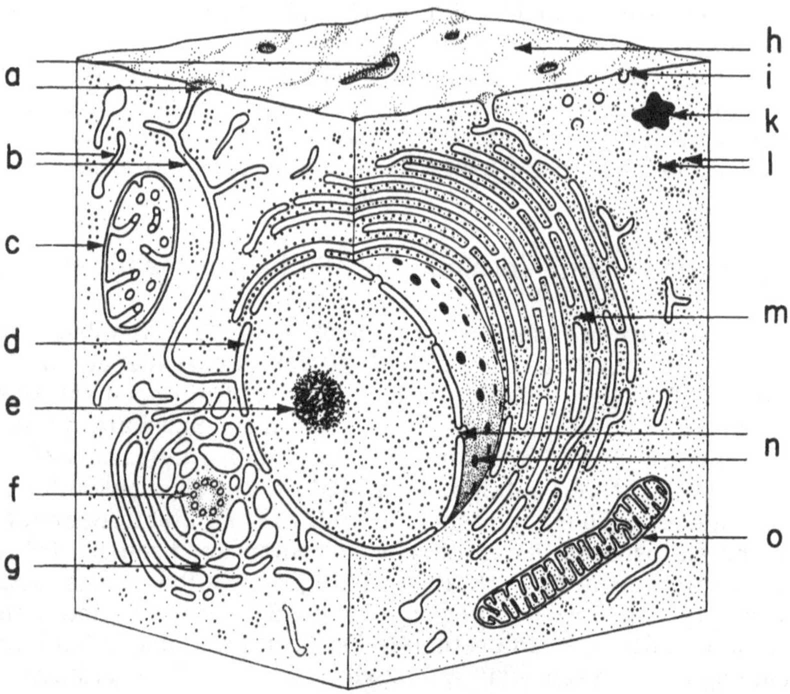

Abb. 34. Dreidimensionale schematische Darstellung der Feinstruktur der Zelle. Deutlich wird der Zusammenhang der Einzelstrukturen erkennbar.
(Aus K. E. Wohlfarth-Bottermann, Zool. Anz. Suppl. 23, 393, 1959)

a: Einstülpungen der Zellmembran ins Zellinnere
b: Kanalsystem des glatten endoplasmatischen Retikulums
c: Mitochondrium vom Tubulus-Typ
d: die beiden Membranen der Kernhülle
e: Nucleolous
f: Zentralkörperchen
g: Golgi-Komplex
h: Zelloberfläche
i: Pinocytose-Bläschen
k: Fettröpfchen
l: Ribosomen
m: granuläres endoplasmatisches Retikulum
n: Poren der Kernhülle
o: Mitochondrium vom Crista-Typ

ankerung benachbarter Zellen, die besonders bei Zellen notwendig ist, die stärkeren Druck- und Zugbeanspruchungen ausgesetzt sind, wie Muskel- oder Epithelzellen, sind bestimmte, begrenzte Bereiche von Zellmembranen benachbarter Zellen verstärkt (Desmosomen) oder durch vielfältige Faltungen miteinander verbunden. Zahlreiche fingerartige Ausstülpungen der Zellmembran, die „Microvilli" (s. Abb. 18 b), sorgen für eine Vergrößerung der Zelloberfläche und sind besonders an Stellen ausgebildet, an denen verstärkter Stoffaustausch eintritt (z. B. in Ausführungsgängen von Drüsen).

Die Zellmembran grenzt die Zelle nach außen ab. Alle Nahrungsstoffe, die in die Zelle gelangen, müssen daher die Zellmembran passieren. Das kann grundsätzlich auf zweierlei Weise geschehen. 1. Die Nahrungsstoffe gelangen in gelöstem Zustand, d. h. in flüssiger Suspension in einzelne

Moleküle aufgelöst, an die Zellmembran und diffundieren durch diese hindurch ins Zellinnere. 2. Kleine Nahrungspartikel oder Tröpfchen mit gelösten Nahrungsstoffen gelangen an die Zellmembran, werden von dieser durch Umstülpung umschlossen, ins Zellinnere befördert und durch Auflösung der Zellmembran ins Cytoplasma freigesetzt. Letztere Vorgänge werden als „Phagocytose" bzw. „Pinocytose" bezeichnet (s. Abb. 18 b) und spielen bei der Nahrungsaufnahme wohl eine nicht unbedeutende Rolle. Dem ersten Fall, der Diffusion, sind dadurch relativ enge Grenzen gesetzt, daß die Zellmembran nur für kleine Moleküle passierbar ist, größeren dagegen den Durchtritt verwehrt. Man nennt sie daher auch halbdurchlässig oder semipermeabel. In begrenztem Maße wird bei manchen Zellen diese Schwierigkeit dadurch umgangen, daß auf der Außenseite der Zellmembran bestimmte Enzyme lokalisiert sind, die die großen Nährstoffmoleküle in kleinere Bruchstücke zerlegen, die dann durch die Zellmembran hindurchdiffundieren können.

Pflanzenzellen sind in der Regel außer der Zellmembran von einer mehr oder weniger dicken Zellwand umgeben. Diese besteht bei höheren Pflanzen überwiegend aus Zellulose, einem aus Traubenzuckermolekülen unter Wasserabspaltung kondensierten Kohlenhydrat. Durch Anlagerung immer weiterer Zelluloseschichten wird die Zellwand immer dicker und gibt den Pflanzenzellen ihre feste Form. Aussparungen in der Zellwand sorgen für Möglichkeiten plasmatischer Verbindungen zwischen den Zellen (s. Abb. 4).

Der kurze Überblick über die Strukturelemente der Lebewesen kann vorerst mit einer kleinen zusammenfassenden Tabelle beendet werden.

Allgemeine Größenangaben und Aufgaben der Bestandteile von Zellen am Beispiel von Säugetierzellen

Bestandteil	Durchschnittlicher Durchmesser in μ	Aufgabenbereich
ganze Zellen	20	
Kerne	5—7	Enthalten die Erbsubstanz
Mitochondrien	0,5	Enthalten Enzyme, die am Atmungsprozeß beteiligt sind
Ribosomen	0,015	Orte der Proteinsynthese
Grundcytoplasma	keine Strukturen erkennbar	Enthält Enzyme des Kohlenhydrat-Abbaus

Unter Zuhilfenahme des Licht- und Elektronenmikroskops haben wir Strukturen gefunden, die allen Organismen, so verschiedenartig ihr äußeres Erscheinungsbild sein mag, gemeinsam sind. Die Ergebnisse biochemischer Analysen haben uns schließlich auch mit den Aufgaben vertraut gemacht, die diese Strukturelemente für den Ablauf der Lebensprozesse haben. Bei aller Zurückhaltung, der wir uns in dem hier gebotenen Rahmen bei der Darlegung moderner biologischer Forschungserkenntnisse befleißigen mußten, tritt ein Tatbestand doch deutlich hervor: Die Zelle als selbständige biologische Lebenseinheit ist kein bloßer Behälter, der mit einer Lösung von Enzymen in flüssigem oder halbgeliertem Substrat angefüllt ist. Sie besteht vielmehr aus verschiedenen diskreten Unterabteilungen, in denen bestimmte Enzymsysteme lokalisiert und in gewissem Maße vom übrigen Zellinhalt abgeschlossen sind (Abb. 34). Die Strukturen der diese Räume umschließenden Membranen sind zumindest manchmal, wie im Fall der Mitochondrien und Plastiden, für bestimmte Prozeßabläufe von großer Bedeutung. Hier wird offensichtlich eine Ordnung durch die Membranstrukturen bedingt. Geht diese Ordnung bei Zerstörung der Membranen verloren, bricht die gesamte Prozeßkette zusammen, so wie ein Fließbandverfahren, dessen einzelne Arbeitsgänge durcheinandergeraten sind, kein sinnvolles Endprodukt entstehen läßt. Verallgemeinernd können wir hier sagen, daß die Lebensfähigkeit der Zellen und damit die Voraussetzung für alles Leben auf einer geordneten Ineinanderverzahnung voneinander mehr oder weniger abhängiger Prozesse beruht.

Eines der typischen Kennzeichen von Lebewesen ist ihre Fähigkeit zur Vermehrung. Dazu müssen mehr oder weniger komplexe Moleküle aufgenommen, in bestimmtem Ausmaß zerlegt und zu den für den jeweiligen Organismus typischen Bausteinen zusammengesetzt werden. Dieser Stoffwechsel wird erst durch die Wirkung von Spezialmolekülen möglich, die auf die Zerlegung, die Übertragung oder den Aufbau bestimmter Moleküle oder Molekülteile spezialisiert sind. Den atomaren Aufbau einiger solcher Spezialmoleküle, wie des ATP, des NAD oder NADP sowie einiger Fermente der Atmungskette haben wir kennengelernt und feststellen können, daß sie in den Zellen aller Organismen aufzufinden sind. Wir sind auch hier auf allen Lebewesen gemeinsame Strukturen gestoßen.

Ausgegangen von der Mannigfaltigkeit der uns umgebenden Lebensformen sind wir vorgedrungen bis zu einigen molekularen Mechanismen, die wesentliche Grundlage aller Lebensprozesse sind. Damit sehen wir uns nun einer Frage gegenübergestellt, die gewissermaßen als Komplementärfrage zu unserer Ausgangsfrage auftaucht. Sie läßt sich folgendermaßen formulieren:

Wie kommt es beim Vorliegen grundlegender, einheitlicher molekularer Stoffwechselmechanismen zur Ausbildung der Mannigfaltigkeit, die wir in den unterschiedlichen Zellen eines Vielzellers und in den Erscheinungsformen verschiedener Organismen feststellen?

Der Versuch, Antworten auf diese Frage zu finden, erfolgt zweckmäßig in zwei Etappen. In der ersten gilt es, sich mit dem Ablauf der Differenzierungsprozesse und den dabei wesentlichen Durchgangsphasen vertraut zu machen; in der zweiten wird dann nach den diesen Prozessen zugrundeliegenden Mechanismen zu fahnden sein. Im folgenden Kapitel sollen zunächst wesentliche Phasen der Differenzierungsprozesse behandelt werden.

Empfohlene Literatur

Butler, J. A. V.: Vom Haushalt der Zelle. Braunschweig 1962.

Frey-Wyssling, A.: Die submikroskopische Struktur des Cytoplasmas. In Protoplasmatologia, Handbuch der Protoplasmaforschung, Bd. II. Wien 1955.

Grundmann, E.: Allgemeine Cytologie. Stuttgart 1964.

Hawker, L. E., Linton, A. H., Folkes, F. B., Carlile, M. J.: Einführung in die Biologie der Mikroorganismen. Stuttgart 1962.

Karlson, P.: Kurzes Lehrbuch der Biochemie, 5. Aufl. Stuttgart 1966.

Kühn, A.: Grundriß der Allgemeinen Zoologie, 14. Aufl. Stuttgart 1961.

Lehnartz, E.: Einführung in die chemische Physiologie. Berlin 1959.

Nultsch, W.: Allgemeine Botanik. Stuttgart 1964.

Strasburger, E., u. a.: Lehrbuch der Botanik, 26. Aufl. Stuttgart 1954.

Wurmbach, H.: Lehrbuch der Zoologie Bd. I. Stuttgart 1957.

2. Colloquium der Deutschen Gesellschaft für physiologische Chemie, Mikroskopische und chemische Organisation der Zelle. Berlin 1952.

Zeitschriften

Fortschritte der Botanik. Herausgegeben von Erwin Bünning u. Ernst Gäumann. Springer Verlag, Berlin.

Fortschritte der Zoologie. Herausgegeben von Hans Bauer. Gustav Fischer Verlag, Stuttgart.

II. Von der Eizelle zum Vielzeller

Von den vielen uns umgebenden Organismenarten sind es die Vielzeller, die unserem Auge besonders auffallen. Einzeller sind wegen ihrer Kleinheit meist nur mit besonderen optischen Hilfsmitteln wahrnehmbar. Die größte Masse wird unter den heute lebenden tierischen Vielzellern von wasserbewohnenden Säugern, den Walen, erreicht. Unter den Pflanzen werden die größten und mächtigsten Körper von jahrhundertealten Bäumen gebildet, wie den in Kalifornien vorkommenden Mammutbäumen. Diese können bis zu 100 m hoch werden und einen Stammdurchmesser von 10 m erreichen, so daß, wie im „Yosemite Park", eine Autostraße hindurchgeführt werden kann (Abb. 35). Die riesigen Vielzeller beginnen genauso wie die winzig kleinen Vertreter dieser Organismengruppe ihre Entwicklung als Einzelzelle. In besonderen Organen bereitgestellte Zellen, die „Eizellen", stehen jeweils am Anfang einer oft sich über lange Zeiträume erstreckenden Entwicklung zum ausgewachsenen Vielzeller. Durch zahlreiche Zellteilungen werden aus der weiblichen Eizelle, meist nach Verschmelzung mit einer männlichen Samenzelle, die außerordentlich vielen Zellen, die den Körper von Vielzellern aufbauen. Jedoch ist die Vermehrung der Zellzahlen sowie der Massezuwachs nicht der einzige und auch nicht der entscheidende Vorgang beim Heranwachsen von Vielzellern. Während der Embryonalentwicklung entstehen aus der Eizelle sehr unterschiedlich differenzierte Zellen, die, zu Geweben zusammengeschlossen, spezielle Aufgaben im Körper der Vielzeller erfüllen.

Wie kommt es zur Ausbildung so differenzierter Zellen? Auf welchem Wege erreicht die Natur dieses Ziel, und durch welche Mechanismen werden die Prozesse gesteuert? Das sind Fragen, die sich aufdrängen, und mit deren Beantwortung wir uns beschäftigen wollen.

Der Ablauf der Differenzierungsprozesse kann durch eingehende Beobachtungen relativ leicht verfolgt und festgestellt werden. Heute weiß man darüber auch gut Bescheid. Die die Zelldifferenzierung steuernden Mechanismen lassen sich dagegen wesentlich schwerer entschlüsseln. Bei der Mannigfaltigkeit der Formen, in denen uns die einzelnen ausgewachsenen Organismen-

Abb. 35. Mammutbaum im „Yosemite-National-Park" in den USA, der eine Höhe von etwa 77 m erreicht hat. Der Straßentunnel wurde 1881 eingeschnitten.

arten gegenübertreten, werden wir naturgemäß erwarten, eine große Vielfalt einzelner Differenzierungsprozesse vorzufinden. Das trifft tatsächlich zu. Es ist hier aber nicht unsere Aufgabe, Einzelheiten bei der Organentwicklung einzelner Organismenarten nachzugehen. Vielmehr wird ein Bekanntwerden mit einigen grundsätzlichen, allen Organismen gemeinsamen Entwicklungsstadien für ein Verständnis der später zu erörternden Probleme genügen. Da selbst bei einer derart zusammenfassenden Überschau bestimmte charakteristische Unterschiede bei den Differenzierungsprozessen pflanzlicher und tierischer Organismen auftreten, ist es zweckmäßig, diese gesondert zu behandeln. Erst nach dem Bekanntwerden mit wesentlichen Vorgängen während der Differenzierungsprozesse kann sinnvoll erörtert werden, was wir heute über die Mechanismen wissen, durch die sie ausgelöst und gesteuert werden.

1. Zarte Knospe und fester Stamm: „Pflanzliche Entwicklung“

Betrachten wir einen jungen Tannenbaum im Frühling, so fallen uns besonders die mit hellgrünen Nadeln besetzten Stamm- und Zweigspitzen auf, die sich deutlich von den mit dunkelgrünen Nadeln versehenen Partien unterscheiden. Wiederholte Beobachtungen zeigen uns bald, daß der Baum Jahr für Jahr durch das Austreiben frischer Spitzen seinen Stamm und seine Zweige verlängert. Bereits mit dieser Beobachtung sind wir auf ein wesentliches Merkmal pflanzlicher Wachstums- und Entwicklungsprozesse gestoßen.

Das Wachstum erfolgt an bestimmten Punkten des Pflanzenkörpers.

Nur in begrenzten Zonen der Pflanzen sind teilungsfähige Zellen vorhanden, so z. B. an den Sproß- und Wurzelspitzen. Neben der Zellvermehrung wird eine gewisse Längenzunahme noch durch Streckung neu gebildeter Zellen erreicht. Schließlich erfolgt auch das Dickerwerden von Zweigen und Stämmen durch Zellteilungen in ganz bestimmten Regionen. Damit unterscheidet sich das Pflanzenwachstum deutlich vom Wachstum tierischer Organismen, bei denen eine Längen- oder Dickenzunahme nicht durch Zellvermehrung an den Körperspitzen beziehungsweise in eng begrenzten Körperregionen erfolgt. Im Gegensatz zu Pflanzenzellen ist die Mehrzahl der Zellen eines Tierkörpers nur von dünnen Membranen umgeben, da der tierische Körper seine Stütze durch wenige bestimmte, ein Innen- oder Außenskelett bildende Zellen (wie z. B. bei Wirbeltieren bzw. Insekten) erhält. Die Pflanze bekommt dagegen ihre Stütze durch feste Wände, die nahezu alle Zellen ihres Körpers umgeben (vgl. Abb. 4). Durch die feste Umwandung geht den Zellen die Fähigkeit zu Zellteilungen verloren. Nur in bestimmten Zonen, in denen undifferenzierte Zellen ohne dicke Wände vorkommen, können Zellteilungen noch erfolgen.

Der Ausgangspunkt der Entwicklung pflanzlicher Vielzeller ist in vielen Fällen die Eizelle. Nicht immer jedoch beginnt die Entwicklung einer neuen Pflanze aus einer Zelle. Abgelöste Teile jüngerer oder älterer Pflanzen können häufig nach geeigneter Behandlung zur Ausbildung einer neuen vollständigen Pflanze gebracht werden. Jedermann, der einmal einen Weidenzweig abgeschnitten, in die Erde gesteckt und die Wurzelbildung beobachtet hat, kennt diese Vorgänge. Wollen wir aber die Pflanzenentwicklung von der Einzelzelle zum vielzelligen Organismus verfolgen, können wir uns auf die Verhältnisse bei der geschlechtlichen Fortpflanzung beschränken. Am Ausgangspunkt der Entwicklung findet man hier immer eine weibliche Eizelle, die nach Verschmelzung mit einer männlichen Geschlechtszelle oder deren Kern mit Teilungen beginnt, die

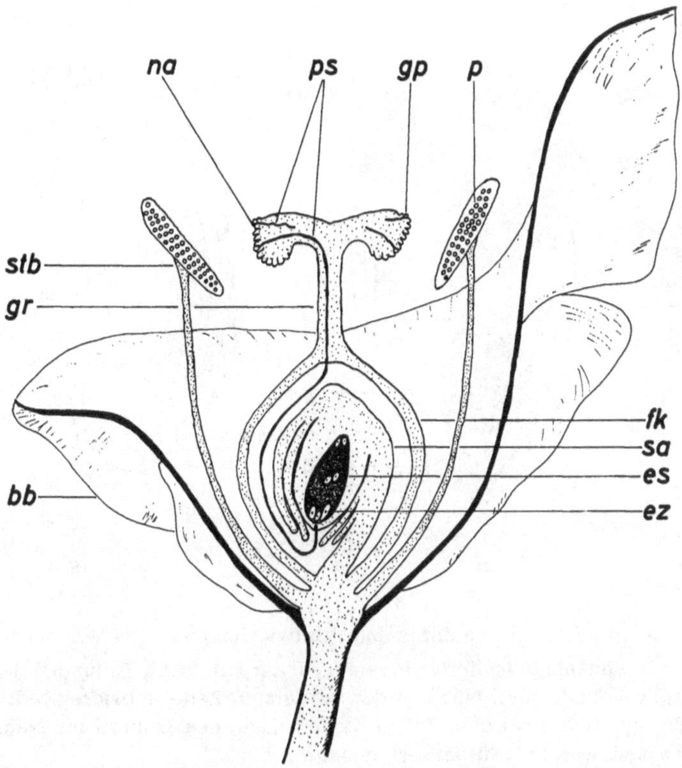

Abb. 36. Bau einer Blüte, schematisch.

bb: Blütenblätter
es: Embryosack
ez: Eizelle
fk: Fruchtknoten, aus Fruchtblättern gebildet
gp: gekeimtes Pollenkorn
gr: Griffel
na: Narbe
p: Pollen
ps: Pollenschlauch
sa: Samenanlage
stb: Staubblatt

schließlich zur Ausbildung eines neuen ausgewachsenen Individuums führen. Weibliche und männliche Geschlechtszellen werden bei den Vertretern der verschiedenen Abteilungen des Pflanzenreiches, wie z. B. den Algen, Pilzen, Moosen, Farnen oder Samenpflanzen, auf im einzelnen unterschiedliche Weise vom elterlichen Organismus bereitgestellt. Die in den einzelnen Gruppen herausgebildeten Organe sind den jeweiligen Umweltverhältnissen angepaßt. So findet man bei wasserbewohnenden Pflanzen andere Geschlechtsorgane als bei Pflanzen, die der trockenen Luft ausgesetzt sind. Da wohl jeder eine anschauliche Vorstellung vom typischen Bau einer Blüte der Samenpflanzen hat, seien am Beispiel der Samenpflanzen die wesentlichen Entwicklungsschritte kurz skizziert.

In den Blüten der Samenpflanzen werden die weiblichen und männlichen Geschlechtszellen bereitgestellt. Die Blüten sind aus besonders speziali-

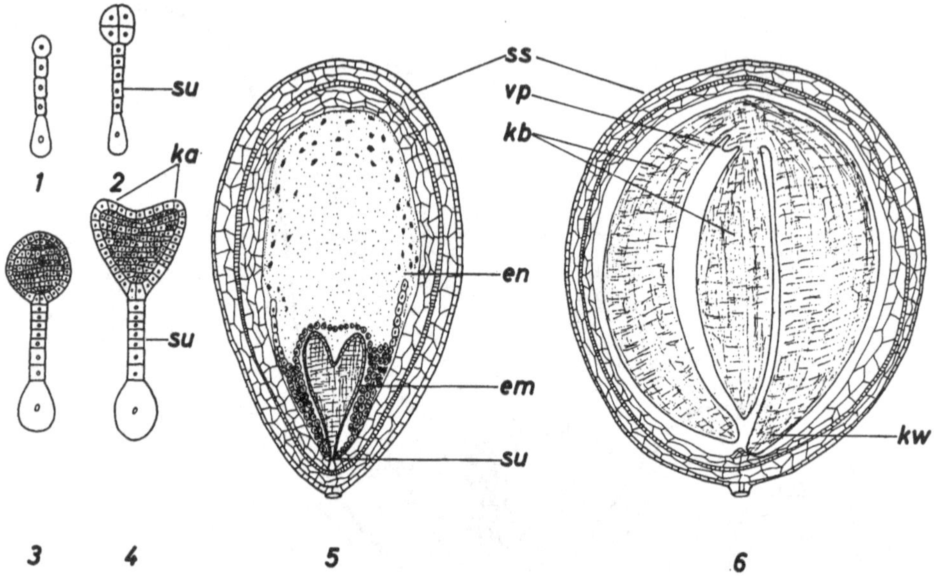

Abb. 37. Schematische Darstellung der Embryo-Entwicklung einer Samenpflanze.

1 u. 2: Aus der Samenanlage isolierter Proembryo, der sich durch Teilungen der befruchteten Eizelle gebildet hat. Nur aus der vordersten Zelle entwickelt sich der eigentliche Embryo. Die restlichen Zellen dienen dazu, den Embryo ins Nährgewebe zu schieben und werden „Suspensor" genannt.

3: Kugelförmiger Embryo mit Suspensor.

4: Beginn der Keimblattanlage.

5: Junger Samen mit Embryo und Nährgewebe (Endosperm).

6: Reifer Samen mit aufgezehrtem Nährgewebe. Die Nährstoffe sind in diesem Fall in den Keimblättern gespeichert.

em: junger Embryo
en: Nährgewebe (Endosperm)
ka: Keimblattanlage
kb: Keimblatt (Kotyledo)
kw: Keimwurzel
ss: Samenschale
su: Suspensor
vp: Vegetationspunkt

sierten Blättern zusammengesetzt und haben in der Regel nur ein begrenztes Wachstum. Die wichtigsten Teile einer Blüte sind die „Fruchtblätter" mit den Samenanlagen als weibliche und die „Staubblätter" mit den Pollensäcken als männliche Organe (Abb. 36). Bei vielen Pflanzen werden Fruchtblätter und Staubblätter in einer Blüte gebildet, bei manchen sind die Blüten entweder weiblich und enthalten nur Fruchtblätter oder männlich nur mit Staubblättern ausgerüstet. Männliche und weibliche Blüten können entweder gemeinsam auf einer Pflanze vorkommen (z. B. bei Kiefer und Hasel) oder auf verschiedene Individuen verteilt sein (z. B. bei Eibe und Weide).

Von den Fruchtblättern umschlossen befindet sich im „Embryosack" der „Samenanlage" neben einer Reihe anderer Zellen die Eizelle. Zum Entwicklungsbeginn ist die Befruchtung der Eizelle durch einen männlichen Geschlechtszellenkern notwendig. Diese wird durch die Übertragung des in den Pollensäcken der Staubblätter gebildeten Blütenstaubes oder Pollens auf ein von den Fruchtblättern gebildetes Empfangsorgan, den „Griffel", erreicht. Auf Griffelnarben gelangte Pollenkörner keimen zu einem Schlauch, dem „Pollenschlauch", aus, durch den der männliche Geschlechtszellenkern bis zur Eizelle und mit dem Kern dieser zur Verschmelzung gelangen kann.

In der befruchteten Eizelle beginnen nun die ersten Teilungsprozesse, durch die zunächst ein Pflanzenembryo entsteht, der ausschließlich aus teilungsfähigen, noch wenig differenzierten Zellen zusammengesetzt ist (s. Abb. 37). Bereits frühzeitig wird die Längsachse der späteren Pflanze angelegt, an deren einem Pol der spätere Sproßscheitel mit den Anlagen der ersten Blätter, und am anderen Pol die Primärwurzel herausgebildet wird (Abb. 37, 4). Sobald der Embryo etwas größer geworden ist, behalten nur die Zellen an den beiden Polen, dem Sproßpol und dem Wurzelpol, eine weitere Teilungsfähigkeit. Hier bereits beginnt die für die Pflanze charakteristische Differenzierung in teilungsbereites Gewebe einerseits und speziellen Funktionen dienendes Dauergewebe mit vorübergehend oder endgültig eingestellter Teilungsfähigkeit andererseits. Haben sich derart beim Embryo ein Wurzelbereich sowie ein Sproßbereich mit einem oder zwei Blättern, den „Keimblättern", angelegt, so verfällt er bei den Samenpflanzen in einen vorübergehenden Ruhezustand. Häufig wird er noch mit bestimmten Nährzellen, dem „Endosperm", versorgt. Von einer festen Hülle, der Samenschale, umgeben, löst sich dann der „Same" von der Mutterpflanze los und kann u. U. beträchtliche Zeiträume überstehen (Abb. 37, 6). Gelangt er in geeignete Umweltbedingungen, so wird die Ruheperiode durch Keimungsprozesse beendet. Im „Vegetationspunkt" am Sproß- und Wurzelpol beginnen Zellteilungen. Es bilden sich vielfach auch Seitensprosse an der Sproßachse und an der Primärwurzel Seitenwurzeln. Durch diese Verzweigungen wird die Oberfläche der Pflanze bedeutend vergrößert. Sie kann aus dem Boden mehr Feuchtigkeit aufnehmen und in der Luft mehr Sonnenenergie einfangen (Abb. 38, 1).

Voraussetzung für das Wachstum der Pflanzen ist eine Versorgung der teilungsfähigen Zellen im Sproß- und Wurzelabschnitt mit den notwendigen Nährstoffen. Die jungen Keimpflänzchen können anfangs ihre Nährstoffe noch aus Vorräten beziehen, die in der Samenschale miteingeschlossen worden sind. Diese sind aber bald erschöpft. Dann müssen die in den bereits vorhandenen Blättern bei der Photosynthese gebildeten Nährstoffe sowie das im Boden aufgenommene Wasser mit den darin enthaltenen Nährsalzen den sich teilenden Zellen zugeführt werden. Da mit dem Größerwerden der Pflanzen ganz erhebliche Transportstrecken zurückzulegen sind, wird die Ausbildung besonderer Leitungsbahnen erforderlich. Zur Aufrechterhaltung der Festigkeit des Pflanzenkörpers müssen ferner besondere Stütz- oder Festigungselemente ausgebildet werden. Die Umgestaltung der an den Vegetationspunkten gebildeten undifferen-

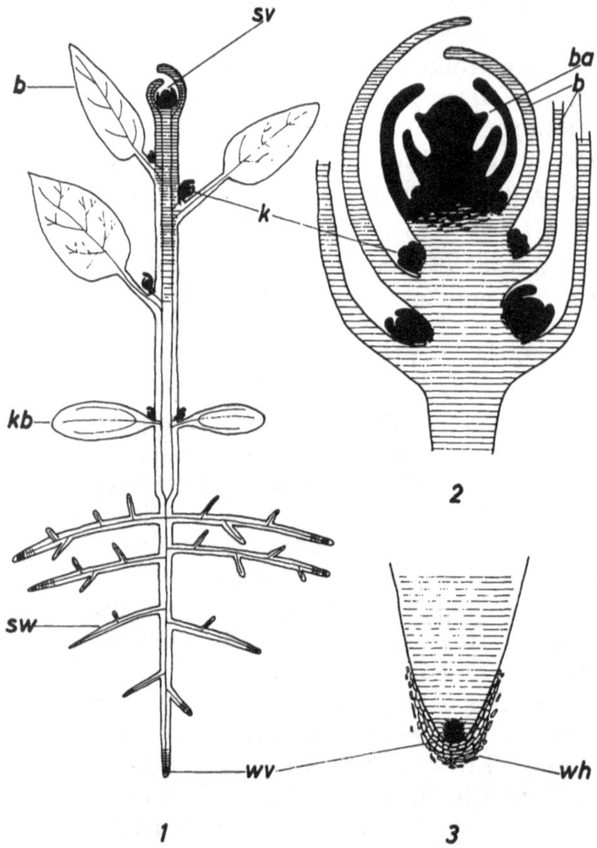

Abb. 38. Schematische Darstellung der Zellteilungs- und Streckungszonen des Pflanzenkörpers.
Zellteilungszonen: schwarz,
Zellstreckungszonen: gestrichelt.
1. Junge zweikeimblättrige Pflanze.
2. Vergrößerung des Vegetationskegels am Sproß.
3. Vergrößerung des Vegetationskegels der Wurzel.
Die empfindlichen teilungsfähigen Zellen sind durch eine Haube dickwandiger Zellen geschützt.
b: Blatt
ba: Blattanlage
k: Knospe
kb: Keimblatt (Kotyledo)
sv: Sproßvegetationspunkt
sw: Seitenwurzeln
wh: Wurzelhaube
wv: Wurzelvegetationspunkt
(Nach W. Nultsch „Allgemeine Botanik", Stuttgart 1964)

zierten Zellen in differenzierte Zellen, die u. a. die Leitungsbahnen und Festigungsgewebe aufbauen, erfolgt in Zonen unterschiedlicher Entfernung vom Vegetationspunkt. In unmittelbarer Nähe des Vegetationspunktes findet man Ausstülpungen sich stark vermehrender Zellen. Das sind die Anlagen der späteren Blätter (Abb. 38, 2). Bei vielen Samenpflanzen findet unterhalb der Blattanlage zunächst eine Ausbildung des Leitungssystems statt, durch das die bei der Photosynthese gebildeten Nährstoffe fließen (Siebröhren oder Phloem). Zeitlich etwas später und vom Vegetationspunkt aus gesehen hinter der Differenzierungszone der Siebröhren beginnen sich die ersten Wasserleitungsbahnen (Xylem) zu bilden. Darunter findet man schließlich auch die Ausbildung der ersten Skelettelemente, der Bastfasern, zur Festigung der Pflanze. Durch spätere Verstärkung ihrer Zellwände tragen auch die anderen Zelltypen, besonders die des Wasserleitungssystems, zur Körperfestigung bei. Während der Differenzierung der Zellen kommt es in der Regel zu einer wesentlichen Zellstreckung, so daß die häufig 2 bis 3 cm lange Differenzierungszone an der Sproßspitze gleichzeitig die Hauptstreckungszone des jungen Pflanzenstengels verkörpert (Abb. 38). Zwischen den differenzierten Zellen bleiben häufig Bereiche mit undifferenzierten, teilungsbereiten Zellen (Kambium) erhalten. Durch ihre später einsetzende Vermehrung entstehen neue Leitungsbahnen, und der Pflanzenstamm nimmt an Dicke zu (vgl. Abb. 4, k). Häufig werden unter jahreszeitlich wechselnden klimatischen Bedingungen Leitungsbahnen von unterschiedlichem Lumen ausgebildet, so großlumige Gefäßbahnen im Frühjahr und kleinlumige Gefäßbahnen im Herbst. Dieser Wechsel enger und weiter Gefäßbahnen ist die Ursache der Jahresringe, die wir in unseren Breitengraden an fast jedem gefällten Baum beobachten können.

Durch die Differenzierungsprozesse bilden sich neben den Zonen mit sich teilenden Zellen (Meristem) verschiedene Zellverbände mit unterschiedlichen Aufgaben aus. Zur Übersicht kann man folgende vier Gruppen unterscheiden: 1. ein die Pflanze umgebendes Hautgewebe, 2. ein die Nährstoff- und Wasserleitung besorgendes Leitgewebe, 3. ein zur Stütze dienendes Festigungsgewebe und 4. ein Grundgewebesystem, das nicht einheitliche Aufgaben hat, sondern sich zwischen den übrigen Geweben ausbreitet. Hierzu gehört auch das die Chloroplasten enthaltende Assimilationsgewebe sowie ein die Speicherung von Stärke und Zucker vornehmendes Speicherungsgewebe. Abgesehen vom Hautgewebe, das immer die Außenschicht der Pflanze bildet, kann die gegenseitige Zuordnung der einzelnen Gewebetypen bei verschiedenen Pflanzen außerordentlich unterschiedlich sein. Wir wollen uns hier jedoch nicht in weitere Einzelheiten vertiefen, sondern uns mit dieser kurzen, zusammenfassenden Übersicht begnügen.

2. Einstülpung und Entfaltung: „Tierische Entwicklung"

Die im Vergleich zu pflanzlichen Zellen „nackten" tierischen Zellen erleichtern die Beobachtung der sich während der Zelldifferenzierung abspielenden Prozesse wesentlich. So sind in vielen Fällen bereits Differenzierungen im Zelleib der unbefruchteten Eizelle zu erkennen. Hier bietet sich ein erster Hinweis auf Wege, die zur Herausbildung der verschiedenartigen Zelltypen aus einer Eizelle führen.

In besonders klaren Fällen, wie bei bestimmten wirbellosen Tieren, lassen sich im Cytoplasma reifer Eizellen vor oder nach der Verschmelzung mit einer Samenzelle scharf abgegrenzte Bereiche erkennen. Wenn es gelingt, einzelne dieser Bereiche künstlich zu entfernen und das Ei dennoch zur Entwicklung zu bringen, wird es möglich, etwas über die Bedeutung dieser Cytoplasmazonen zu erfahren. Tatsächlich sind viele derartige Versuche

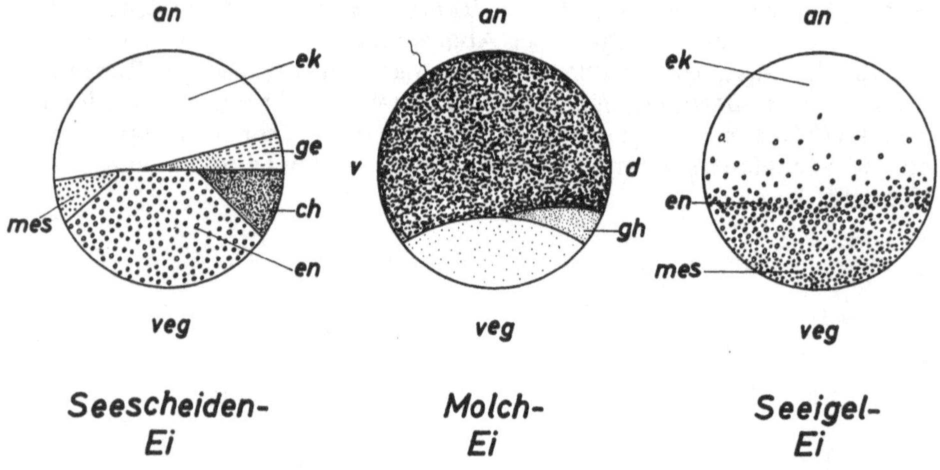

Abb. 39. Schematische Darstellung unterschiedlicher Cytoplasmadifferenzierungen. In den Eiern von Seescheide und Molch sind die verschiedenen Bereiche optisch wahrnehmbar. Beim Seeigel ist ihre Anordnung nicht sichtbar, sondern wurde aus Fragmentierungsversuchen erschlossen. *(Nach N. T. Spratt „Introduction to cell differentiation" New York 1964)*

- an: Animaler Eipol
- ch: Zellbereich, aus dem sich die „Chorda dorsalis" (elastischer Skelettstab der Larven) bildet.
- d: Dorsalseite, Rückenseite des ausgewachsenen Tieres
- ek: Ektoderm
- en: Entoderm
- ge: Zellbereich, aus dem sich das Gehirn bildet
- gh: grauer Halbmond
- mes: Mesoderm
- v: Ventralseite (Bauchseite) des ausgewachsenen Tieres
- veg: vegetativer Eipol

durchgeführt worden. Dabei hat es sich immer wieder gezeigt, daß nach Entfernung bestimmter Cytoplasmabereiche die Entwicklung ganz bestimmter Gewebe oder Organe im Embryo unterbleibt. Hieraus wird deutlich, daß bereits in der Eizelle einzelne Bereiche zur Ausbildung bestimmter Gewebe festgelegt sind. Als Beispiel einer recht ausgeprägten Differenzierung sind in Abb. 39 verschiedene unterscheidbare Cytoplasmabereiche einer befruchteten Eizelle einer Seescheide *(Ascidie)* sowie die sich daraus entwickelnden Gewebe angegeben. Relativ einfache, sichtbare Cytoplasmaunterteilungen bilden sich in den Eiern bestimmter Molch- und Froscharten nach dem Eindringen einer Samenzelle aus. Es beginnt mit deutlich sichtbaren Strömungen im Zelleib, die schließlich zur Ausbildung eines grauen halbmondförmigen Bereichs gegenüber der Eintrittsstelle der Samenzelle führen. Aus diesem sogenannten „grauen Halbmond" gehen Zellen hervor, die besonders aktiv bei den während der Embryonalentwicklung ablaufenden Einstülpungs- und Differenzierungsprozessen sind. Sie konzentrieren sich im Rückenbereich des Embryos. Schließlich gibt es auch Fälle, wie z. B. bei den Seeigeleiern, wo unsichtbare cytoplasmatische Differenzierungen in Form quantitativ abgestufter Unterschiede in der Cytoplasmazusammensetzung vorhanden sind. Die Existenz derartiger unsichtbarer Differenzierungen tritt erst zu Tage, wenn man experimentell bestimmte Eibereiche entfernt und die auftretenden Entwicklungsausfälle beobachtet. Diese wenigen Beispiele mögen zeigen, daß es viele Hinweise für eine bereits hoch spezialisierte Innenstruktur der Eizelle gibt. Schon in der Zusammensetzung ihres Zelleibs liegt die spätere Differenzierung bestimmter Gewebe begründet.

Wie bei den Pflanzen ist auch im Tierreich die Ausbildung der Organe, die die weiblichen und männlichen Geschlechtszellen bereitstellen, verschiedenartig. Je nach den Lebensbedingungen laufen die Befruchtungsprozesse außerhalb oder innerhalb des Tierkörpers ab. Im letzteren Falle können die ersten Entwicklungsphasen des heranwachsenden Organismus, gegen die Unbilden der Umwelt geschützt, für kürzere oder längere Zeit im elterlichen Organismus ablaufen. So verschiedenartig auch die Einzelheiten sein mögen, im allgemeinen beginnen die Zellteilungen, die zur Ausbildung eines vielzelligen Organismus führen, nach dem Eindringen einer Samenzelle in die reife Eizelle. Die darauf folgenden Prozesse lassen sich zur besseren Übersicht 3 Phasen zuordnen.

1. Furchungsphase,
2. Einstülpungs- und Entfaltungsphase,
3. Wachstumsphase.

Während der e r s t e n P h a s e wird die Eizelle durch mitotische Zellteilungen in viele einzelne Zellen zerlegt, die jedoch miteinander in Zusammenhang bleiben. In manchen Fällen, wie z. B. bei Molchen, Fröschen, Seescheiden oder Seeigeln, wird von Anbeginn an das gesamte Ei von den Teilungsprozessen erfaßt und bereits durch die erste Teilungsebene in zwei Zellen zerlegt. In anderen Fällen, wie z. B. bei Schlangen, Eidechsen oder Vögeln, erfolgen die Teilungsprozesse dagegen zuerst nur an einem Pol der Zelle, während ein mehr oder weniger großer dotterhaltiger Teil ungeteilt bleibt. Während der weiteren Entwicklungsvorgänge wird der Dotter als Nahrung von dem sich entwickelnden Embryo aufgebraucht und in den Körper aufgenommen.

Der Verlauf der Zellteilungen während dieser ersten Phase wird besonders deutlich verfolgbar durch das Auftreten von Furchen, die sich bei der Bildung neuer Zellmembranen in die Oberfläche des Eies bzw. des jungen Keimes einsenken. So ist jede neue Zellgrenze durch den Verlauf entsprechender Furchen auf der Oberfläche erkennbar. Man nennt diese ersten Teilungsprozesse daher auch „Furchungen". Durch die erste Furchungsebene wird die Eizelle in zwei und durch die folgenden dann in vier, acht, sechzehn und so fortlaufend weitere Zellen zerlegt (Abb. 40). Während die Anzahl der Zellen also rasch zunimmt, nimmt die Größe der einzelnen Zellen mit jedem Teilungsschritt ab, da eine Substanzvermehrung und Größenzunahme vorerst nicht erfolgt. Ist eine minimale Zellgröße erreicht, tritt das Ende der Furchungsphase ein. In einigen Fällen

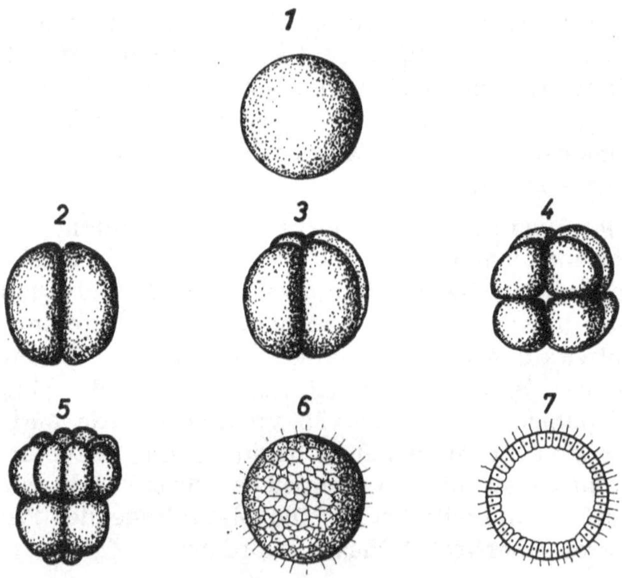

Abb. 40. Furchungsstadien bei der Entwicklung eines Seeigels.
1: Eizelle
2: 2-Zellenstadium, durch eine senkrecht verlaufende Teilungsebene entstanden
3: 4-Zellenstadium, durch eine zweite senkrecht verlaufende Teilungsebene entstanden; die Teilungsebene steht im rechten Winkel zur ersten Teilungsebene
4: 8-Zellenstadium, durch eine horizontal verlaufende Teilungsebene entstanden
5: 16-Zellenstadium
6: Hohlkeim oder „Blastula", Aufsicht
7: Blastula-Querschnitt

haben sich die Zellen dann zu einer Hohlkugel angeordnet, deren Wand aus einer einzigen Zellschicht besteht. Dieser Entwicklungszustand wird als „Blastula" bezeichnet.

Durch die Zerlegung der Eizelle in viele Einzelzellen während der Furchungen werden natürlich auch vorhandene differenzierte Cytoplasmazonen zerlegt. Sie gelangen in verschiedene Furchungszellen. Dadurch entstehen Zellen, die in ihrem Cytoplasmagehalt mehr oder weniger voneinander abweichen können. Ob und wann unterschiedliche Cytoplasmabereiche der Eizelle voneinander getrennt werden, hängt sowohl von der Verteilung dieser Bereiche als auch vom Verlauf der Furchungsebenen ab.

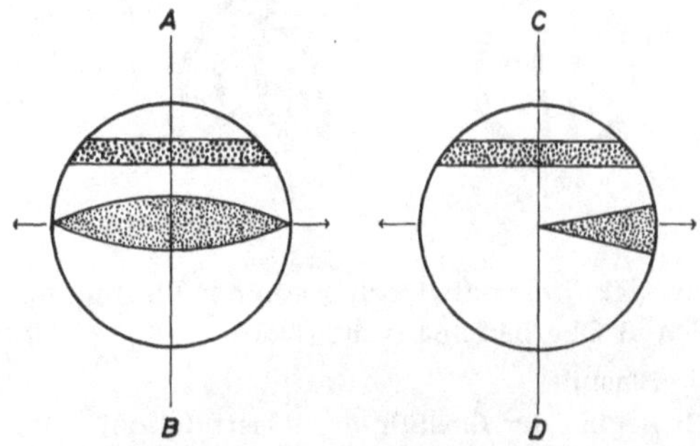

Abb. 41. Die Verteilung verschiedener Plasmabereiche in Abhängigkeit von der ersten Teilungsebene. Die rechte Zelle ist 90° um die senkrechte Achse geschwenkt. Während die Teilungsebene A-B zwei Zellen mit gleichartigen Cytoplasmazonen entstehen läßt, entstehen nach einer Teilung in der Ebene C-D zwei ungleich ausgerüstete Zellen.

Deutlich wird das aus der in Abb. 41 angeführten Skizze. Verläuft die erste Furchung in der Ebene A—B, unterscheiden sich die beiden neugebildeten Zellen nicht im Hinblick auf ihre Cytoplasmabestandteile; verschiedenartig in ihrem Cytoplasmagehalt sind aber die zwei neugebildeten Zellen, wenn die erste Furchung, nach einer Drehung der Zelle um 90° um die senkrechte Achse, in der Ebene C—D erfolgt. Die in der Skizze gezeigten Verhältnisse sind natürlich außerordentlich vereinfacht, da in Eizellen meist mehrere Cytoplasmazonen vorkommen. Auf alle Fälle wird aber deutlich, daß es während der Furchungsprozesse umso eher zur Ausbildung von Zellen mit verschiedenartigem Cytoplasma kommen muß, je mehr das Cytoplasma der Eizelle in separate Teilbereiche aufgeteilt ist und je kleiner diese sind. Daraus ergeben sich bestimmte Folgerungen, auf die wir später noch zurückkommen werden.

Während der z w e i t e n P h a s e erfolgen bestimmte Bewegungen und Verschiebungen verschiedener Zellbereiche des gebildeten Keimes. Es beginnt damit, daß die die hohlkugelartige Blastula umgebende Zellschicht sich an einer bestimmten Stelle einstülpt und sich von innen der Außenwand anlegt. Dadurch entsteht ein nun aus zwei Zellschichten bestehender Keim, die „Gastrula", mit einer Öffnung an der Einstülpungsstelle, dem „Urmund" (Abb. 42). Der junge tierische Keim ist also im Gegensatz zum m a s s i v e n pflanzlichen Keim ein H o h l k ö r p e r; zwei Zellschichten umgeben ein Lumen, den „Urdarm", der durch den Urmund mit der Außenwelt in Verbindung steht. Bei normalem Entwicklungsverlauf gehen

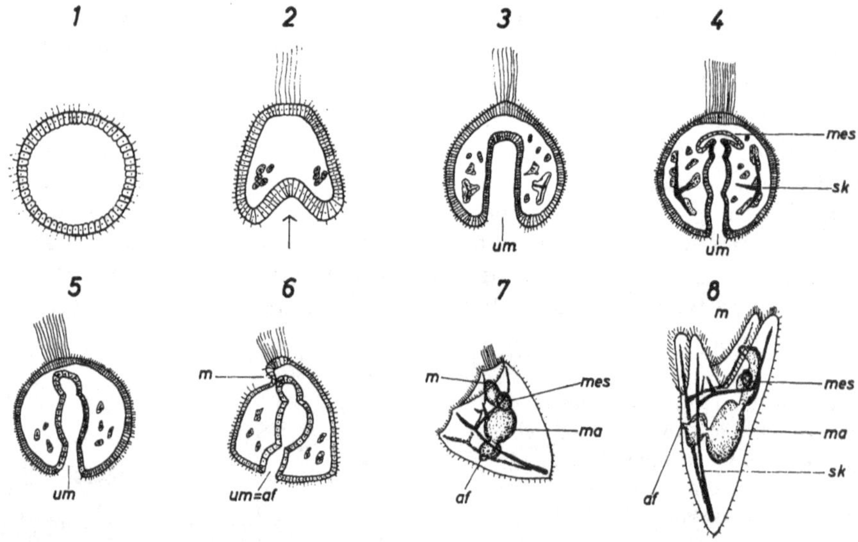

Abb. 42. Keimentwicklung von der Blastula bis zur Larve beim Seeigel. 1-6 Längsschnitte; 7 u. 8 Oberflächenansicht *(Nach A. Kühn „Grundriß der allg. Zoologie" Stuttgart 1961).*

1: Blastula
2: Beginn der Einstülpung (Gastrulation). Einige „Mesenchym"-Zellen, die Bildner der Skelettnadeln, sind bereits in der Leibeshöhle vorhanden.
3: Ende der Gastrulation, der Keim wird jetzt als „Gastrula" bezeichnet.
4: Abschnürung des „Mesoderm-Säckchens"
5: Dasselbe Stadium wie 4 aber 90° um die senkrechte Achse gedreht. Die Mesoderm-Säckchen liegen jetzt vor bzw. hinter der Bildebene.
6: Einsenkung der Mundbucht
7: Junge Larve
8: Ältere Larve (Pluteus)

af: After
m: Mund
ma: Magen
ms: Mesoderm
sk: Skelettnadeln
um: Urmund

aus den zwei Zellschichten dieses Keimstadiums ganz bestimmte verschiedenartige Gewebe hervor. Aus der äußeren Zellschicht, dem „Ektoderm", entstehen nach weiteren Ein- oder Ausstülpungsprozessen, die Haut, das Nervensystem und die Sinnesorgane. Die innere Zellschicht, das „Entoderm", liefert das spätere Darmepithel mit seinen Anhangsdrüsen. Durch Abfaltungen oder Zellwucherungen des Entoderms wird schließlich oft noch eine dritte, mittlere Zellschicht zwischen Ekto- und Entoderm gebildet, das „Mesoderm". Aus ihm entstehen später die Bindegewebe, das Innenskelett, Muskeln und Ausscheidungsorgane. Häufig differenzieren sich auch die Geschlechtszellen aus den Zellen des Mesoderms.

Wenn auch bei den verschiedenen Tiergruppen Unterschiede in den Einzelheiten der Einstülpungsprozesse vorkommen, so ist doch die Bewegung ganzer Zellschichten oder Gewebe während der Embryonalentwicklung typisch für alle vielzelligen Tiere. Praktisch vollständig abwesend sind diese Prozesse dagegen im Pflanzenreich. Indem bestimmte Zellen ihre Lage verändern und von einer Position in eine andere gelangen, verändert sich naturgemäß auch die „Umwelt" dieser Zellen. Sie werden daher infolge der Umlagerung veränderten Einflüssen aus ihrer unmittelbaren Nachbarschaft ausgesetzt. Da auch infolge der Ein- und Ausstülpungsprozesse Zellen, die sich durch ihren Cytoplasmagehalt bereits unterscheiden, in engen Kontakt miteinander kommen können, mögen sie sich auch gegenseitig unterschiedlich beeinflussen. Diese Veränderungen der äußeren Einflüsse auf bestimmte Zellen sind ein wesentliches Ergebnis der Ein- und Ausstülpungsprozesse und für die Differenzierung der Zellen offensichtlich von großer Bedeutung.

Nach der Bildung der Gastrula schreitet die Differenzierung der Zellen während der weiteren Umlagerungsprozesse immer weiter fort. Es kommt zur Anlage und Entfaltung der Organe und der Aufnahme ihrer spezifischen Tätigkeit, z. B. dem Schlagen des Herzens, der Sekretion bei bestimmten Drüsen, der Impulsleitung bei Nerven. Die Tätigkeit der Organe kann ihrerseits wiederum zu weiteren Zelldifferenzierungen führen. So kann die durch das schlagende Herz verursachte Blutzirkulation einen Einfluß auf die Ausbildung bestimmter Herzzellen ausüben, und von bestimmten Drüsen abgesonderte Hormone können die Differenzierung vieler weit auseinander liegender Zellen beeinflussen.

Während der dritten Phase erfolgt vorwiegend eine Größenzunahme des Körpers und seiner Teile. Verursacht wird diese Größenzunahme durch Zellteilungen in den verschiedenen Organen und Geweben. Ist der ausgewachsene Zustand erreicht, kommen, bis auf wenige Ausnahmen, die Zellteilungsprozesse zu einem Ende, das jedoch nicht immer endgültig zu sein braucht. Sobald Regenerationsprozesse, wie z. B. nach Verletzungen, einsetzen, geschehen auch wieder Zellteilungen.

Die für den Ablauf der Furchungs-, Teilungs- und Differenzierungsprozesse notwendige Energie wird anfangs durch in der Eizelle vorhandene Nahrungsstoffe bereitgestellt. Die Menge des Nahrungsvorrates (Dotters) ist bei den verschiedenen Tierarten sehr unterschiedlich. Sie kann so groß sein, daß alle für das erwachsene Individuum wesentlichen Organe bereits ausgebildet sind, ehe das junge Wesen den Unbilden der Umwelt ausgesetzt wird und selbst neue Nahrung aufnehmen muß. Solche Verhältnisse liegen z. B. bei Vögeln vor, deren Eier mit einer großen Dottermenge ausgerüstet sind. Ist der Dottervorrat klein, so kann der sich entwickelnde Embryo entweder vom mütterlichen Körper mit Nahrung versehen werden und braucht daher erst in einem sehr späten Stadium zur Selbstver-

---

⟶

Abb. 42 a. Photographische Aufnahmen verschiedener Entwicklungsstadien einer befruchteten Eizelle des Alpenmolches (*Triton alpestris*). Es dauert etwa 6 Tage bis die Formen der Molchlarve hervortreten. (*H. Traber, Atlantis* 33, *74, 1961*)

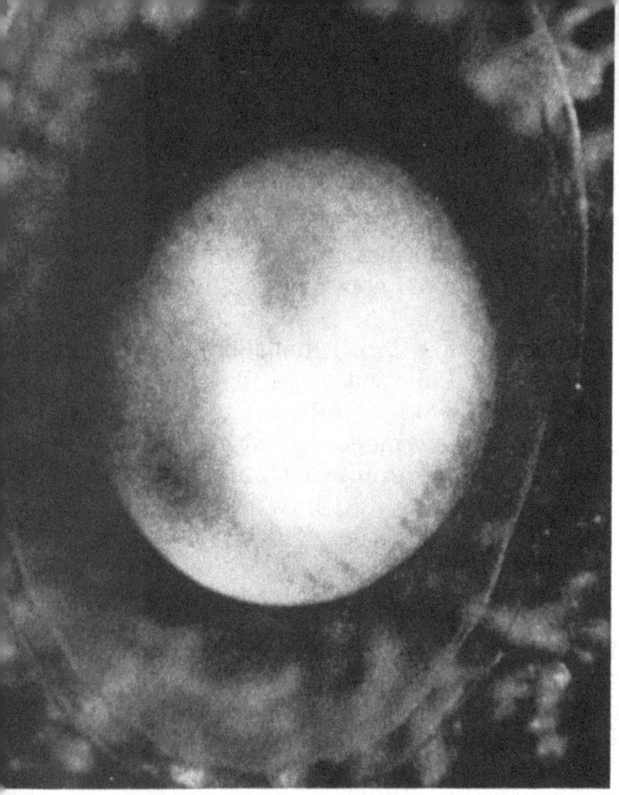

1 Eizelle

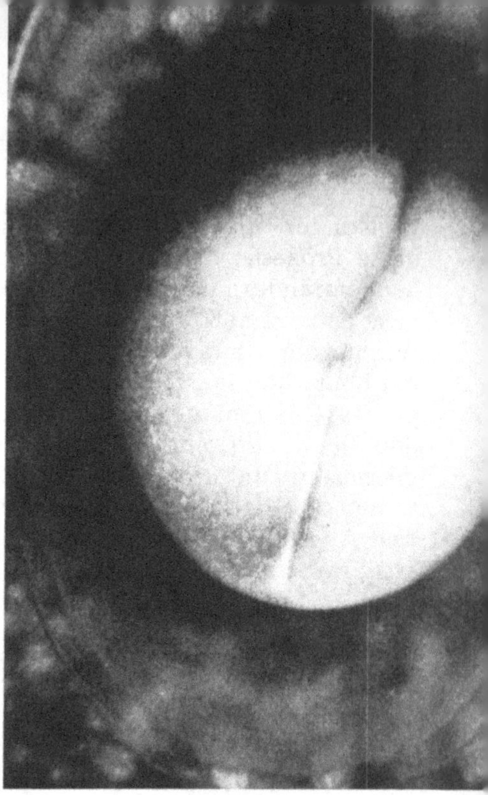

2 Erste Furchungen

3 Erste Furchungen

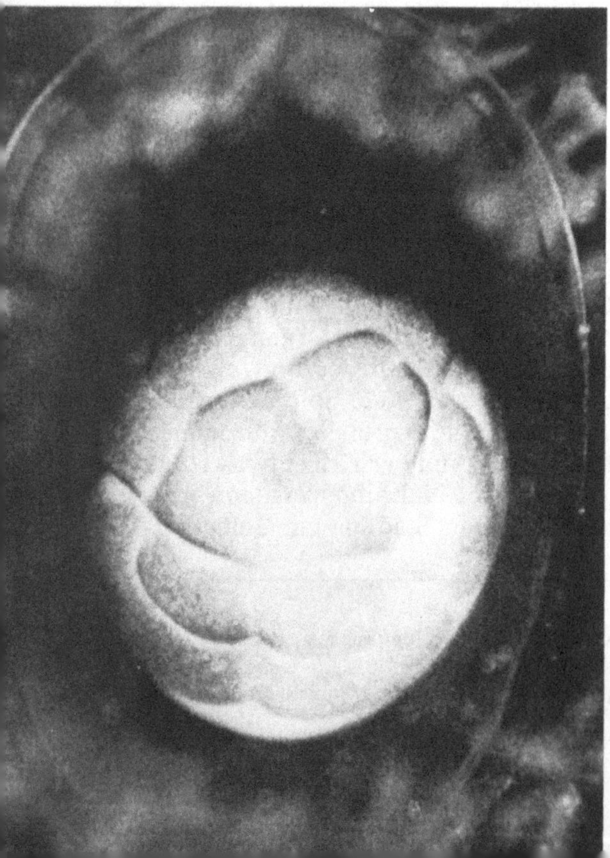

4 Hohlkeim oder Blastula

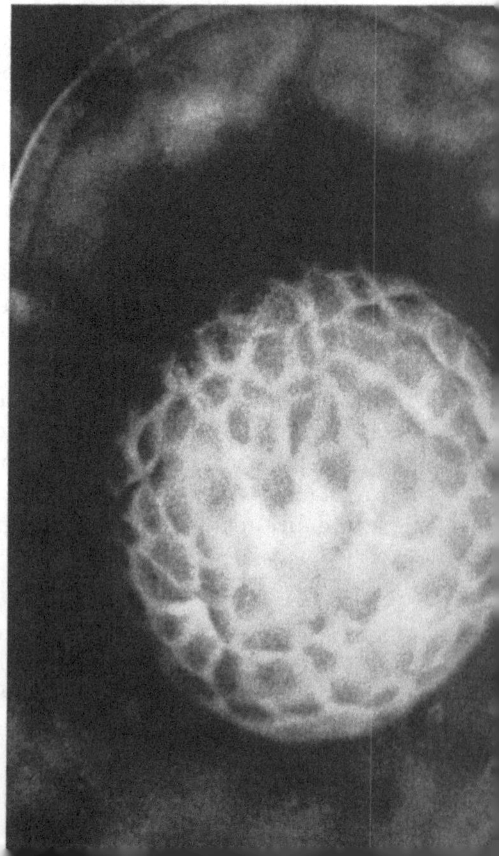

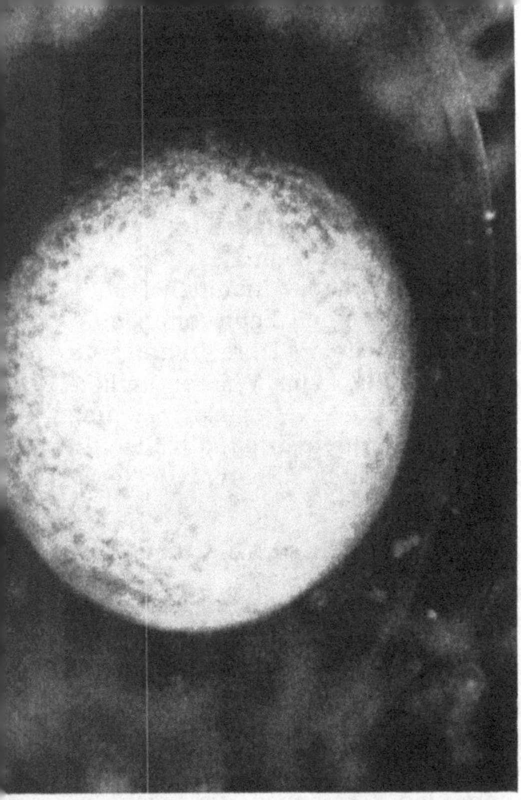

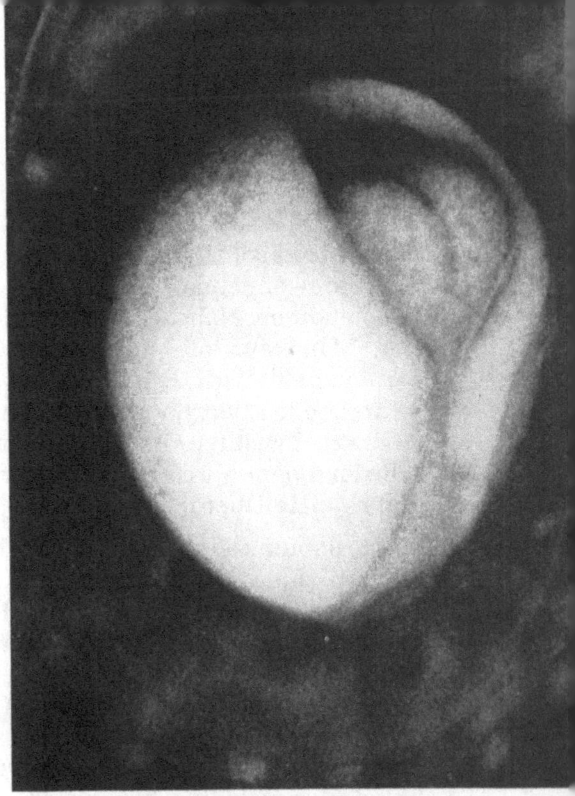

Gastrula-Stadium nach erfolgter Gastrulation

6 Einfaltung des Zentralnervensystems

Differenzierung und Ausgestaltung der Larve

8 Differenzierung und Ausgestaltung der Larve

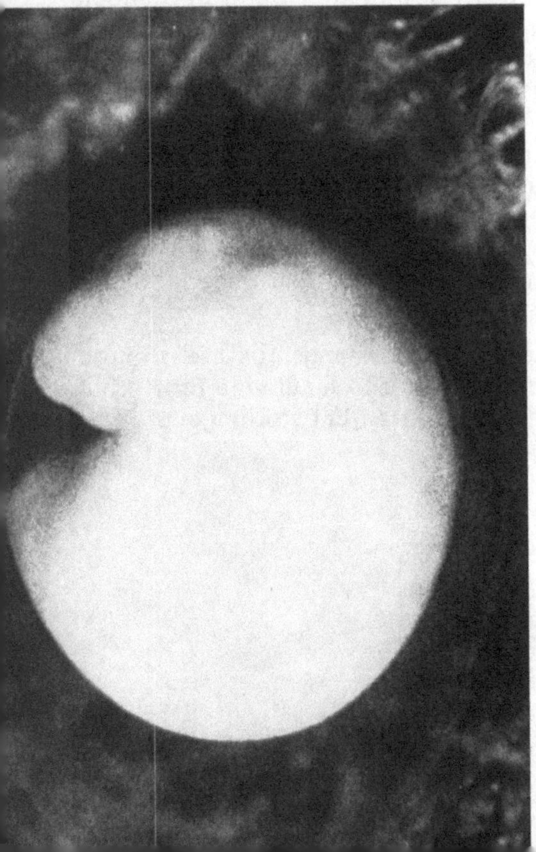

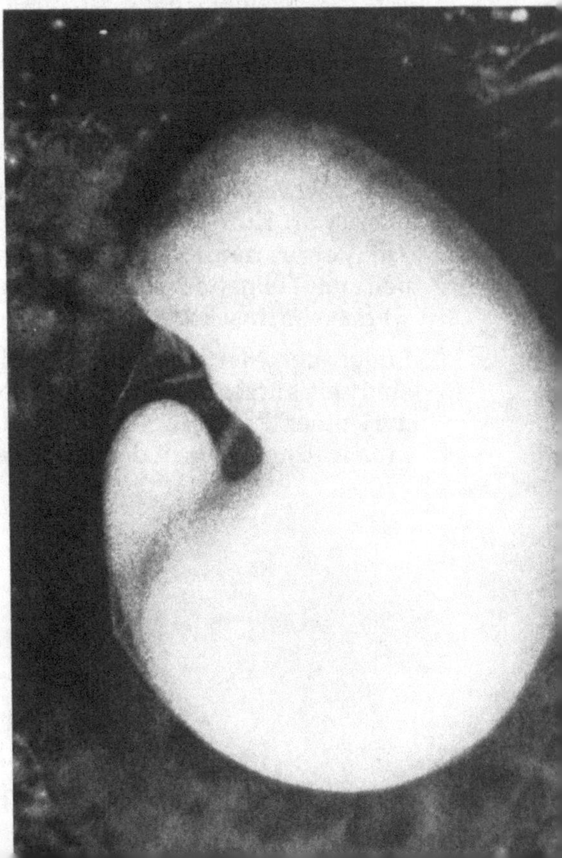

sorgung zu schreiten, wie wir das bei den Säugetieren erleben, oder aber er muß bald selbständig zur Nahrungsaufnahme übergehen. Besonders bei wasserbewohnenden Tieren sind die Voraussetzungen für einen frühen selbständigen Nahrungserwerb der sich entwickelnden Embryonen günstig. Man kann hier freilebende Larvenstadien vieler Tiere finden, die bereits bald nach Erreichen des Gastrula-Stadiums im Wasser umherschwebende Nahrungsstoffe aufnehmen (z. B. die Larven der Seeigel, Abb. 42). Zwischen diesen in bezug auf die Energieversorgung frühzeitig selbständigen Formen und jenen vorher erwähnten „Spätentwicklern" gibt es viele Übergänge.

Nicht immer verläuft bei tierischen Organismen die Entwicklung vom Embryo zum ausgewachsenen Individuum auf direktem Wege. Während bei manchen Arten alle wesentlichen Organe des erwachsenen Tieres bereits im Embryo angelegt sein können, die weitere Entwicklung also hauptsächlich in einer fortschreitenden Ausbildung bereits angelegter Organe beruht, gibt es andere Arten, bei denen die Jugendstadien sich mehr oder weniger stark in ihrer Organausrüstung von den erwachsenen Formen unterscheiden können. Die Unterschiede zwischen verschiedenen Entwicklungsstadien können so groß sein, wie z. B. bei vielen Insektenarten, daß ihre Zusammengehörigkeit nicht ohne weiteres erkennbar ist. Es sind solche frei lebenden, vom erwachsenen Individuum abweichenden Entwicklungsstadien, die als Larven bezeichnet werden. Der Übergang vom Larvenstadium zum ausgebildeten Zustand kann kontinuierlich, wie z. B. bei Seeigeln oder Fröschen, oder mit bestimmten Unterbrechungen, wie z. B. bei Fliegen und Schmetterlingen, erfolgen. In letzteren Fällen sind Ruhezustände (Puppenstadien) eingeschaltet, in denen Larvenorgane abgebaut und andere für das erwachsene Individuum notwendige Organe aufgebaut werden. Denn je nach der Lebeweise der Larven können in diesen einerseits besondere äußere und innere Organe entwickelt sein, die den erwachsenen Tieren vollständig fehlen; andererseits mangeln den Larven oft Körperteile, die für ausgewachsene Tiere bedeutungsvoll sind. Zur Veranschaulichung sei in diesem Zusammenhang nur an die oft plumpen, ungeflügelten Insektenlarven im Gegensatz zu den geflügelten erwachsenen Insekten erinnert.

Einige der Mechanismen, die die Larvenumwandlungsprozesse steuern, sind seit kurzem bekannt. Wir wollen uns hier jedoch auf eine Erörterung derjenigen Prozesse beschränken, die die primären Entwicklungsvorgänge in befruchteten Eizellen regulieren.

3. Erbgut und Umwelt: „Steuerungsfaktoren der Zelldifferenzierung"

Wie wir soeben erörtert haben, durchlaufen vielzellige Organismen bei ihrer Fortpflanzung im allgemeinen einzellige Stadien. Aus Eizellen gehen nach vielen Teilungsschritten die differenzierten Zellen der einzelnen Gewebe des erwachsenen Organismus hervor. Die dabei durchlaufenen Entwicklungsphasen lassen sich leicht unter dem Mikroskop verfolgen. Doch die Beobachtung der Furchungs-, Teilungs- und Bewegungsprozesse allein sagt uns noch nichts über die Ursachen, die die Differenzierung der Zellen auslösen. Und doch sind es gerade die Fragen nach diesen Ursachen, die uns besonders interessieren. Nachdem wir mit dem Bau der Zelle und ihren inneren Strukturen bekanntgeworden sind, müssen wir uns fragen, wie es zur Ausbildung so verschiedenartiger Zelltypen eines Vielzellers kommen kann.

Eine vollständige Antwort auf diese Frage kann die Wissenschaft heute noch nicht liefern. Trotz intensiver Arbeit bleiben viele Einzelheiten noch zu klären. Aus einer Vielzahl geschickter experimenteller Eingriffe in die Embryonalentwicklung haben sich aber Vorstellungen über die generelle Natur einiger Steuerungsmechanismen bereits herausschälen lassen. Mit diesen Ergebnissen der „experimentellen Embryologie" wollen wir uns — in der hier gebotenen Kürze — nun bekannt machen. Vorangestellt sei eine ganz allgemeine Voraussetzung:

> Wenn aus einer Zelle bei der Vermehrung Zellen verschiedenen Typs hervorgehen, so müssen irgendwelche verschiedenartigen Unterschiede auf die sich vermehrenden Zellen einwirken.

Sind nämlich sämtliche Bedingungen, unter denen Zellen existieren, hundertprozentig identisch, ist nicht einzusehen, wie es zu einer Differenzierung der Zellen kommen kann. Generell können die Unterschiede, nach denen wir suchen müssen, von zweierlei Art sein. Sie können entweder von außen auf die Zellen einwirken oder innerhalb der Zellen entstehen.

Wir haben also nach äußeren und inneren Unterschieden in den Existenzbedingungen der sich im entwickelnden Keim vermehrenden Zellen zu suchen. Treiben wir unsere Überlegungen systematisch weiter voran, so können wir eine weitere sinnvolle generelle Unterteilung treffen. Nachdem, was uns über die Bedeutung von Zelleib und Zellkern bereits bekannt ist, ist es gerechtfertigt, mögliche im Zellinnern auftretende Unterschiede zu trennen in solche, die im Kern und solche, die im Zelleib vorkommen.

Fassen wir also kurz zusammen, so folgt, daß wir von ganz allgemeinen Voraussetzungen ausgehend nach drei Klassen unterschiedlicher Einflüsse auf sich vermehrende Zellen zu suchen haben:

1. Unterschiede in der Umwelt,
2. Unterschiede im Cytoplasma,
3. Unterschiede im Zellkern.

Zu 1. Unterschiede in den Umweltbedingungen existieren praktisch für alle Zellen. In keinem Entwicklungszustand sind auch nur zwei Zellen eines Embryos von einer identischen Umwelt umgeben. Der Sauerstoffgehalt, die Temperatur-, Druck- und Lichtverhältnisse sind neben vielen anderen Einflüssen je nach Lage der Zelle im Keim wenigstens teilweise mehr oder weniger unterschiedlich. Natürlich wirken sich nicht sämtliche minimalen Umweltunterschiede auf die Differenzierung der Zelle aus, sonst müßten viele Millionen verschiedener Zelltypen im ausgewachsenen Organismus vorhanden sein. Daß es aber bestimmte, außerordentlich einflußreiche Umwelteinflüsse gibt, haben viele Ergebnisse der experimentellen Embryologie deutlich gezeigt. Der eindeutigste Nachweis läßt sich durch Übertragung von Zellen eines Embryobereiches in einen anderen Bereich erbringen (Transplantation). So gibt es viele Beobachtungen an jungen Frosch- und Molchembryonen im Gastrula-Stadium, daß Zellen, die bei ungestörter Entwicklung das Rückenmark und Gehirn gebildet hätten, nach Transplantation in einen Keimbereich, aus dem die Haut hervorgeht, ebenfalls zu Hautzellen werden. In umgekehrter Weise entwickeln sich auch ursprüngliche Hautzellen nach Übertragung in einen sich natürlicherweise zum Nervensystem entwickelnden Zellbereich zu Gehirnzellen.

Diese Beispiele zeigen deutlich, daß die Zelle sich nicht ausschließlich nach irgendwelchen im Innern festgelegten Informationen differenziert, sondern daß Einflüsse ihrer engeren Umgebung große Bedeutung haben. In diesem Zusammenhang sei an die bereits besprochenen Umlagerungsprozesse erinnert, die während der Gastrulation und später ablaufen. Ganze Zellschichten werden dadurch neuen Umweltbedingungen ausgesetzt und können derart neue Differenzierungsimpulse erfahren.

Obwohl man heute weiß, daß die Differenzierung vieler Zelltypen bei vielen Organismenarten durch äußere Einflüsse gesteuert wird, ist noch außerordentlich wenig über die Mechanismen dieser Umweltsteuerung bekannt. Die entscheidenden chemischen und physikalischen Bedingungen müssen vielfach noch entdeckt werden. Allgemein läßt sich sagen, daß natürlicherweise mit einer allmählichen Abstufung chemischer und physikalischer Einflüsse bei deren Durchdringung des Embryos zu rechnen ist.

Treffen irgendwelche Einflüsse von einer Seite oder von allen Seiten auf den Embryo auf, so werden sie in den äußersten Zellschichten am konzentriertesten sein. Je tiefer Zellen im Innern des Embryos liegen und je weiter entfernt sie von der Eintrittsstelle der Einflüsse sind, desto geringer wird die sie erreichende Konzentration des betreffenden Einflusses sein.

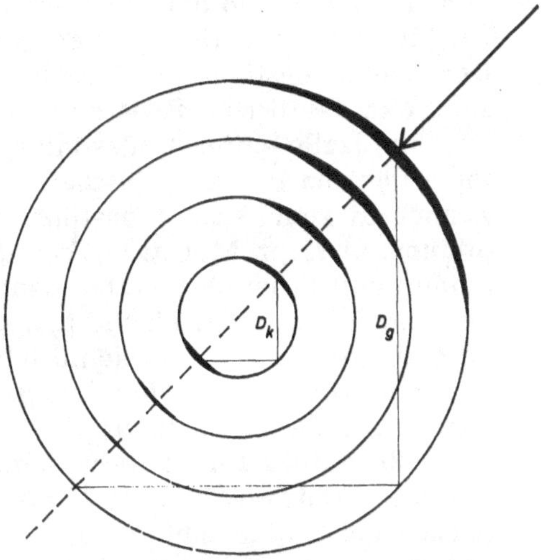

Abb. 43. Ausbildung eines Konzentrationsgefälles in einem Keim. Die der Auftreffstelle des Außeneinflusses zunächst gelegenen Bereiche werden am stärksten betroffen. Mit zunehmendem Abstand vom Auftreffpunkt wird die Konzentration des Effektes geringer. Aus dem Diagramm ist deutlich erkennbar, daß nahe zusammenliegende Zellen (z. B. an gegenüberliegenden Stellen des Innenkreises) nur kleinen Differenzen der Konzentration (D_k) ausgesetzt sind, während sich bei entfernter voneinanderliegenden Zellen (z. B. an gegenüberliegenden Stellen des Außenkreises) größere Konzentrationsdifferenzen (D_g) auswirken.

Es bildet sich ein Konzentrationsgefälle, ein „Gradient", aus. Derartige Gradienten bestimmter Umwelteinflüsse mögen eine große Bedeutung für die Differenzierung einzelner Zellen haben (Abb. 43).

Wenn wir auch außerordentlich wenig über die Einzelheiten dieser Steuerungsmechanismen wissen, so wollen wir doch wenigstens abschließend nach möglichen Einflüssen fragen, die für Entwicklungsprozesse bedeutsame Gradienten im sich entwickelnden Embryo liefern können. Da die atmenden Zellen eines Embryos Sauerstoff verbrauchen und Kohlendioxyd ausscheiden, wird sich die Sauerstoff- und Kohlendioxydkonzentration im Innern und an der Außenfläche des Embryos unterscheiden. Tatsächlich sind Beispiele für Einflüsse der Kohlendioxydkonzentration auf die Zelldifferenzierung bei wasserbewohnenden Pilzen und bei Vögeln gefunden worden. Durch die Konzentration des Kohlendioxyds wird festgelegt, welche von mehreren Differenzierungsmöglichkeiten bestimmte Zellen verwirklichen. Ähnliche Wirkungen der Sauerstoffkonzentration hat man auch bei Hühnerembryonen beobachtet. Außer Kohlendioxyd und Sauerstoff spielen sicher viele von der Zelle ausgeschiedene Substanzen eine mögliche Rolle. Aus Experimenten weiß man, daß z. B. durch bestimmte Vitamine, Hormone oder Aminosäuren die Zelldifferenzierung beeinflußt werden kann. So sind die Zellen eines Embryos wenigstens nach einiger Zeit nicht ausschließlich auf Außeneinflüsse angewiesen, sondern wirken bei der Ausbildung ihrer Umwelt mit. Auf diese Art und Weise kann schließlich ein von Außeneinflüssen relativ unabhängiger Zustand erreicht werden.

Zu 2. Auf welche Art und Weise es zur Ausbildung von Unterschieden im Zelleib kommen kann, haben wir bereits bei der Erörterung der Furchungsprozesse kennengelernt. Existieren im Cytoplasma der Eizelle bereits begrenzte Zonen mit besonderer Cytoplasmazusammensetzung, so kommt es während der Furchungen früher oder später notwendigerweise zur Bildung von Zellen mit verschiedenartigem Cytoplasma (vgl. Abb. 41). Der Einfluß bestimmter Cytoplasmabereiche auf die Zelldifferenzierung zeigt sich deutlich in Experimenten, in denen einzelne Bereiche künstlich aus der Eizelle entfernt oder mit geeigneten Methoden (z. B. durch Zentrifugierung) im Ei heftig durcheinandergewirbelt wurden. Im ersteren Fall kommt es zum Ausfall bestimmter Gewebe, im zweiten Fall zur Ausbildung bizarrer Monstren, bei denen die verschiedenen Zelltypen in keiner natürlichen Beziehung mehr zueinander stehen. Zelldifferenzierungen auf Grund in der Eizelle festgelegter cytoplasmatischer Unterschiede ereignen sich sehr wahrscheinlich bei allen Tierarten in unterschiedlichem Ausmaß während der Furchungsprozesse. Welcher Einfluß dagegen in späteren Embryonalstadien von der Cytoplasmabeschaffenheit der Zelle ausgeübt wird, ist noch recht unbekannt. Wahrscheinlich überlagern sich hier die bereits geschilderten Umwelteinflüsse. Dennoch braucht das Cytoplasma nicht allen Einfluß zu verlieren. Seine Zusammensetzung könnte Differenzierungsrichtungen bestimmen, die durch die Umwelteinflüsse verstärkt oder in gewissem Maße auch abgeändert werden können.

Der Zeitpunkt, zu dem die Entwicklungsrichtung der Zellen junger Embryonen endgültig festgelegt wird, ist bei den verschiedenen Organismenarten sehr unterschiedlich. Das eine Extrem stellen Embryonen dar, bei denen die Entfernung bestimmter Furchungszellen der jungen Blastula immer zum Fehlen bestimmter Gewebe oder Organe in späteren Entwicklungsstadien führt. Diese frühe Differenzierung geht auf eine frühe Aufteilung bestimmter Cytoplasmabereiche zurück. Die vom Cytoplasma gesteuerten Differenzierungsprozesse sind in diesen Fällen so weit festgelegt, daß sie durch veränderte Umwelteinflüsse nicht mehr abgeändert werden können. Wie wir uns bereits klargemacht haben, entstehen Furchungszellen mit unterschiedlichem Cytoplasma um so eher, je vielfältiger besondere Cytoplasmazonen in der Eizelle ausgebildet sind. Eizellen, die so frühzeitig determinierte Furchungszellen liefern, werden daher wegen ihrer komplexen Cytoplasmazusammensetzung als „Mosaikeier" bezeichnet. Das andere Extrem stellen die „Regulationseier" dar. Die Unterschiede der aus letzteren hervorgehenden Furchungszellen gehen vorwiegend auf Umwelteinflüsse zurück. Bei künstlicher Entfernung oder Zerstörung von Furchungszellen können andere Zellen die Aufgaben der entfernten oder zerstörten Zellen übernehmen, und den späteren Entwicklungsstadien fehlen keine Gewebe oder Organe. Der durch den Ausfall von Furchungszellen eingetretene Schaden ist reguliert worden. In diesen Fällen übt das Cytoplasma keinen frühzeitigen determinierenden Einfluß aus. Später kommt es aber auch in Embryonen, die aus Regulationseiern hervorgehen, zu einer irreversiblen Ausprägung der im Cytoplasma festgelegten Differenzierungspotenzen.

Neben der Anzahl besonderer Cytoplasmabereiche hängt die Cytoplasmaverteilung noch vom Verlauf der Teilungsebenen ab, wie wir früher bereits erkannt haben (Abb. 41). Daher ist es verständlich, daß in nahezu allen Embryonalentwicklungen sowohl „Mosaik"- als auch „Regulations"-Tendenzen aufzufinden sind. Als Beispiel seien die Verhältnisse bei der Seeigelentwicklung kurz erwähnt. Die erste und zweite Furchungsebene erstreckt sich beim Seeigel vom „animalen" zum „vegetativen" Eipol. Wenn man die vier durch die zwei Teilungsschritte gebildeten Furchungszellen isoliert, kann aus jeder einzelnen eine vollständige Larve entstehen. Das Seeigelei verhält sich also wie ein Regulationsei. Bei ungestörter Entwicklung verläuft die dritte Teilungsebene im rechten Winkel zu den ersten beiden und trennt vier Zellen am animalen Pol von vier Zellen am vegetativen Pol. Werden nun die Furchungszellen des animalen Pols von den Furchungszellen des vegetativen Pols künstlich voneinander getrennt, kommt es nicht zur Ausbildung vollständiger Larven aus den jeweiligen Hälften (Abb. 44). In diesem Fall wäre die Eizelle also als

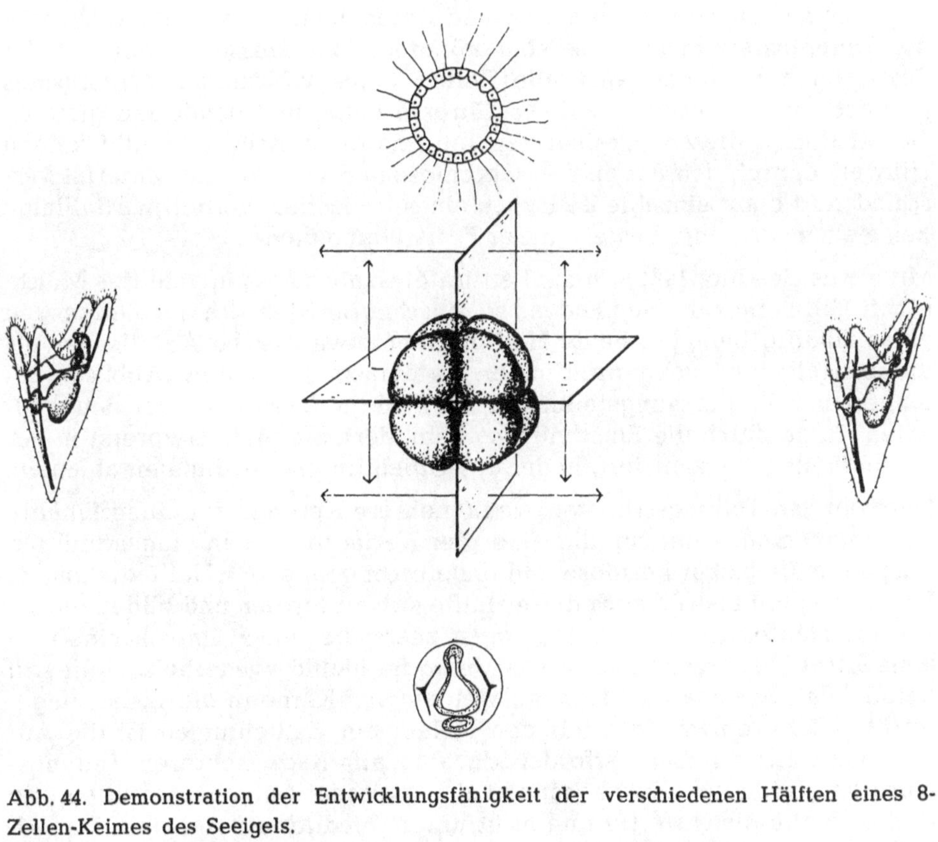

Abb. 44. Demonstration der Entwicklungsfähigkeit der verschiedenen Hälften eines 8-Zellen-Keimes des Seeigels.

Animaler Pol oben, vegetativer Pol unten.

Werden rechte und linke Hälfte von einander getrennt, entstehen zwei normal gestaltete Pluteus-Larven. Wird dagegen die obere von der unteren Hälfte getrennt, bildet sich aus der oberen Hälfte ein einschichtiger Hohlkeim und aus der unteren ein Monstrum, das Darm- und Magenstücke enthält.

Mosaikei zu bezeichnen. Wird die Trennungsebene aber durch den animalen und vegetativen Pol gelegt, können selbst aus einer Blastula mit etwa 500 Zellen zwei Hälften hergestellt werden, von denen jede eine vollständige, wenn auch kleine Larve erzeugt. Erst in noch späteren Entwicklungsstadien entstehen aus getrennten Hälften immer unvollständige Larven, gleichgültig in welcher Ebene der Teilungsschnitt geführt wird. Hier sind dann offensichtlich Differenzierungen in den Zellen eingetreten, die nicht mehr reversibel sind.

Zu 3. Es bleibt noch zu erörtern, ob irgendwelche Unterschiede im Zellkern einen Einfluß auf die Differenzierung der Zellen haben. Aus der Darstellung der während der Zellteilungen im Kern ablaufenden Prozesse wissen wir, daß bei jeder Zellteilung die im Kern vorhandenen Chromosomen außerordentlich regelmäßig in identischer Anzahl auf die Tochterkerne verteilt werden. Gelegentlich können dabei Störungen auftreten, doch ereignen sich diese viel zu selten und unregelmäßig, als daß sie Ursache der Differenzierungsprozesse sein könnten. Wir müssen daher mit der Feststellung beginnen, daß alle Zellen eines vielzelligen Organismus praktisch den gleichen Gehalt an Chromosomen und damit den gleichen Gehalt der in diesen lokalisierten Informationen haben. Es gibt keinen Hinweis darauf, daß das in den Chromosomen vorhandene Material verschiedenartig auf einzelne Zelltypen eines Vielzellers verteilt wird. Einige Beispiele mögen zum Beweis dieser Feststellung dienen.

Mit etwas Geschick läßt sich ein befruchtetes, aber noch ungeteiltes Molchei mit Hilfe eines dünnen Fadens so einschnüren, daß sich der Zellkern in einer Eihälfte befindet, beide Hälften aber etwa gleiche Anteile des als grauer Halbmond gekennzeichneten Cytoplasmas erhalten (Abb. 45). Beginnen nun die Furchungsteilungen, so wird die Verteilung der neugebildeten Kerne durch die Einschnürung behindert. Sie bleiben vorerst in der einen Eihälfte konzentriert, in der ausschließlich die Furchungen ablaufen.

Nach einigen Teilungsschritten, wenn mehrere Kerne in der einen Eihälfte vorhanden sind, kann zufällig einer der Kerne durch den eingeschnürten Engpaß in die bisher kernlose und ungefurcht gebliebene Hälfte gelangen. Darauf beginnt alsbald auch diese Hälfte sich zu furchen und bildet ebenso wie die Hälfte, in der die Furchungen zuerst begonnen haben, eine normale Larve aus. Wenn man diese Versuche häufig wiederholt, stellt sich heraus, daß es bedeutungslos ist, welcher der Kerne in die bisher ungefurchte Hälfte einwandert. Für den Ablauf der Zellteilungen ist die Anwesenheit eines Kernes erforderlich, aber alle nach mehreren Teilungsschritten gebildeten Kerne können die gleichen Aufgaben erfüllen; sie sind also alle gleichwertig und nicht unterschiedlich differenziert. Da sich kleine Teile von Hühnerembryonen, die bereits bis zu 30 000 Zellen enthalten, nach Abtrennung ebenfalls zu vollständigen Embryonen entwickeln können, sind auch die Kerne nach wesentlich mehr Teilungsschritten (etwa 15 in diesem Fall) noch gleichmäßig zur Ausbildung ganzer Embryonen befähigt. Ferner konnte durch Übertragung einzelner Kerne

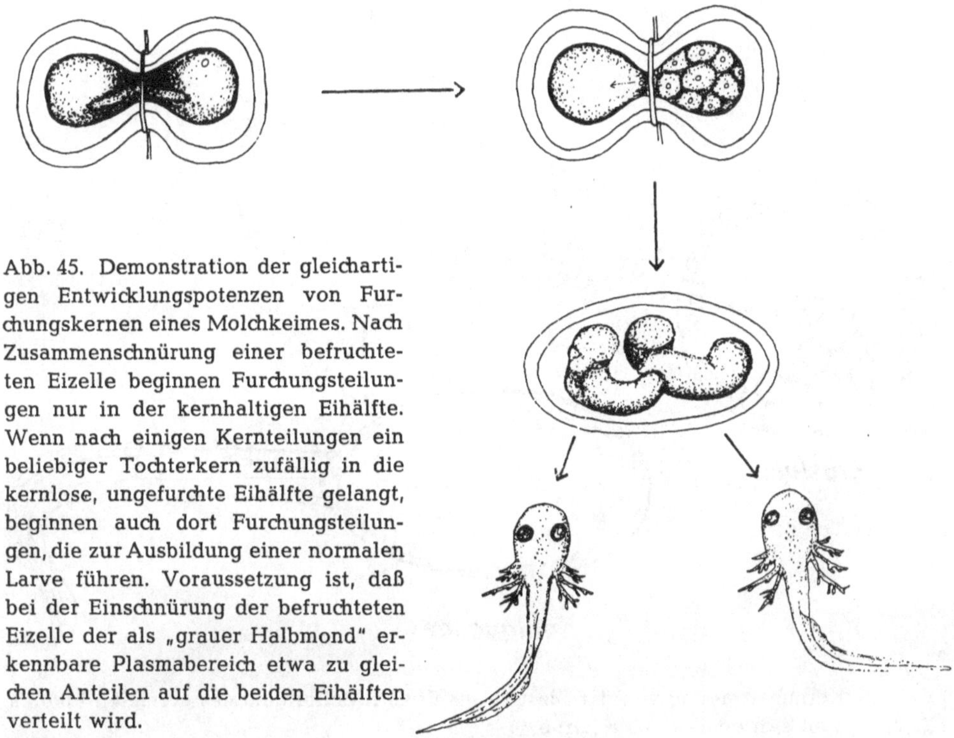

Abb. 45. Demonstration der gleichartigen Entwicklungspotenzen von Furchungskernen eines Molchkeimes. Nach Zusammenschnürung einer befruchteten Eizelle beginnen Furchungsteilungen nur in der kernhaltigen Eihälfte. Wenn nach einigen Kernteilungen ein beliebiger Tochterkern zufällig in die kernlose, ungefurchte Eihälfte gelangt, beginnen auch dort Furchungsteilungen, die zur Ausbildung einer normalen Larve führen. Voraussetzung ist, daß bei der Einschnürung der befruchteten Eizelle der als „grauer Halbmond" erkennbare Plasmabereich etwa zu gleichen Anteilen auf die beiden Eihälften verteilt wird.

aus der Blastula von Fröschen in entkernte Froscheier die Entwicklung normaler Larven in Gang gesetzt werden (Abb. 46). Auch diese Experimente liefern einen Beweis für die Gleichwertigkeit der Kerne zumindest in den Zellen junger Embryonen.

Es muß allerdings hier erwähnt werden, daß auch verschiedentlich Kerne in Zellen junger Embryonen gefunden worden sind, die die Fähigkeit zur Auslösung normaler Entwicklungsprozesse in entkernten Eizellen verloren zu haben scheinen. Worauf dieser Verlust zurückzuführen ist, ist noch ungeklärt. Als Ursache für die vielen während der Embryonalentwicklung ablaufenden verschiedenartigen Zelldifferenzierungsprozesse können diese Einzelfälle jedoch nicht ernstlich in Betracht gezogen werden. Sind also die Kerne in den Zellen eines sich entwickelnden Embryos in ihrer großen Mehrzahl gleichwertig, so müssen Zellen verschiedenen Typs einen unterschiedlichen Gebrauch von den im Kern enthaltenen Informationen machen. Auf welche Weise geschieht das?

Mit dieser Frage sind wir an einer Stelle angelangt, an der auch der Wissenschaftler nur Spekulationen äußern kann. Um die berechtigte Neugier nicht ganz unbefriedigt zu lassen, sei ein mögliches Modell der Differenzierungsmechanismen unter Heranziehung der Erkenntnisse, die wir über den Einfluß von Umweltbedingungen sowie Cytoplasma- und Kernfunktionen gewonnen haben, kurz erörtert.

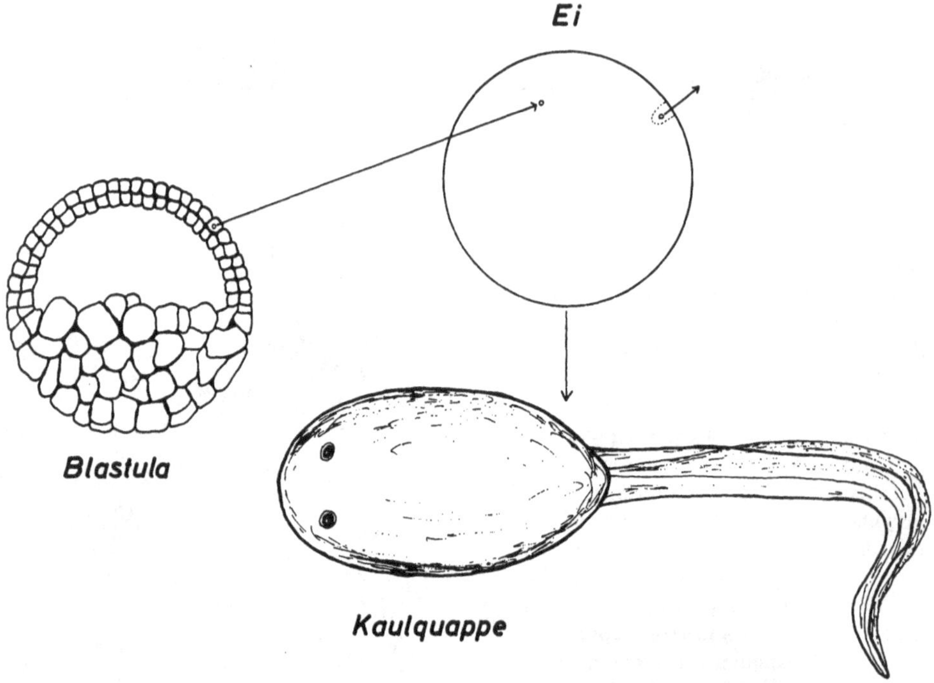

Abb. 46. Kernübertragung von der Blastula ins Ei nach Entfernung des normalen Eikerns. Es entwickelt sich eine normale Larve.
(Nach N. T. Spratt „Introduction to cell differentiation" New York 1964)

Zuerst müssen wir eine Feststellung treffen, für die wir bisher nur verstreute Hinweise registrieren konnten, deren Beweis wir aber eingehend im folgenden Abschnitt dieses Buches antreten wollen. Diese Feststellung lautet:

> Die viele Stoffwechselprozesse der Zelle steuernden Informationen sind als Erbgut im Zellkern lokalisiert. Sie werden von einer Generation auf die andere bei einzelnen Zellen sowie vielzelligen Organismen unverändert oder nahezu unverändert weitergegeben.

Stoffwechselprozesse bestimmen natürlich auch die Vorgänge der Zelldifferenzierung. Nach allem bisher Erwähnten muß die Zelldifferenzierung daher auf ein Zusammenspiel von Erbsubstanz und Umwelt zurückzuführen sein. Um das zu erörternde Modell möglichst einfach zu halten, sei angenommen, daß zwei Zellen, die von einer Eizelle abstammen, das gleiche Erbgut und die gleiche Beschaffenheit des Cytoplasmas haben. Wie wir bereits wissen, ist jedoch besonders die letztere Annahme häufig nicht in der Natur realisiert. Eine Zelle befinde sich in einer Umwelt vom Typ „N", deren Zusammensetzung die Differenzierung einer Nervenzelle bewirken soll. Die andere Zelle liege dagegen in einer andern Umwelt des Typs „H", die eine Differenzierung zu einer Hautzelle bewirken kann

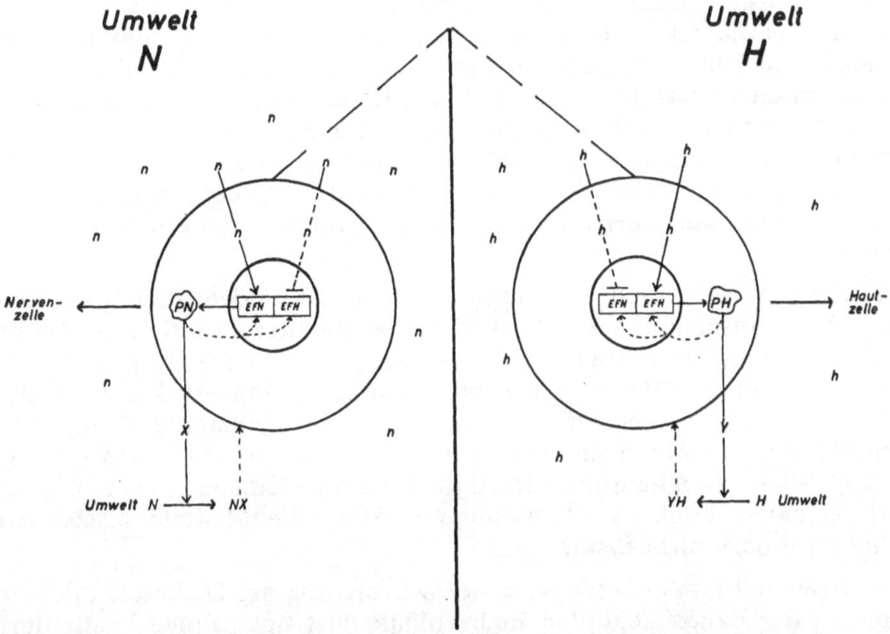

Abb. 47. Hypothetisches Modell der Steuerung von Differenzierungsprozessen durch Erbgut und Umwelt. (Erläuterungen im Text.)

(Abb. 47). Ferner sei die Wirkung von nur zwei Erbfaktoren, die durch die Symbole „EFN“ und „EFH“ gekennzeichnet seien, in Betracht gezogen. Die Ereignisse, die zur fortschreitenden Differenzierung führen, könnten dann folgendermaßen ablaufen:

Besondere Moleküle „n“ aus der Umwelt „N“ durchdringen die Zellmembran der einen Zelle, durchqueren das Cytoplasma und gelangen in den Zellkern. Ein Molekül oder mehrere stimulieren den Erbfaktor EFN zur Synthese eines spezifischen Eiweißkörpers „PN“, der zum Aufbau von Nervenzellen notwendig ist. Die PN-Moleküle mögen auch noch auf andere Moleküle im Cytoplasma wirken oder ihrerseits den Erbfaktor EFN weiterstimulieren. Sie können auch die Wirkung des zweiten Erbfaktors EFH unterdrücken. Auf diese Weise könnte durch die PN-Moleküle ein endogener Mechanismus der Zellstabilisierung in die Wege geleitet werden. Die neu gebildeten PN-Moleküle mögen weiterhin auch eine Änderung in der Art und Konzentration bestimmter anderer Zellprodukte bewirken, die hier mit dem Symbol „X“ gekennzeichnet seien. Wenn die Zelle die Produkte X nun in veränderter Weise in ihre Umwelt entläßt, mag sie dadurch ihre eigene Umwelt in gewissem Maße kontrollieren und möglicherweise die weitere Differenzierung stabilisieren. Für die andere Zelle soll ein ähnlicher Mechanismus gelten mit dem Unterschied, daß durch die Umwelt H der Erbfaktor EFH stimuliert wird, der Prozesse zur Differenzierung in eine Hautzelle einleitet.

In einer Hinsicht kann das Modell noch sinnvoll vereinfacht werden. Als auslösende Umweltfaktoren wurden zwei verschiedene hypothetische Moleküle „n" und „h" angenommen. Wie früher jedoch bereits erörtert wurde, können schon Unterschiede in der Konzentration eines Faktors Ursache verschiedener Zelldifferenzierungen sein. So können die beiden verschiedenen Moleküle „n" und „h" möglicherweise durch unterschiedliche Konzentration eines Moleküls, wie z. B. Sauerstoff oder Kohlendioxyd, ersetzt werden und dieselbe differenzierte Stimulierung der Erbfaktoren bewirken.

Ein wichtiger Punkt ist in diesem Modell unberücksichtigt geblieben. Keine Mechanismen, die zur Ausbildung bestimmter struktureller Anordnungen in der Zelle führen, wurden diskutiert. Und doch werden wir uns mit Recht fragen: Wie kommt es zur Entstehung von Strukturen in den Zellen, wie z. B. der spezifischen Lokalisierung bestimmter Cytoplamazonen? Mit dieser Frage sind wir an die Grenze unseres heutigen Wissens gelangt. Über die Steuerung derartiger Strukturbildungen bestehen heute noch keinerlei konkrete Vorstellungen. Sinnvolle Modelle lassen sich daher auch noch nicht diskutieren.

Dem Leser wird aufgefallen sein, daß wir uns bei der Diskussion der Ergebnisse der experimentellen Embryologie fast ausschließlich mit tierischen Organismen befaßt haben. Beispiele aus der Pflanzenentwicklung wurden nicht erwähnt. Der Grund für die Bevorzugung tierischer Embryonen bei experimentellen Untersuchungen liegt in den geschilderten charakteristischen Strukturunterschieden zwischen Tier und Pflanze. Die dicken Zellwände sowie die feste Verankerung der Zellen untereinander machen pflanzliche Embryonen in vieler Hinsicht für derartige Untersuchungen weniger geeignet als Tierembryonen. Wenn auch für Pflanzen daher weniger Untersuchungsergebnisse vorliegen, so besteht jedoch kein Grund zu der Annahme, daß die Embryonalentwicklung pflanzlicher Organismen etwa von grundsätzlich andersartigen Mechanismen gesteuert wird. Mit dieser Aussage können wir uns hier begnügen.

Besinnen wir uns nun kurz und fassen das bisher Erörterte zusammen.

1. Wir haben uns vertraut gemacht mit den biologischen Elementareinheiten, die jeden Organismus aufbauen, den Zellen.
2. Wesentliche Strukturelemente der Zellen und deren wichtigste Funktionen haben wir kennengelernt.
3. Schließlich haben wir die Prozesse erörtert, die bei der Differenzierung der Zellen während der Embryonalentwicklung von Vielzellern ablaufen, sowie mögliche ihnen zugrunde liegende Mechanismen diskutiert.

Nach dieser Vorbereitung sind wir an einem Punkt angelangt, wo wir verständnisvolle Überlegungen über die Art und Weise anstellen können, in der die Natur für den geregelten Ablauf all dieser Aufbau- und Differenzierungsprozesse sorgt. Wie erreicht die Natur den speziellen Aufbau ihrer Elementareinheiten und deren Funktionsfähigkeit in jeder neuen Organismengeneration?

Seit vielen Millionen von Jahren existieren Lebewesen auf unserer Erdoberfläche. Jedem Individuum ist aber nur eine bestimmte Lebensspanne vergönnt. Dann erlöschen seine Funktionen und seine Strukturen zerfallen. Dennoch hat sich das Leben, nachdem es einmal entstanden war, immer weiter fortgepflanzt und hat sich immer neue Bereiche erobert. Auf irgendeine Weise muß also die Information über den Aufbau und die Funktion der zum Leben wichtigen Strukturen von Generation zu Generation weitergegeben werden. Bisher haben wir verschiedentlich Hinweise über den Ort gesammelt, an dem diese Informationen enthalten sein könnten. Es ist nun unsere Aufgabe, diese Hinweise genauer zu überprüfen. Dabei werden wir zu erörtern haben, inwieweit man heute in der Lage ist, nicht nur die die Lebens-Informationen enthaltenden Strukturen genau zu bestimmen, sondern auch die in ihnen enthaltenen Informationen zu entschlüsseln. Anknüpfend an ein früher angeführtes Gleichnis stellt sich uns also die Aufgabe, die Bemühungen und Ergebnisse um die Entschlüsselung des Alphabets der die Lebens-Informationen enthaltenen Bibliothek zu verfolgen. Dieser Detektivarbeit ist das folgende Kapitel gewidmet.

Empfohlene Literatur

Korschelt, E. und Heider, K.: Lehrbuch der vergleichenden Entwicklungsgeschichte der wirbellosen Tiere, Jena 1936.

Kühn, A.: Grundriß der Allgemeinen Zoologie, 14. Aufl. Stuttgart 1961.

Strasburger, E., u. a.: Lehrbuch der Botanik, 26. Aufl. Stuttgart 1954.

Wurmbach, H.: Lehrbuch der Zoologie Bd. I. Stuttgart 1957.

III. Von Mendel zu Watson und Crick oder die Suche nach der Erbsubstanz

In seinen Bemühungen, die den Vererbungsprozessen zugrunde liegenden Vorgänge aufzuklären, war der Mensch zunächst allein auf Spekulationen angewiesen. Aus praktischen Erfahrungen ist ihm zwar seit langem bekannt, daß durch die Auswahl geeigneter Eltern das Aussehen der Nachkommenschaft bei Tieren und Pflanzen beeinflußt werden kann. Durch mehr oder weniger planvolle Züchtung hat er sich Haustiere verschafft, die ihm zweifellos von großem Nutzen waren und sind. Da man heute das historische Alter vieler Haustiere und Kulturpflanzen aus Ausgrabungsfunden und ältesten Bilddarstellungen einigermaßen abschätzen kann, können wir uns eine ungefähre Vorstellung über die Dauer der praktischen züchterischen Tätigkeit des Menschen machen. So gab es den Haushund bereits vor 10 000 Jahren in Dänemark, und auch Rind, Schaf, Schwein und Pferd sind als Haustiere seit 8000 bis 10 000 Jahren bekannt. Auch die wichtigsten Kulturpflanzen sind etwa von gleichem Alter. In der Stadt Jarmo in Kurdistan, die vor etwa 9000 Jahren gegründet wurde, hatten die damaligen Bewohner bereits Gersten- und Weizenkörner. Allgemein können wir annehmen, daß die Praxis einer zuerst wohl unbewußten und später bewußt durchgeführten Auswahl und Zucht tierischer und pflanzlicher Organismen begann, als der Mensch der Vorzeit sich vom umherstreifenden Jäger und Sammler zum seßhaften Viehzüchter und Ackerbauern entwickelte.

Neben diesen praktischen züchterischen Erfahrungen haben viele andere Beobachtungen über Ähnlichkeiten zwischen Kindern und Eltern sowie die auffällige Unterteilung tierischer und pflanzlicher Organismen in weibliche und männliche Geschlechtspartner zu Spekulationen über die Ursachen der Vererbungserscheinungen verleitet. Einen Nachweis der Gültigkeit oder Ungültigkeit von Spekulationen können aber erst Ergebnisse kritisch durchgeführter Experimente erbringen. Der Weg von den Anfängen menschlicher Kulturtätigkeit bis zur Durchführung experimenteller Analysen erstreckte sich über viele Jahrtausende.

Es ist zwar nicht ohne Reiz, mit den für unsere heutigen Vorstellungen teils recht kuriosen Spekulationen verschiedener Naturphilosophen des klassischen Altertums oder Mittelalters bekannt zu werden, jedoch ist ein solcher historischer Exkurs für das Verständnis der uns hier beschäftigenden Fragen nicht erforderlich, und wir müssen ihn uns daher versagen.

Die entscheidenden Schritte zur Aufklärung der Vererbungsvorgänge wurden auf zweierlei Ebenen erzielt. Die eine läßt sich durch das Stichwort „formale Modellbildung" kennzeichnen, während die andere unter dem Ausdruck „konkrete Formenbeschreibung" thematisch umrissen werden kann. In der Wirklichkeit naturwissenschaftlicher Forschung existieren diese beiden Ebenen nicht vollständig voneinander getrennt, sondern vielseitige Verbindungen haben sich herausgebildet, durch die nicht selten die Forschungsbemühungen beider Ebenen wechselseitig stimuliert wurden. Zur Erreichung eines generellen Überblicks erscheint es dennoch nicht unzweckmäßig, sich über die Existenz und Eigenarten dieser beiden grundlegend andersartigen Ebenen klar zu werden.

Voraussetzung ist jeweils die kritische Durchführung von Experimenten zur Klärung bestimmter Fragestellungen. Während auf der einen Forschungsebene Bemühungen vorherrschen, die experimentellen Ergebnisse in einzelne Klassen zerlegen und zahlenmäßig erfassen zu können, steht auf der anderen Ebene das Ziel im Vordergrund, die im Experiment auftretenden Veränderungsprozesse so eingehend wie möglich gegenständlich zu beschreiben. Im ersten Fall kann der Versuch unternommen werden, aus einer numerischen Klassifizierung unter bestimmten Voraussetzungen zunächst mehr oder weniger allgemeingültige formale Modellvorstellungen herauszuschälen, die u. U. zur Erkenntnis allgemeingültiger Gesetzmäßigkeiten führen können. Dabei bleiben diejenigen Materieteile, deren Funktionen zur Ausbildung der den Gesetzmäßigkeiten zugrunde liegenden Vorgänge führen, zunächst oft unbekannt. Im zweiten Fall ist gerade die ganze Aufmerksamkeit des Forschers auf alle im Experiment wesentlich beteiligten Körper und deren Form- und Funktionsänderungen konzentriert, soweit diese mit geeigneten, verfügbaren Mitteln erkennbar sind. Bereits hier wird deutlich, daß die Wahl der beiden Ebenen von bestimmten Voraussetzungen abhängig ist. Solange die für eine bestimmte Gesetzmäßigkeit verantwortlichen Materieteile unbekannt sind, ist man zunächst auf die Bildung formaler Modellvorstellungen angewiesen. Dabei besteht die nicht unbegründete Hoffnung, daß mit Hilfe der zunächst rein formalen Modelle eine Identifizierung der verantwortlichen Materieteile eingeleitet werden kann.

Die Unbekanntheit der entscheidenden Materieteile kann einmal aus deren Kleinheit resultieren, wodurch sie jeder direkten Beobachtung entzogen sind, oder sie kann dadurch begründet sein, daß sie ein Glied einer sehr komplexen Materieanordnung sind, dessen Identifizierung noch nicht gelungen ist. Der erstere Fall war und ist heute noch in vieler Hinsicht in der Atomphysik verwirklicht, der zweite lag z. B. für längere Zeit bei der Erforschung erbbiologischer Probleme vor. Solange keine genauen Kenntnisse über die Strukturen und Funktionen der biologischen Elementareinheiten, der Zellen und ihrer Organellen, vorlagen, konnten allenfalls formale Modellvorstellungen entwickelt werden. Die hierzu notwendige Voraussetzung, nämlich eine zahlenmäßige Erfassung bestimmter im Versuchsergebnis auftretender Klassen, wurde zuerst um 1860 von Mendel erkannt. Unsere heutigen Kenntnisse über wesentliche erbbiologische

Mechanismen sind aus formalen Modellvorstellungen hervorgegangen, die aus immer wieder auftretenden konstanten Zahlenverhältnissen in der Nachkommenschaft von Kreuzungen zwischen verschiedenartigen pflanzlichen oder tierischen Eltern abgeleitet wurden. Sie wurden ergänzt, bestätigt und vervollständigt durch eine immer intensiver betriebene Zellforschung, die zunächst mit Hilfe ständig verbesserter mikroskopischer Methoden die Strukturen der Zellorganellen mit zunehmender Genauigkeit untersuchte, dann vermittels biologischer und biochemischer Methoden die Aufgaben einzelner Zellbestandteile im zellulären Stoffwechsel analysierte und schließlich Vorstellungen über den molekularen Aufbau wichtiger Zellkomponenten gewinnen konnte. Ein vorläufiger Höhepunkt wurde 1953 mit der Aufklärung der molekularen Struktur der Erbsubstanz durch J. D. Watson und F. H. C. Crick erreicht. Im folgenden wollen wir unsere Aufmerksamkeit dem erregenden Prozeß der immer stärker beschleunigten Zunahme unserer Kenntnisse über die Grundlagen der Vererbungsprozesse zuwenden.

1. Die Erbanlagen und ihr Aufbewahrungsort in der Zelle

Beginnen wir unsere Bemühungen um ein Verständnis erbbiologischer Vorgänge, indem wir uns zunächst folgende allgemeine Fragen stellen: Welche Ursachen liegen den Vererbungserscheinungen zugrunde? Wie erreicht es die Natur, daß aus der Paarung zweier Eltern stets Nachkommen der gleichen Art hervorgehen, die in vieler Hinsicht ihren Vorfahren ähnlich sind?

Sehen wir uns z. B. unter unseren Mitmenschen um, so wird ein jeder Fälle anzuführen wissen, bei denen eine mehr oder weniger auffallende Ähnlichkeit zwischen Geschwistern, Kindern und Eltern oder Enkelkindern und Großeltern deutlich bemerkbar ist. Gleiche Erfahrungen kann man in beliebiger Fülle bei tierischen und pflanzlichen Organismen machen. Aus den bloßen Beobachtungen der Nachkommenschaft zufälliger Elternkombinationen ist jedoch eine eindeutige Antwort auf unsere Frage nicht zu erwarten. Erst wenn wir selbst Kreuzungen zwischen besonders ausgewählten Eltern anstellen, können wir die Richtigkeit bestimmter Vermutungen, die zur Erklärung der beobachteten Vererbungserscheinungen geeignet wären, kritisch überprüfen. Aus diesen Gründen wurden und werden von interessierten Biologen viele Kreuzungen zwischen verschiedenen Arten oder Rassen tierischer oder pflanzlicher Organismen vorgenommen. Besonders durch Kreuzungen zwischen verschiedenen Pflanzenarten hoffte man bereits zu Beginn des 19. Jahrhunderts erste experimentelle Hinweise auf die Ursache der Vererbungserscheinungen erhalten zu können. Solange man aber nur das Gesamterscheinungsbild der Nachkommen betrachtete, ließ sich zwar mitunter feststellen, daß die Nachkommen einer bestimmten Kreuzung in der ersten Generation mehr oder weniger gleichartig, in der zweiten Generation dagegen außerordentlich ungleichartig aussehen können, wobei Eigenschaften der Eltern oder Großeltern in unterschiedlichem Ausmaß manchmal wieder zutage treten.

Solche Beobachtungen weisen darauf hin, daß die Vererbungsprozesse zu recht komplexen Resultaten führen können, ermöglichen aber noch keine Schlüsse auf die Ursachen der Vererbung.

Einen entscheidenden Schritt kommt man weiter, wenn man sich nicht mit der Beurteilung des Gesamterscheinungsbildes begnügt, sondern die Aufmerksamkeit auf den Erbgang einzelner „Merkmalspaare" konzentriert. Ein erster derartiger Ansatz wurde bereits 1826 von M. Sageret bei Kreuzungsexperimenten mit Melonen gemacht. Dieser Forscher verfolgte u. a. die Vererbung der Farbe des Melonenfleisches (gelb oder weiß) und der Samen (ebenfalls gelb oder weiß) sowie die Vererbung des Geschmacks (süß oder süß-sauer). Aus Kreuzungen von Eltern, die sich in diesen Merkmalen unterschieden, erhielt er Nachkommen, bei denen Merkmale teils vom einen, teils vom anderen Elter vorhanden waren. Aus seinen Experimenten konnte Sageret erkennen, daß einzelne Merkmale von Generation zu Generation unabhängig verteilt wurden, und daß jeweils ein Merkmal eines bestimmten Merkmalspaares über das andere in der Nachkommenschaft dominierte. Zwischenformen traten in seinen Versuchen nicht auf. Die in der Natur auffälligen individuellen Verschiedenartigkeiten versuchte er bereits durch die Annahme einer von Generation zu Generation erfolgenden unabhängigen Vereinigung und Verteilung vieler einzelner Merkmale erklären zu können.

Dieser interessante erste Befund einer Verteilung unabhängiger Einzelmerkmale als Grundlage der komplexen Vererbungserscheinungen bedarf natürlich einer eingehenden Überprüfung bei möglichst vielen Organismen. Erst dadurch ist klarzustellen, ob der Beobachtung Sagerets eine allgemeine Bedeutung zukommt. Sollte das der Fall sein, stellen sich zwei weitere Fragen:

1. In welcher Form werden Einzelmerkmale von Generation zu Generation weitergegeben?
2. Auf welche Weise wird ihre unabhängige Verteilung durchgeführt?

Ein entscheidender Schritt auf dem Weg zur Beantwortung dieser Frage wurde von einem Mann unternommen, der heute daher zu Recht als eigentlicher Begründer der experimentellen Vererbungswissenschaft angesehen wird, Gregor Johann Mendel[1] (1822—1884). Mendel, dem die Arbeiten von Sageret wahrscheinlich gar nicht bekannt waren, gelangte zu der Überzeugung, daß man einen Hinweis auf die den Vererbungsprozessen zugrunde liegenden Mechanismen bekommen könnte, wenn man die Häufigkeiten zahlenmäßig erfaßt, mit denen einzelne Merkmale in aufeinanderfolgenden Generationen auftreten. Zu diesen Überlegungen war er durch Ergebnisse künstlicher Befruchtungen bei Zierpflanzen angeregt worden. Um neue Farbvarianten zu erzeugen, waren häufig künstliche Kreuzungen zwischen verschiedenen Arten vorgenommen worden. Dabei traten mit auffallender Regelmäßigkeit bestimmte Hybridenformen auf, so oft die Befruchtung zwischen Eltern bestimmter Arten durchgeführt wurde. Diese Beobachtung regte Mendel zur Durchführung weiterer Experimente an. Er wählte als Versuchspflanze die Erbse und suchte sich von 34 aus mehreren Samenhandlungen bezogenen Erbsensorten solche aus, die konstant unterschiedliche Merkmale aufwiesen.

Wenn wir heute die komplexen molekularen Mechanismen überschauen, durch die die Vererbungserscheinungen gesteuert werden, ist es nicht

[1] Johann Mendel nahm erst beim Eintritt in das Augustinerkloster in Brünn den Namen „Gregor" an und wird seitdem oft Gregor Mendel genannt.

Gregor Johann Mendel (1822—1884)

C. Correns (1864—1933)

Abb. 48 und 49. Der Entdecker und die Wiederentdecker der ersten Vererbungsregeln

H. de Vries (1848—1935)

E. Tschermak (1871—1962)

uninteressant, einmal zu sehen, mit welchen Kreuzungskombinationen die Aufklärung der Vererbungsmechanismen begonnen hat. Daher seien die sieben von Mendel in seinen klassischen Kreuzungsversuchen mit Erbsen beachteten Merkmalspaare aufgeführt:

1. runde Samen — runzlige oder kantige Samen
2. gelbe Keimblätter — grüne Keimblätter
3. graue Samenschale — weiße Samenschale
4. einfach gewölbte Hülse — eingeschnürte Hülse
5. grüne unreife Hülse — gelbe unreife Hülse
6. achsenständige Blütenstellung — endständige Blütenstellung
7. lange Blütenachse — kurze Blütenachse

Die Kreuzungen wurden so durchgeführt, daß sich die Ausgangspflanzen jeweils in einem oder mehreren der angeführten Merkmale unterschieden.

Aus dem bisher Erwähnten zeichnen sich bereits wesentliche Voraussetzungen für die experimentellen Erfolge Mendels ab. Indem er, ähnlich wie Sageret, Kreuzungen zwischen nahe verwandten Sippen mit weitgehend ähnlichem Erbgut und nicht zwischen verschiedenen Arten mit sehr unterschiedlichem Erbgut durchführte, kam er zu relativ einfachen Versuchsbedingungen. Desgleichen beobachtete er nicht das Gesamterscheinungsbild der Nachkommen, sondern untersuchte den Erbgang bestimmter Einzelmerkmale, in denen sich die Eltern jeweils unterschieden. Außerdem war die Wahl von Erbsen als Versuchsobjekt wegen der Möglichkeit der Selbstbefruchtung dieser Pflanzen sowie wegen deren leichter Kultivierbarkeit und guter Fruchtbarkeit der Hybriden besonders günstig. In jeder Generation ließ sich die Häufigkeit, mit der die bei den Ausgangspflanzen vorhandenen Merkmale wieder auftauchten, leicht bestimmen. Heute wissen wir, wie entscheidend dieser Gedanke der zahlenmäßigen Erfassung der Merkmalsverteilung in der Nachkommenschaft war. Vor 100 Jahren ahnte jedoch niemand außer Mendel diese Bedeutung. Bereits vor der Veröffentlichung seiner Versuche im Jahre 1866 hatten Botaniker verschiedentlich Kreuzungsexperimente durchgeführt, ohne jedoch die Verteilung einzelner Merkmale in der Nachkommenschaft zu bestimmen und ihr irgendeine Bedeutung beizumessen. Selbst nach der Veröffentlichung blieb der wissenschaftlichen Fachwelt die wirkliche Bedeutung der Gedanken und Versuchsergebnisse Mendels für ein Verständnis der Vererbungsereignisse verborgen. Und so gerieten seine Befunde in Vergessenheit, bis sie 34 Jahre später gleichzeitig und unabhängig voneinander von 3 Botanikern (C. Correns, H. de Vries und E. Tschermak) wiederentdeckt wurden.

Was ergibt nun die Auszählung einzelner Merkmale in der Nachkommenschaft, wenn zwei Merkmale eines Merkmalspaares in einer Kreuzung vereinigt werden?

In der ersten Tochtergeneration (F_1-Generation) zeigt sich, daß in den Hybriden nur ein Merkmal des elterlichen Merkmalspaares unverändert

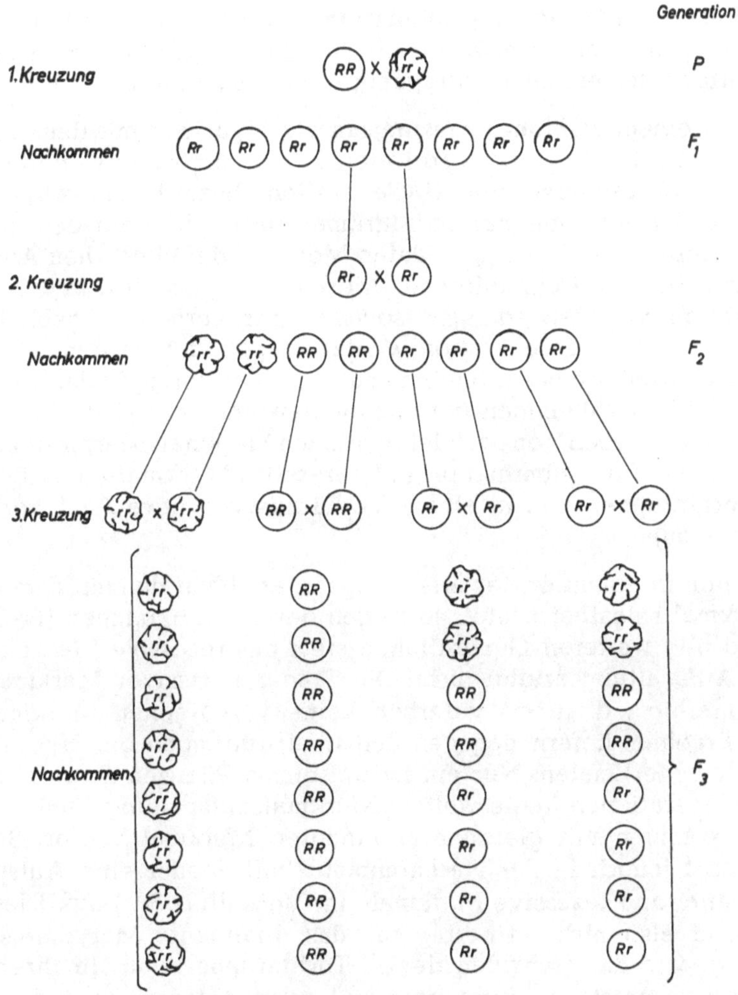

Abb. 50. Aufspaltung von Erbmerkmalen in der Nachkommenschaft aus Kreuzungen zwischen Erbsen mit runden und solchen mit runzligen Samen. Die Eltern-Generation wird als „Parental-Generation" (P), die Nachkommen-Generationen werden als „Filial-Generationen" (F_1, F_2 usw.) bezeichnet. Die dominant wirkende Erbanlage für runde Samen ist durch „R" symbolisiert, die rezensiv wirkende Erbanlage für runzlige Samen durch „r". (Weitere Erläuterungen im Text.)

oder nahezu unverändert ausgebildet wird. Ist z. B. der eine Elter aus rundem und der andere aus runzligem Samen hervorgegangen, so bilden die Hybriden der ersten Generation nur runde Samen (Abb. 50). Das Merkmal „runde Samen" dominiert also gegenüber dem Merkmal „runzlige Samen". Dominant verhalten sich von den sieben auf Seite 102 erwähnten Merkmalspaaren alle in der ersten Kolonne aufgeführten Merkmale. Dabei ist es gleichgültig, welches Merkmal eines Paares vom weiblichen und welches vom männlichen Elter in die Kreuzung eingebracht wurde. Reziproke Merkmalskombinationen führen jeweils zu gleichen Ergebnissen. Immer findet man nur ein Merkmal eines Merkmalspaares in den Hybriden der ersten Tochtergeneration ausgebildet.

Werden in einem zweiten Kreuzungsansatz Hybriden mit dem dominanten Merkmal selbstbefruchtet, so treten in der folgenden Generation, die wir als 2. Tochtergeneration (F_2-Generation) bezeichnen wollen, neben Individuen mit dem dominanten Merkmal auch solche mit dem in der 1. Tochtergeneration nicht ausgebildeten Merkmal der elterlichen Ausgangspflanze auf. Das nicht dominierende Merkmal ist also nicht in der 1. Tochtergeneration verlorengegangen sondern nur verborgen geblieben. Es kann in der 2. Tochtergeneration wieder ausgebildet werden. Merkmale, die sich so verhalten, bezeichnet man als „verdeckterbig" oder „rezessiv". Zählt man die Nachkommen mit dominanten und rezessiven Merkmalen, so ist bei allen sieben von Mendel benutzten Merkmalspaaren zu beobachten, daß jeweils das dominante und rezessive Merkmal eines Paares in der 2. Tochtergeneration in einem Verhältnis von etwa 3 : 1 vorhanden ist (s. Abb. 50).

Werden nun in einem dritten Kreuzungsansatz Hybriden mit dem rezessiven Merkmal selbstbefruchtet, so zeigen deren Nachkommen (F_3-Generation) und alle weiteren Generationen stets das rezessive Merkmal. Eine weitere Aufspaltung erfolgt nicht. Die Träger rezessiver Merkmale sind also „reinerbig", d. h. sie vererben keine verborgenen Merkmale. Ein anderes Ergebnis liefern dagegen Selbstbefruchtungen bei Hybriden mit dominanten Merkmalen. Nur ein Drittel dieser Pflanzen zeigt in den folgenden Generationen keine weitere Merkmalsaufspaltung sondern bringt nur Nachkommen mit gleichem dominanten Merkmal hervor. Bei zwei Dritteln tritt jedoch in der Nachkommenschaft wieder eine Aufspaltung in dominante und rezessive Merkmale im Verhältnis 3 : 1 auf. Diese zwei Drittel sind also nicht reinerbig für das dominante Merkmal sondern mischerbig, wie die Hybriden der 1. Tochtergeneration. In ihrer Nachkommenschaft entstehen Individuen mit dominanten und mit rezessiven Merkmalen.

Fassen wir die Ergebnisse der drei Kreuzungsansätze zusammen, so läßt sich folgendes feststellen:

1. Werden Eltern gekreuzt, die sich in den beiden Merkmalen eines bestimmten Merkmalspaares unterscheiden, so bilden sich in der 1. Tochtergeneration einheitlich aussehende Hybriden, die alle das dominant wirkende elterliche Merkmal besitzen.

2. Werden die Hybriden der 1. Tochtergeneration selbstbefruchtet, so bildet sich eine 2. Tochtergeneration, in der ein Viertel der Nachkommen reinerbig für die rezessiven Merkmale, ein Viertel reinerbig für die dominanten Merkmale und die Hälfte mischerbig für rezessive und dominante Merkmale sind.

Äußerlich sind die letzten beiden Gruppen häufig nicht unterscheidbar. Ihre Erbeigenschaften werden nur aus geeigneten Kreuzungsexperimenten erkennbar.

Daraus ergibt sich, daß die beiden Merkmale, durch die sich die Eltern eines Hybriden unterscheiden, unabhängig voneinander vererbt werden. Im Hybrid der 1. Tochtergeneration kann das rezessive Merkmal als verborgene Anlage vorhanden sein und bei den Nachkommen der 2. Tochtergeneration wieder auftreten. Nun zeigt eine einfache statistische Überlegung, daß die in der 2. Tochtergeneration beobachteten Häufigkeiten von Nachkommen mit reinerbig dominanten, mischerbigen und reinerbig rezessiven Merkmalen im Verhältnis 1 : 2 : 1 dann zu erwarten sind, wenn die Anlagen der Merkmale von jedem mischerbigen Hybrid unabhängig und in gleicher Anzahl weitergegeben sowie in den Nachkommen zufällig wieder miteinander vereint werden.

Überlegen wir uns nun, wie und wo dieser zufällige Verteilungsmechanismus ablaufen kann, so haben wir uns zunächst klarzumachen, daß bei sexueller Fortpflanzung das einzige Verbindungsglied zwischen aufeinanderfolgenden Generationen die weiblichen und männlichen Keimzellen sind. In den Keimzellen müssen also Anlagen für die Ausbildung der Merkmale vorhanden sein. Diese Anlagen wollen wir zunächst als „Erbanlagen" oder „Erbfaktoren" bezeichnen. Sie werden oft mit bestimmten Buchstaben symbolisch gekennzeichnet.

Die beobachteten Kreuzungsergebnisse werden nun verständlich, wenn jeder mischerbige Hybrid Keimzellen hervorbringt, die entweder die Erbanlage für das eine oder für das andere Merkmal eines Merkmalspaares enthalten, und Keimzellen beider Typen etwa in gleicher Anzahl vorhanden sind (vgl. Abb. 50). Diese Forderung nach der Ausbildung von Keimzellen mit unterschiedlichen Erbanlagen muß sowohl im weiblichen als auch im männlichen Geschlecht erfüllt sein, da Kreuzungen, in denen Geschlecht und Merkmal der einzelnen Kreuzungspartner vertauscht werden, zu gleichen Aufspaltungsverhältnissen führen und keine Unterschiede auftreten.

Natürlich gilt es nun, die Richtigkeit dieser Annahme zu überprüfen. Am unmittelbarsten wäre das zu erreichen, wenn man die Erbanlagen in den Keimzellen identifizieren und ihre Verteilung bei der Bildung der Keimzellen beobachten könnte. Bevor wir uns um diese Identifizierung bemühen, sei zunächst auf andere Weise versucht, diesem Ziel näherzukommen. Ein wesentliches Element des bisher entwickelten Modells besteht in der Annahme, daß die Erbanlagen eines Merkmalspaares unabhängig voneinander sind und bei der Entstehung der Nachkommen zufällig miteinander vereint werden. Dabei haben wir uns auf die Beobachtung der Aufspaltung jeweils eines bestimmten Merkmalspaares, z. B. der Ausbildung runder oder runzliger Samen, beschränkt. Wenn nun Kreuzungen vorgenommen werden, bei denen sich die Eltern gleichzeitig in mehreren Merkmalspaaren unterscheiden, so ließe sich feststellen, ob durch obige

Annahme auch die gleichzeitige Vererbung mehrerer Merkmalspaare gedeutet werden kann.

Bei rein zufälliger Verteilung voneinander unabhängiger Erbanlagen lassen sich die für die einzelnen Merkmalskombinationen in der Nachkommenschaft zu erwartenden Häufigkeiten leicht statistisch ermitteln, und man kann die theoretisch zu erwartenden Häufigkeiten mit den in Kreuzungsversuchen tatsächlich beobachteten Häufigkeiten vergleichen. Ein solcher Vergleich wurde bereits von Mendel durchgeführt und erbrachte übereinstimmende Ergebnisse. Hierin konnte er eine Bestätigung seiner Vorstellungen über die zufällige Verteilung der Erbanlagen erblicken. Heute weiß man, daß diese Feststellung jedoch keine generelle Gültigkeit hat sondern eingeschränkt werden muß.

Nicht alle Erbanlagen eines Organismus werden unabhängig verteilt und zufällig wieder vereinigt. Bestimmte Erbanlagen werden vielmehr mit einer bestimmten Häufigkeit gemeinsam oder „gekoppelt" vererbt, da sie auf einem gemeinsamen Träger lokalisiert sind. Als vermutliche Träger von Erbanlagen haben wir bereits bei der Schilderung der Kernteilungsvorgänge die Kernschleifen oder Chromosomen kennengelernt. Tatsächlich war es ein außerordentlich glücklicher Zufall, daß Mendel für seine Untersuchungen gerade sieben Merkmalspaare ausgewählt hat, die auf sieben verschiedenen Chromosomenpaaren lokalisiert sind und daher eine unabhängige Verteilung zeigen. Da die Erbse nur insgesamt sieben Chromosomenpaare hat, besteht nur in einem unter etwa 163 Fällen die Chance, zufällig sieben Merkmalspaare zu wählen, die auf sieben verschiedenen Chromosomenpaaren liegen. Hätte Mendel unter seinen Merkmalen nur einen Fall enger „Kopplung" gehabt, so hätten ihn die dann zu beobachtenden unerwarteten Aufspaltungsverhältnisse leicht von der Formulierung der heute nach ihm benannten Vererbungsgesetze abhalten können.

Nachdem wir nun festgestellt haben, daß die Ausbildung einzelner Merkmale durch die Weitergabe von Erbanlagen gesteuert wird, bleibt zu erörtern, ob und wie sich der Aufenthaltsort dieser Erbanlagen identifizieren läßt. Da, wie bereits erwähnt, die Erbanlagen in den Keimzellen vorhanden sein müssen, richten wir unsere Aufmerksamkeit zuerst zweckmäßigerweise auf diesen Zelltyp. Weibliche und männliche Keimzellen (Ei und Samenfaden) des Menschen sind in Abb. 1 dargestellt.

Die auffällige und bei vielen tierischen Organismen ähnliche Form der männlichen Samenfäden war zum ersten Male im Jahre 1677 unabhängig voneinander von zwei Naturforschern beobachtet worden (L. v. Hammen und A. van Leeuwenhoek). Über ihre Bedeutung wurde zunächst eine Anzahl sehr verschiedenartiger, z. T. recht konfuser Spekulationen geäußert. Für ein Verständnis der wirklichen Rolle männlicher Samenfäden ist natürlich eine Kenntnis des zellulären Aufbaues der Organismen und die Einsicht, daß die Samenfäden Zellen sind, eine notwendige Voraussetzung. Zuerst wurde diese Einsicht um die Mitte des 19. Jahrhunderts für die Keimzelle weiblicher Organismen, das Ei, erreicht. Daß männliche Samenfäden in weibliche Eizellen eindringen, wurde erst 1875 eindeutig bei einem Fadenwurm, *Anguilla rigida*, von O. Bütschli beobachtet. Im selben Jahre wurden weitere wesentliche Einzelheiten des Befruchtungsvorganges von O. Hertwig (Abb. 19) an den Geschlechtsprodukten des Seeigels *Toxopneustes lividus* festgestellt. Da dieser Seeigel fast während des ganzen Jahres reife Geschlechtsprodukte in großen Mengen liefert und an der Meeresküste leicht einzusammeln ist, da seine Eier und Samenfäden außerdem mehrere Stunden im Meerwasser aufbewahrt werden können, ohne ihre Befruchtungsfähigkeit zu verlieren, stellt er für Untersuchungen der Befruchtungsprozesse ein außerordentlich günstiges Untersuchungsobjekt dar. An den kleinen, durchsichtigen Eiern konnte O. Hertwig die Wanderung des in die Eizelle eingedrungenen Kopfes eines Samenfadens bis hin zum Eikern und die Verschmelzung von Eikern und Samenfadenkopf deutlich beobachten. Seine Beobachtungen gipfelten in der Erkenntnis, daß die Befruchtung auf einer Verschmelzung von geschlechtlich differenzierten Zellkernen beruht.

Damit ist eine Einsicht erreicht, die Mendel, als er seine Modellvorstellungen entwickelte, noch nicht hatte. Viele weitere Untersuchungen bei den verschiedenartigsten Organismen haben bestätigt, daß bei der Befruchtung einer Eizelle nur der Kopf des männlichen Samenfadens eindringt, und daß der Samenfadenkopf praktisch ausschließlich den Zellkern der männlichen Keimzelle darstellt. Durch die männlichen Keimzellen wird bei der Befruchtung so gut wie kein Cytoplasma übertragen. Da aber der männliche Partner ebenso wie der weibliche Partner Erbanlagen an die Nachkommenschaft weitergibt, müssen diese im Kern der Keimzelle lokalisiert sein. Wir wissen heute, daß diese Aussage gewisser Einschränkungen bedarf. Es hat sich gezeigt, daß bestimmte Erbanlagen auch durch das Cytoplasma an die Nachkommenschaft weitergegeben werden. Da nur die reifen Eizellen Cytoplasma enthalten, die Köpfe der Samenfäden dagegen nicht, werden im Cytoplasma lokalisierte Erbanlagen auch nur vom weiblichen Organismus auf die Nachkommenschaft vererbt. Die Merkmalsverteilung in der Nachkommenschaft unterscheidet sich also bei cytoplasmatischer Vererbung deutlich von derjenigen, bei der im Kern lokalisierte Erbanlagen die Merkmalsausbildung regeln. Im ganzen gesehen sind die Fälle cytoplasmatischer Vererbung jedoch recht seltene Ereignisse, mit denen wir uns hier nicht weiter zu beschäftigen brauchen.

Als nächstes gilt es nun, Aufklärung über die Struktur des Zellkernes zu bekommen. In einem früheren Abschnitt (I, 3 a) wurde bereits dargestellt, daß im Zellkern während der Interphase in der Regel keine deutlichen Strukturen erkennbar sind. Erst während der Kernteilungsprozesse kommt es zur Herausbildung auffälliger Strukturen, den Kernschleifen oder Chromosomen, die in regelmäßiger Weise nach Längsteilung auf die neugebildeten Tochterzellen verteilt werden. Diese Längsteilung der Kernschleifen während der Mitose wurde zuerst 1882 von W. Flemming beobachtet. Bald darauf wurde den Kernschleifen von W. Waldeyer der

Name „Chromosomen" gegeben. In den letzten beiden Dezennien des 19. Jahrhunderts hat eine große Anzahl von Untersuchungen verschiedener Zoologen und Botaniker die Allgemeingültigkeit der regelmäßigen Verteilung der Chromosomen im Laufe der Kernteilungsprozesse erbracht. Bei den an vielen verschiedenen Organismen durchgeführten Untersuchungen zeigte sich auch, daß jede Organismenart eine konstante Anzahl von Chromosomen in ihren Zellkernen hat (s. z. B. Abb. 21 a und b).

Wenn wir annehmen, daß die in jedem Kern eines Organismus in konstanter Anzahl vorhandenen und bei jeder Kernteilung so regelmäßig verteilten Chromosomen Träger der Erbanlagen sind, so ergibt sich ein Problem, das dringend der Lösung bedarf. Da bei der Befruchtung die Kerne weiblicher und männlicher Keimzellen verschmelzen, muß die Chromosomenzahl im Eikern durch den Befruchtungsvorgang verdoppelt werden. Wenn sämtliche Zellen eines Organismus die gleiche Chromosomenzahl haben, muß sich also die Chromosomenzahl von Generation zu Generation verdoppeln. Eine solche Verdopplung existiert aber in Wirklichkeit nicht. Sie ist auch mit der Feststellung unvereinbar, daß die Anzahl der Chromosomen in den Zellen jeder Organismenart konstant ist. So haben die Zellen unseres Körpers, die wir z. B. dem Darm oder der Haut entnehmen, jeweils 46 Chromosomen (s. Abb. 21 a). Bei unseren Kindern wie bei unseren Eltern finden wir die gleiche Anzahl und nicht die doppelte oder die halbe Menge. Es muß also irgendwann eine Reduktion der Chromosomenanzahl erfolgen, die die Verdopplung der Chromosomen von Generation zu Generation verhindert.

Tatsächlich erfolgt eine Reduktion der Chromosomenanzahl beim Menschen und bei vielen tierischen Organismen bei der Reifung der männlichen und weiblichen Keimzellen. Besonders auffällig tritt dieser Vorgang bei Eizellen vieler Tiere in Erscheinung. Während der Reduktionsteilung wird bei diesen eine geringe Menge Cytoplasma abgeschnürt, die als kleines kugeliges Gebilde an der Außenfläche des Eies häufig noch eine Weile haften bleibt und allgemein als „Richtungskörper" bezeichnet wird. Die Bildung eines solchen Richtungskörpers ist bereits 1824 von C. G. Carus bei einem Schneckenei beschrieben worden. Zunächst wußte man natürlich wenig mit dieser Beobachtung anzufangen. Erst durch genaue Studien der Kernteilungsprozesse an geeignetem Material gelang es O. Bütschli und O. Hertwig gegen Ende des 19. Jahrhunderts zu erkennen, daß der Richtungskörper nicht nur aus Cytoplasma besteht, sondern bei einem

⟶

Abb. 51. Stark vereinfachtes Schema der Reifungsprozesse bei tierischen Samen- und Eizellen. Während aus einer Ei-Bildungszelle ein reifes Ei und drei kleine Zellen (Richtungskörper) entstehen, bilden sich aus einer Samen-Bildungszelle vier reife Spermien. Die Bildungszellen enthalten 3 Paar homologe Chromosomen. In der 1. Reifeteilung werden die Partner jedes Paares voneinander getrennt, und es entstehen Zellen mit nur 3 Chromosomen. In der 2. Reifeteilung werden diese Chromosomen der Länge nach geteilt und auf je 2 Tochterzellen verteilt. (Weitere Erläuterungen im Text.)

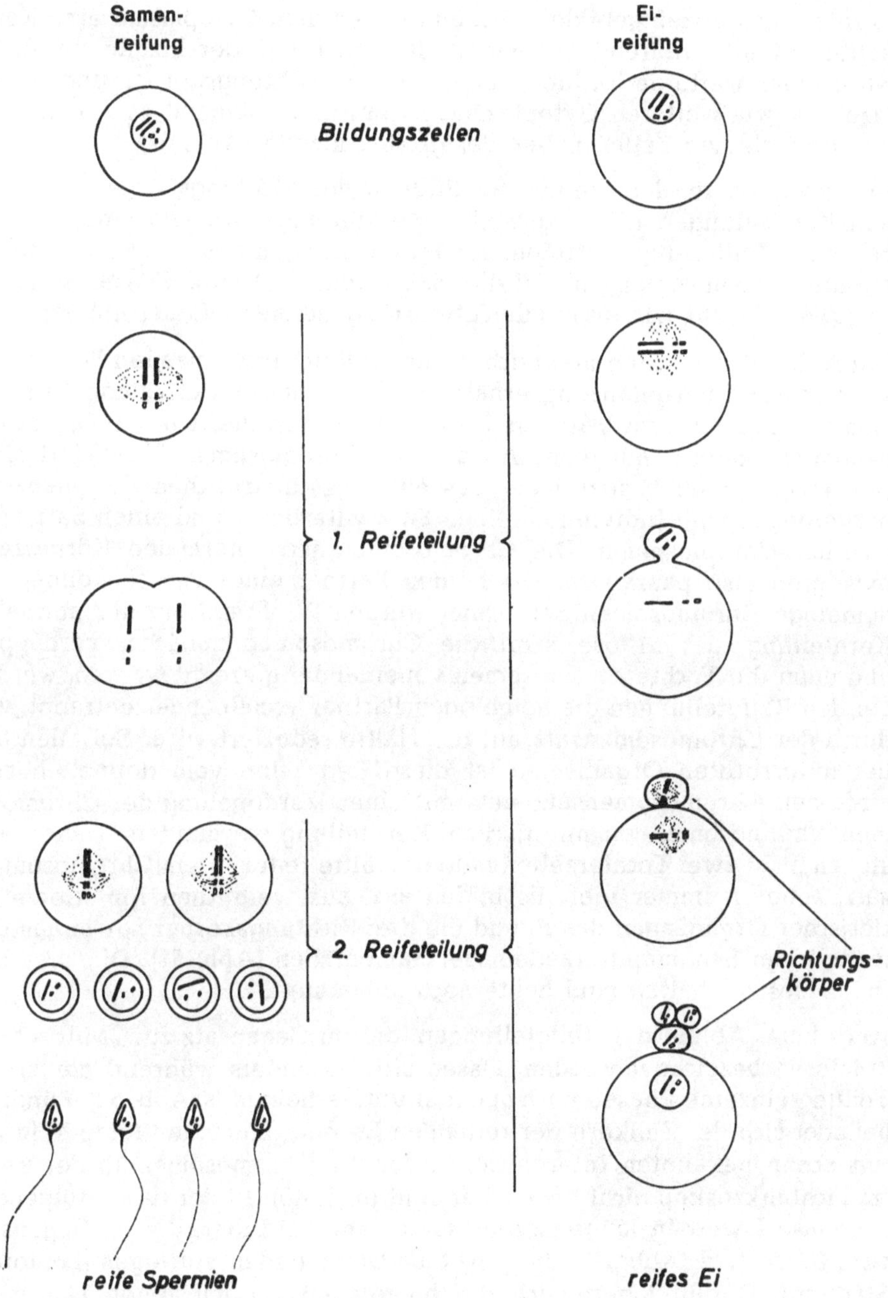
Samen-
reifung
Ei-
reifung
Bildungszellen
1. Reifeteilung
2. Reifeteilung
Richtungs-
körper
reife Spermien
reifes Ei

Kernteilungsprozeß gebildet wird und neben dem Cytoplasma eine Kernhälfte enthält, während die andere Kernhälfte in der Eizelle verbleibt. Nach einer weiteren Teilung der Kerne im Richtungskörper und in der Eizelle sowie weiteren Cytoplasmaabschnürungen kommt es zur Bildung von drei kleinen Zellen neben der großen Eizelle (Abb. 51).

Heute weiß man, daß die bei der Bildung der Richtungskörper ablaufenden Kernteilungen keine normalen Kernteilungsvorgänge sind, wie sie bei jeder Zellteilung auftreten, sondern Teilungen besonderer Art, durch die die Chromosomenzahl auf die Hälfte reduziert wird. Dieser Vorgang ist so wichtig, daß wir uns mit ihm etwas eingehender befassen müssen.

Durch die Vereinigung männlicher und weiblicher Keimzellen bei der geschlechtlichen Fortpflanzung erhält jeder sich neu entwickelnde Organismus Erbanlagen vom Vater und von der Mutter, die, wie wir bisher angenommen haben, auf einer Anzahl von Chromosomen lokalisiert sind. Dementsprechend besitzt jedes aus einer geschlechtlichen Fortpflanzung hervorgegangene Individuum einen Satz väterlicher und einen Satz mütterlicher Chromosomen. Die Chromosomen jeder normalen Körperzelle existieren also paarweise. Die beiden Partner eines Paares können als homologe Chromosomen bezeichnet werden. Während bei der normalen Kernteilung, der Mitose, sämtliche Chromosomen zunächst verdoppelt und dann die Tochterchromosomen voneinander getrennt werden, werden bei den Reifeteilungen die homologen Partner voneinander getrennt, wodurch der Chromosomensatz auf die Hälfte reduziert wird. Bei allen bisher untersuchten Organismen ist diese Reduktion vom doppelten zum einfachen Chromosomensatz stets mit einer Verdopplung der Chromosomen und nochmaligen mitotischen Kernteilung verbunden. Daher entstehen nicht zwei Tochterzellen mit zur Hälfte reduziertem Chromosomensatz, sondern immer vier. Es bilden sich aus weiblichen Eimutterzellen tierischer Organismen das Ei und die drei Richtungskörper sowie aus den männlichen Samenmutterzellen vier Samenfäden (Abb. 51). Die Ursachen für dieses Verhalten sind heute noch unbekannt.

Auch beim Ablauf der Reifeteilungen, die im Gegensatz zur „Mitose" als „Meiose" bezeichnet werden, lassen sich besonders während der ersten Teilung einzelne Phasen noch genauer unterscheiden (s. Abb. 52). Zunächst befindet sich der Zellkern der reifenden Ei- oder Samenmutterzelle in der uns schon bekannten Interphase, in der die Chromosomen in der Regel im Lichtmikroskop nicht erkennbar sind (s. S. 40). In der darauffolgenden Prophase I werden lange Chromosomenfäden sichtbar, die im Gegensatz zur Mitose (vgl. Abb. 20) aber nicht als Doppelfäden vorliegen (Leptotän-Stadium). Darauf lagern sich die homologen Chromosomen paarweise dicht aneinander (Zygotän-Stadium). Dieser Prozeß ist für den Austausch von Erbanlagen von außerordentlicher Bedeutung. Nach der Paarung homologer Chromosomenpaare verkürzen sich die Chromosomen (Pachytän-Stadium). Jetzt erst wird eine Längsspaltung in jedem Chromosom erkennbar, so daß jedes Chromosomenpaar aus vier parallelen Strängen

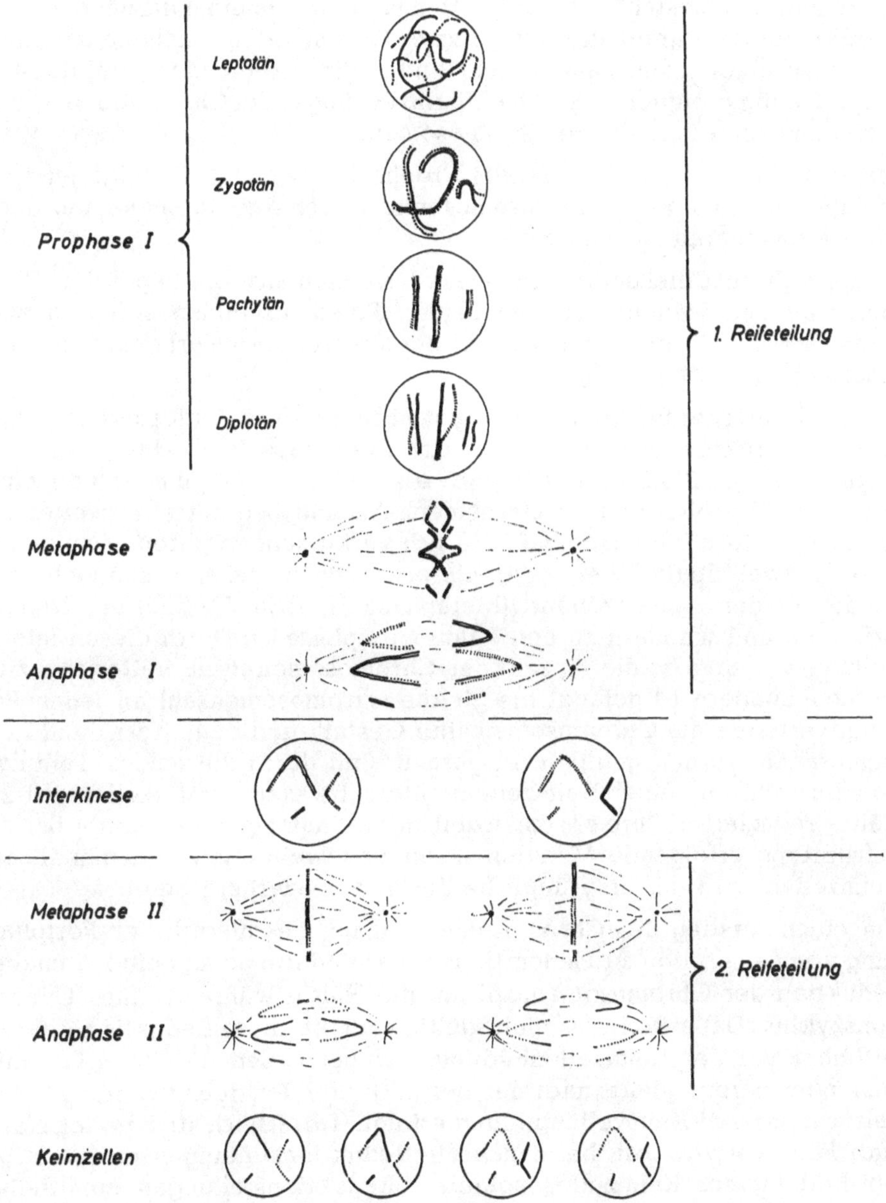

Abb. 52. Die einzelnen Phasen der Reifeteilungen bei der Bildung von Keimzellen. Der vom Vater und von der Mutter erhaltene Chromosomensatz ist ausgezogen bzw. gepunktet dargestellt. Man erkennt deutlich, daß die gebildeten Keimzellen gleichzeitig väterliche und mütterliche Chromosomen enthalten können. Darüber hinaus können einzelne Chromosomen auch aus väterlichen und mütterlichen Teilstücken zusammengesetzt sein. Während der Reifeteilungen erfolgt also eine vielseitige Neukombination von Erbmaterial, und die gebildeten Keimzellen haben ein sehr unterschiedliches Erbgut. (Weitere Erläuterungen im Text.)

(Chromatiden) besteht, die sich oft paarweise umeinanderwinden. Allmählich rücken darauf die aus je zwei Chromatiden bestehenden Chromosomen eines jeden Paares mehr und mehr auseinander (Diplotän-Stadium). Häufig ereignen sich dabei Überkreuzungen der Chromatiden (Chiasmata) zwischen homologen Chromosomen.

Mit dem Diplotän-Stadium ist die Prophase I beendet. Es folgt jetzt die Metaphase I, in der sich die Chromosomen in der Äquatorebene anordnen. Die Kernmembran ist jetzt zerfallen.

In der sich anschließenden Anaphase I trennen sich die gepaarten Chromosomen und wandern zu den beiden Polen. Es bilden sich nun zwei Tochterkerne, die die halbe Anzahl der ursprünglich vorhandenen Chromosomen enthalten.

In den Tochterkernen kommt es meist nicht zu einer Auflösung der Chromosomenstruktur, wie wir das in der Interphase beobachten. Man bezeichnet dieses Stadium daher auch als „Interkinese", um es von einer normalen Interphase zu unterscheiden. Alsbald beginnt ein zweiter mitoseartiger Kernteilungsprozeß. Die sich verkürzenden Chromosomen, aus jeweils zwei Spalthälften oder Chromatiden bestehend, sammeln sich wieder in der Äquatorebene (Metaphase II). Die Spalthälften trennen sich dann und wandern zu den Polen (Anaphase II). Durch diesen letzten Teilungsvorgang ist die Anzahl der Chromosomen nicht weiter reduziert worden, sondern es gelangt die gleiche Chromosomenzahl an jeden Pol. Dann verlieren die Chromosomen ihre Gestalt, und neue Kern- und Zellmembranen werden gebildet. Insgesamt sind durch die beiden Teilungsprozesse nun aus einer Keimzellenmutterzelle vier Tochterzellen mit zur Hälfte reduzierter Chromosomenzahl hervorgegangen. Durch die bei der Befruchtung erfolgende Verschmelzung von weiblichen und männlichen Keimzellen wird der ursprüngliche Zustand wiederhergestellt.

Um einen Anstieg der Chromosomenzahl bei geschlechtlicher Fortpflanzung von Generation zu Generation zu verhindern, genügt eine einmalige Reduktion der Chromosomenzahl um die Hälfte während eines Generationszyklus. Dabei sollte es gleichgültig sein, ob diese Reduktion erst unmittelbar vor der Keimzellenbildung, wie bei vielen tierischen Organismen, oder bereits gleich nach der Befruchtung oder irgendwann zwischen Befruchtung und Keimzellenbildung erfolgt. Tatsächlich sind in der Natur auch Fälle verwirklicht, bei denen die Reduktionsteilungen nicht erst bei der Bildung der Keimzellen ablaufen. Reduktionsteilungen unmittelbar nach dem Befruchtungsvorgang kommen z. B. bei bestimmten Pilzen vor. Die Folge ist, daß abgesehen von dem Befruchtungsprodukt (Zygote) alle Zellen dieser Pilze nur einen einfachen Chromosomensatz haben. Bei vielen Algen, Pilzen und höheren Pflanzen erfolgen die Reduktionsteilungen mitten im Generationszyklus. Hier sind also zwei ausgedehnte Phasen im Generationszyklus zu unterscheiden. In der unmittelbar auf die Befruchtung folgenden Phase haben alle Zellen einen doppelten Chromosomensatz, während in der zweiten Phase nach der Reduktionsteilung nur ein einfacher Chromosomensatz vorhanden ist. Die Dauer dieser beiden Phasen, d. h. der Zeitpunkt der Reduktionsteilungen, kann von Organismus zu Organismus wechseln.

Wenn wir uns an die Ergebnisse der Kreuzungsexperimente erinnern, aus denen die Existenz unabhängig und zufällig rekombinierbarer Erbanlagen abgeleitet werden konnte, und nun die regelmäßigen Verteilungsprozesse während der Mitose und Meiose kennengelernt haben, so müssen wir feststellen, daß die Chromosomen alle Voraussetzungen erfüllen, die an Träger der hypothetischen Erbanlagen zu stellen sind. Die unabhängige Verteilung mütterlicher oder väterlicher Erbanlagen vor der Bildung der Keimzellen, wie sie aus Mendels Versuchen zu fordern war, kann durch die Trennung der homologen Chromosomen während der Reduktionsteilungen erklärt werden, wenn man annimmt, daß nicht immer alle vom Vater stammenden Chromosomen gemeinsam zu dem einen und alle von der Mutter stammenden Chromosomen gemeinsam zum anderen Pol wandern. Tatsächlich lassen sich unter besonders günstigen Umständen bei bestimmten Chromosomenpaaren die väterlichen und mütterlichen Chromosomen mikroskopisch unterscheiden. Man kann dann beobachten, daß bei der Trennung der homologen Chromosomen während der Metaphase I jeder zu einem Pol wandernde Chromosomensatz aus einer zufälligen Mischung mütterlicher und väterlicher Chromosomen stammt (vgl. auch Abb. 52). Bei dieser Parallelität der Ereignisse können wir uns der Erkenntnis, daß die Träger der Erbanlagen die im Zellkern lokalisierten Chromosomen sind, nun nicht mehr entziehen. Viele weitere Befunde werden die hier erzielte Einsicht noch bestätigen.

Wenn die Chromosomen als Träger der Erbanlagen anzusehen sind, bleibt uns schließlich noch zu klären, auf welche Weise Chromosomen und Erbanlagen miteinander in Beziehung stehen. Wir haben uns also zu fragen:

Was sind Erbanlagen, und wie sind sie auf den Chromosomen angeordnet?

Ein direkter Weg zur Erzielung einer Antwort auf diese Frage wäre die Bestimmung der chemischen Konstitution der Erbanlagen und Prüfung der Anordnung dieser Bestandteile im Chromosom. Solange wir noch nicht recht wissen, was Erbanlagen überhaupt sind, bleibt uns dieser direkte Weg zunächst jedoch verschlossen.

Gehen wir von der Tatsache aus, daß die Zahl erblicher Merkmale größer ist als die Anzahl der Chromosomen pro Zellkern, so haben wir zu folgern, daß offensichtlich mehrere, ja viele Erbanlagen auf einem Chromosom untergebracht sein müssen. Man kann nun zunächst irgendwelche hypothetischen Einheiten als Strukturkorrelat der Erbanlagen annehmen und ihnen einen bestimmten Namen geben. Die Biologen an der Wende vom 19. zum 20. Jahrhundert sind auch so vorgegangen und haben Ausdrücke wie „Pangene" (Ch. Darwin und H. de Vries) oder „Determinanten" (A. Weismann) geprägt und sich gleichzeitig überlegt, welche Eigenschaften diesen hypothetischen Einheiten zukommen müssen.

Viele Beobachtungen erbrachten bald, daß die Ausbildung eines Merkmals nicht allein von der Anwesenheit einer bestimmten Erbanlage oder eines Erbanlagenpaares abhängt, sondern auch von bestimmten Umwelteinflüssen sowie dem Zusammenwirken mehrerer Erbanlagen beeinflußt werden kann. Das Erscheinungsbild eines Organismus gibt uns daher nicht einen unmittelbaren Hinweis auf das Vorhandensein bestimmter Erbanlagen. Es ist vielmehr notwendig, zwischen dem Erscheinungsbild eines jeden Organismus und der Summe seiner Erbanlagen zu unterscheiden. Erkannt und herausgearbeitet wurde diese Notwendigkeit am klarsten 1909 durch W. Johannsen, der auch die noch heute üblichen eindeutigen wissenschaftlichen Begriffe prägte. Seither hat es sich eingebürgert, den Erscheinungstyp eines Organismus als „Phänotyp" zu bezeichnen und die Summe der Erbanlagen im Gegensatz dazu als „Genotyp". Die einzelnen Erbanlagen werden dementsprechend „Gene" (Einzahl: das Gen) genannt. Die Partner eines Erbanlagenpaares werden auch als „Allele" bezeichnet.

Während wir den Phänotyp eines Organismus unmittelbar erkennen und beschreiben können, wissen wir über seinen Genotyp zunächst nichts. Kreuzungsexperimente geben uns Aufschluß über die Verteilung bestimmter Gene, über ihre Natur sagen sie dagegen erst einmal nichts aus. So bleibt vorerst das Gen eine rein hypothetische Einheit der Vererbungswissenschaft oder „Genetik", etwa wie das Atom für lange Zeit eine hypothetisch angenommene Materieeinheit der Physik war.

In dieser Situation wollen wir uns folgende Frage stellen: Gibt es vielleicht Möglichkeiten, etwas über die Anordnung der Gene auf den Chromosomen zu erfahren, also über ihre Lage und Ausdehnung auf den Kernschleifen? Liegen Gene an bestimmten Stellen des Chromosoms in Haufen, während weite Chromosomenstrecken leer an Genen sind, oder findet man Gene mehr oder weniger gleichmäßig über die gesamte Länge der Chromosomen verteilt?

Um diese Frage beantworten zu können, müssen erst einmal bei einer Organismenart möglichst viele erbliche Merkmalspaare aufgefunden werden. Aus dem Erbgang der Merkmale in Kreuzungsexperimenten kann dann auf das Vorhandensein bestimmter Gene geschlossen werden. Am geeignetsten wird hier natürlich ein Organismus sein, der sich in großer Menge bei schneller Generationsfolge züchten läßt. Größere Säugetiere sind aus diesen Gründen z. B. wenig geeignet, weil ihre Zucht recht aufwendig und die Generationszeit relativ lang ist. Viele Pflanzen lassen sich demgegenüber in großer Menge auf kleinem Raum unterbringen, aber meistens wächst nur in einem Jahr eine Generation heran. Während der ersten Zeit intensiver vererbungswissenschaftlicher Forschung zu Beginn des 20. Jahrhunderts wurden hauptsächlich Pflanzen als Versuchsorganismen herangezogen, bis ein für Vererbungsversuche hervorragend geeigneter Organismus, die Taufliege *Drosophila* (Abb. 53), immer stärkere Verwendung fand.

Man kann diese Fliege geradezu als das Haustier der Genetiker bezeich-

Abb. 53. Das „Haustier" der Vererbungsforschung, die Taufliege „*Drosophila melanogaster*". Diese kleine Fliege ist vom Kopf bis zu den Spitzen der zusammengelegten Flügel etwa 3 mm lang.

nen. Sie wurde von T. H. Morgan zu Vererbungsversuchen herangezogen, da sie leicht in großer Menge in kleinen Gefäßen züchtbar ist, und alle 14 Tage eine neue Generation heranwächst. Hier existiert also ein Organismus, der bei geschlechtlicher Fortpflanzung im Jahr 24 Generationen liefert. Die Weibchen und Männchen dieser Fliege sind gut unterscheidbar und daher auch leicht voneinander zu trennen, was für Kreuzungsversuche von Bedeutung ist. Es galt nun, nur noch geeignete Merkmalspaare zu finden. Heute sind mehr als 400 Merkmalspaare bekannt.

Den Anfang dieser großen Serie bildete ein Merkmal, das die Augenfarbe betrifft. Eines Tages fand Morgan in seinen Fliegenkulturen unerwartet ein Männchen, das anstelle der normalerweise vorhandenen roten Augen weiß gefärbte Augen hatte. In Kreuzungen zwischen rot- und weißäugigen Fliegen konnte nun die Verteilung dieses Merkmalspaares in der Nachkommenschaft untersucht werden. Dabei stellte sich bald heraus, daß das Gen für das Merkmal „weiße Augen" auf einem Chromosom lokalisiert war, das gleichzeitig die Ausbildung des Geschlechts der Fliege mitbestimmte und als X-Chromosom bezeichnet wird (s. Abb. 21 b). Kurze Zeit später wurde ein zweites Merkmal, ein verkleinerter Flügel, entdeckt, das ebenfalls durch ein Gen auf dem X-Chromosom vererbt wird. Damit standen zwei Merkmale, deren Gene auf einem Chromosom lokalisiert sind, zur Verfügung.

In Kreuzungsversuchen kann nun überprüft werden, ob diese beiden Merkmale stets gekoppelt vererbt werden oder nicht. Welche Merkmalskombinationen treten in der Nachkommenschaft auf, wenn z. B. ein weißäugiges Fliegen-Männchen mit kleinen Flügeln mit einem rotäugigen Fliegen-Weibchen mit normalen Flügeln gekreuzt wird? Wenn alle auf einem Chromosom lokalisierten Erbanlagen immer streng gekoppelt vererbt werden, sollten in allen Tochtergenerationen ausschließlich weißäugige, kleinflügelige oder rotäugige, normalflügelige Tiere auftreten. Tatsächlich kann man aber bereits in der 2. Tochtergeneration Männchen finden, die entweder weißäugig und normalflügelig oder rotäugig und kleinflügelig sind. In diesen Individuen sind also die bei den Eltern gekoppelten Merkmale getrennt und neu kombiniert worden.

Eine solche Trennung von Merkmalsanlagen, die auf einem Chromosom sitzen, läßt sich am einfachsten durch einen Austausch von Stücken homologer Chromosomen erklären. Wenn bei homologen Chromosomen vor der Bildung der reifen Keimzelle mehr oder weniger lange Stücke ausgetauscht werden, so würde sich daraus eine Neukombination von Erbanlagen auf diesem Chromosom ergeben, und Nachkommen, die aus Keimzellen mit derart veränderten Chromosomen hervorgehen, sollten unter geeigneten Umständen eine Neukombination bestimmter Merkmale aufweisen (vgl. auch Abb. 52). Viele Untersuchungen haben tatsächlich erbracht, daß zwischen homologen Chromosomen während der Reifeteilungen ein Austausch von mehr oder weniger langen Spalthälftenstücken (Chromatidenstücken) stattfindet. Wie wir bei der Schilderung der Reifeteilungsprozesse bereits erwähnt haben, kann man häufig am Ende der Prophase I während des Diplotän-Stadiums ein Überkreuzen von Chromatiden beim Auseinanderweichen homologer Chromosomen mikroskopisch beobachten. Diese Chromatidenüberkreuzungen stehen offensichtlich in Zusammenhang mit einem Austausch von Chromatidenstücken (crossing-over).

Die weiteren für die Frage nach der Lokalisation der Erbanlagen noch wichtigen Faktoren lassen sich nun kurz zusammenfassen.

1. Zunächst wurde der Erbgang vieler weiterer Merkmalspaare bei der Taufliege und bei anderen Organismen untersucht. Dabei stellte sich stets heraus, daß bei jedem Organismus bestimmte Merkmale häufig zusammen, d. h. gekoppelt, vererbt wurden. Die Anzahl solcher Kopplungsgruppen entsprach stets der Anzahl der Chromosomenpaare, die in den Zellkernen des betreffenden Organismus vorhanden sind.

2. Die zu einer Kopplungsgruppe gehörenden Merkmale werden, wie in dem ausführlich geschilderten Fall bei der Taufliege, jedoch nicht ausschließlich gekoppelt vererbt. Gelegentlich kommt es innerhalb der Merkmale einer Kopplungsgruppe zu Neukombinationen. Die Häufigkeit der Neukombinationen ist bei verschiedenen Merkmalen einer Kopplungsgruppe jedoch unterschiedlich. Bestimmte Merkmale werden außerordentlich selten, andere wieder häufiger getrennt.

Diese unterschiedlichen Rekombinationshäufigkeiten geben Aufschlüsse über die Lage der Gene auf den Chromosomen. Die Bestimmung der Rekombinationshäufigkeiten verschiedener Merkmalspaare einer Kopplungsgruppe hat sich als das wichtigste Mittel zur Aufklärung der Lagebeziehungen der Gene in den Chromosomen herausgestellt. Systematische Vergleiche der Rekombinationshäufigkeiten zwischen vielen einzelnen Merkmalspaaren haben eindeutig ergeben, daß die Gene linear auf der Chromosomenlängsachse angeordnet sein müssen. Ein relatives Maß für die zwischen zwei Genen liegenden Abstände kann direkt aus den zu beobachtenden Rekombinationshäufigkeiten gewonnen werden, da dicht nebeneinanderliegende Gene seltener rekombiniert werden als weit auseinanderliegende Gene. Warum das geschieht, ist leicht einzusehen, wenn man sich vorstellt, daß zur Rekombination der auf e i n e m Chromosom angeordneten Gene ein B r u c h z w i s c h e n i h n e n erfolgen muß. Die Wahrscheinlichkeit dafür, daß ein zufällig sich ereignender Bruch gerade zwischen zwei eng benachbarten Punkten erfolgt, ist natürlich geringer als dafür, daß sich ein Bruch zwischen weit auseinanderliegenden Punkten ereignet. Je enger zwei Punkte zusammenliegen, desto seltener werden sie durch einen zwischen ihnen erfolgenden Bruch getrennt werden. Reißproben mit einem markierten Band oder Faden werden jeden von der Richtigkeit dieser Aussage überzeugen.

Das Modell zur Erklärung der unterschiedlichen Austauschhäufigkeiten gekoppelter Merkmale wurde zuerst von Morgan im Jahre 1911 aufgestellt und später auch cytologisch bestätigt. Heute gibt es für *Drosophila* und

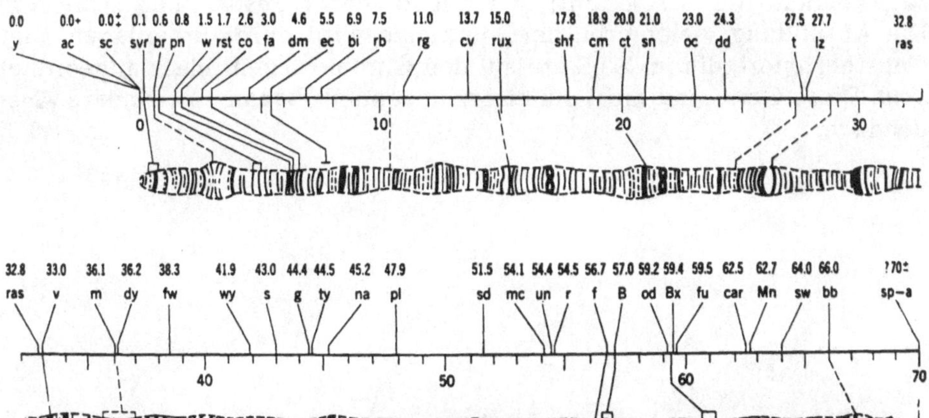

Abb. 54. Eine „Chromosomenkarte" von der Taufliege Drosophila. Im unteren Teil sind die im X-Riesenchromosom erkennbaren Banden angegeben (vgl. Abb. 22 auf S. 45), darüber die Lage einer großen Anzahl von Genen. Jedes Gen ist durch 1—3 Buchstaben symbolisiert. Das Gen für weiße Augen z. B. durch „w" und das Gen für kleine Flügel (Miniatur-Flügel) durch „m". Das Gen „w" liegt links am Anfang des Chromosoms, während „m" etwa in Chromosomenmitte lokalisiert ist. Wie man sieht, sind Gene über die ganze Länge des Chromosoms verteilt. Die Abstände der Gene untereinander sind ermittelt aus den Häufigkeiten mit denen es zu Chromosomenbrüchen zwischen ihnen kommt. Die oberste Zahlenreihe sind Mittelwerte von „Austauschhäufigkeiten" oder „Rekombinationen", die aus Chromosomenbrüchen zwischen dem einen Chromosomenende (o) und dem jeweiligen Gen ermittelt worden sind. Das X-Chromosom ist stabförmig (s. Abb. 21 b auf S. 44). Aus Raumgründen ist es in dieser Abbildung in 2 Teile zerlegt. Der untere Teil schließt sich ab Fortsetzung an den oberen Teil rechts an. *(Aus C. B. Anfinsen „The molekulare basis of evolution" J. Wiley & Sons, Inc., New York 1959)*

manche anderen Organismen bereits „Chromosomenkarten", auf denen die Reihenfolgen und gegenseitigen Abstände der bisher bekannt gewordenen Gene auf Grund von Austauschhäufigkeiten ermittelt worden sind (s. Abb. 54).

Durch die vor etwa zwei Jahrzehnten erfolgte Entdeckung, daß Kreuzungsexperimente auch mit Bakterien oder Bakteriophagen (s. S. 143) durchgeführt werden können, wurde es möglich, viele Millionen von Nachkommen einer Kreuzung leicht heranzuzüchten und auf ihre Erbeigenschaften zu überprüfen. Dadurch konnten außerordentlich seltene Rekombinationsereignisse aufgespürt werden. Als überraschendes Ergebnis dieser Mikrobenkreuzungen stellte sich heraus, daß auch innerhalb der ursprünglich als nicht weiter unterteilbare Einheiten angesehenen Gene Rekombinationen auftreten können. Damit ist nachgewiesen, daß Gene nicht punktförmig sind, sondern linear ausgedehnte Bereiche auf den Chromosomen einnehmen. Heute gibt es bereits für bestimmte Mikroorganismen „Genkarten", in denen bestimmte Gene in viele Untereinheiten unterteilt worden sind, deren gegenseitige Zuordnung aus Rekombinationshäufigkeiten erschlossen wurde.

Wir können diesen Abschnitt nun mit folgender Feststellung schließen: Die Ausbildung vieler erblicher Merkmale wird durch Erbanlagen oder Gene gesteuert, die im Zellkern auf den Chromosomen linear angeordnet sind. Diese Gene sind nicht punktförmig sondern haben eine lineare Ausdehnung.

2. Die Struktur der Erbsubstanz

Aus den Verteilungsergebnissen bestimmter erblicher Merkmale in der Nachkommenschaft einer Kreuzung haben wir bisher erschließen können, daß die Erbanlagen auf den Chromosomen lokalisiert sein müssen. Nachdem wir wissen, welche Strukturen der Zelle die Erbanlagen enthalten, können wir uns nun der Frage zuwenden, in welchem Material die Natur die Erbinformationen wohl verankert hat.

Wie chemische Analysen zeigen, bestehen Chromosomen zur Hauptsache aus bestimmten Eiweißen und bestimmten Kernsäuren. Die Anteile der einzelnen chemischen Komponenten sind aus folgender Tabelle zu ersehen.

Anteil	Komponente		
40 %	Desoxyribonucleinsäure	Kernsäuren	Makromoleküle
1 %	Ribonucleinsäure		
50 %	basische Proteine	Eiweiße	
8 %	nicht-basische Proteine		
1 %	kleinere Moleküle, z. B. Ca-Verbindungen		

Ohne Zweifel gibt es sehr viele unterschiedliche Erbanlagen. Man sollte daher annehmen, daß die Information dieser Erbanlagen in sehr komplexen und verschiedenartig aufgebauten Makromolekülen verankert sein sollte. Unter den aufgeführten Substanzen zeigen die Eiweiße, die sich aus vielen Aminosäuren in unterschiedlicher Reihenfolge zusammensetzen, die größte Komplexität. Die Nucleinsäuren sind demgegenüber recht gleichmäßig aus einer Folge von 4 Bauelementen zusammengesetzt. Die relativ geringe Menge der kleineren Moleküle kommt als Informationsträger nicht in Betracht. Wie läßt sich nun entscheiden, ob die Eiweiße oder die Nucleinsäure oder vielleicht beide zusammen die Träger der Erbinformation in der Zelle sind?

Chromosomen lassen sich nicht in ihre einzelnen Komponenten zerlegen und wieder funktionsfähig zusammensetzen. Daher ist es schwierig, die unterschiedliche Bedeutung ihrer einzelnen Bestandteile zu analysieren. Einen Ausweg aus dieser Schwierigkeit haben Versuchsergebnisse mit Organismen erbracht, deren Organisation des Erbmaterials wesentlich einfacher als bei den bisher besprochenen Tieren und Pflanzen ist. So waren z. B. in Bakterienzellen lange Zeit auf lichtmikroskopischem Wege keine Chromosomen erkennbar. Da auch Kreuzungsprozesse zwischen geschlechtlich differenzierten Bakterienstämmen erst seit etwa 20 Jahren bekannt sind, hielt man die Bakterien für primitiv organisierte Zellen, wenig vergleichbar den Zellen anderer Organismen. Ein Ansatz zur Identifizierung der Strukturen der Erbsubstanz ergab sich aber gerade aus

Versuchen, die der Engländer F. Griffith 1928 mit zwei Bakterienstämmen von *Diplococcus pneumoniae* (Abb. 7, 1 b), dem Erreger der Lungenentzündung beim Menschen, durchführte. Diese auch kurz „Pneumokokken" genannten Bakterien kommen in einer gefährlichen virulenten und in einer ungefährlichen avirulenten Form vor. Die Zellen der virulenten Pneumokokken sind von einer dicken Schleimschicht umgeben und dadurch vor Abwehrreaktionen des Körpers geschützt. Die avirulenten Bakterienzellen können dagegen keine schützende Schleimschicht ausbilden und werden vom Körper vernichtet, bevor sie ihm gefährlich werden können. Die Fähigkeit, eine Schleimschicht ausbilden oder nicht ausbilden zu können, ist erblich bedingt und wird bei jeder Zellteilung von der Mutterzelle auf die Tochterzelle vererbt.

Folgende für unsere Fragen wichtigen Versuche wurden nun von Griffith mit avirulenten und virulenten Pneumokokken-Stämmen durchgeführt (Abb. 55). Zunächst injizierte er virulente Pneumokokken in Mäuse, die im Laboratorium gehalten wurden und laufend beobachtet werden konnten. Nach kurzer Zeit starben alle behandelten Mäuse. Wurden die Mäuse

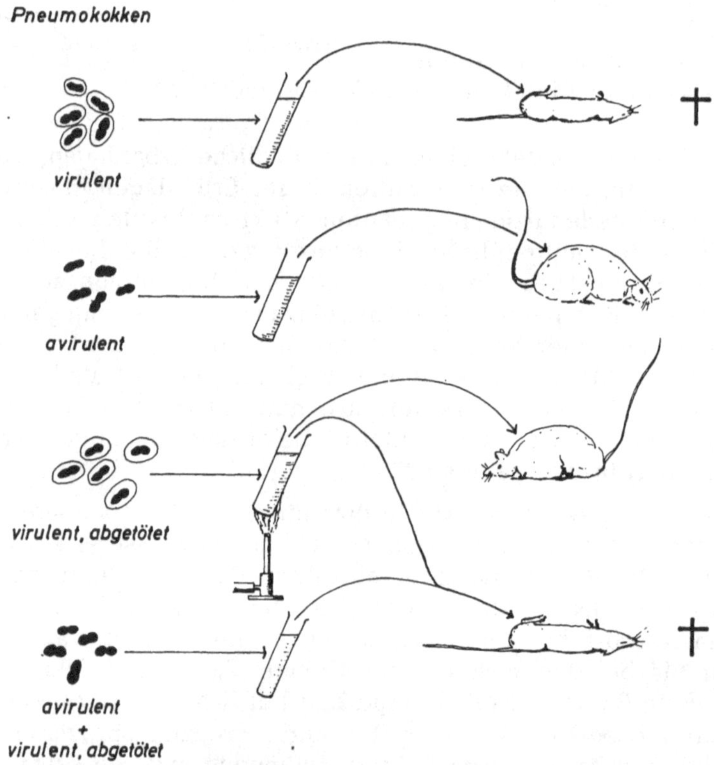

Abb. 55. Schema eines Versuches, in dem zum ersten Mal eine ungeschlechtliche Übertragung von Erbeigenschaften zwischen zwei Bakterienrassen demonstriert wurde. (Erläuterungen im Text).

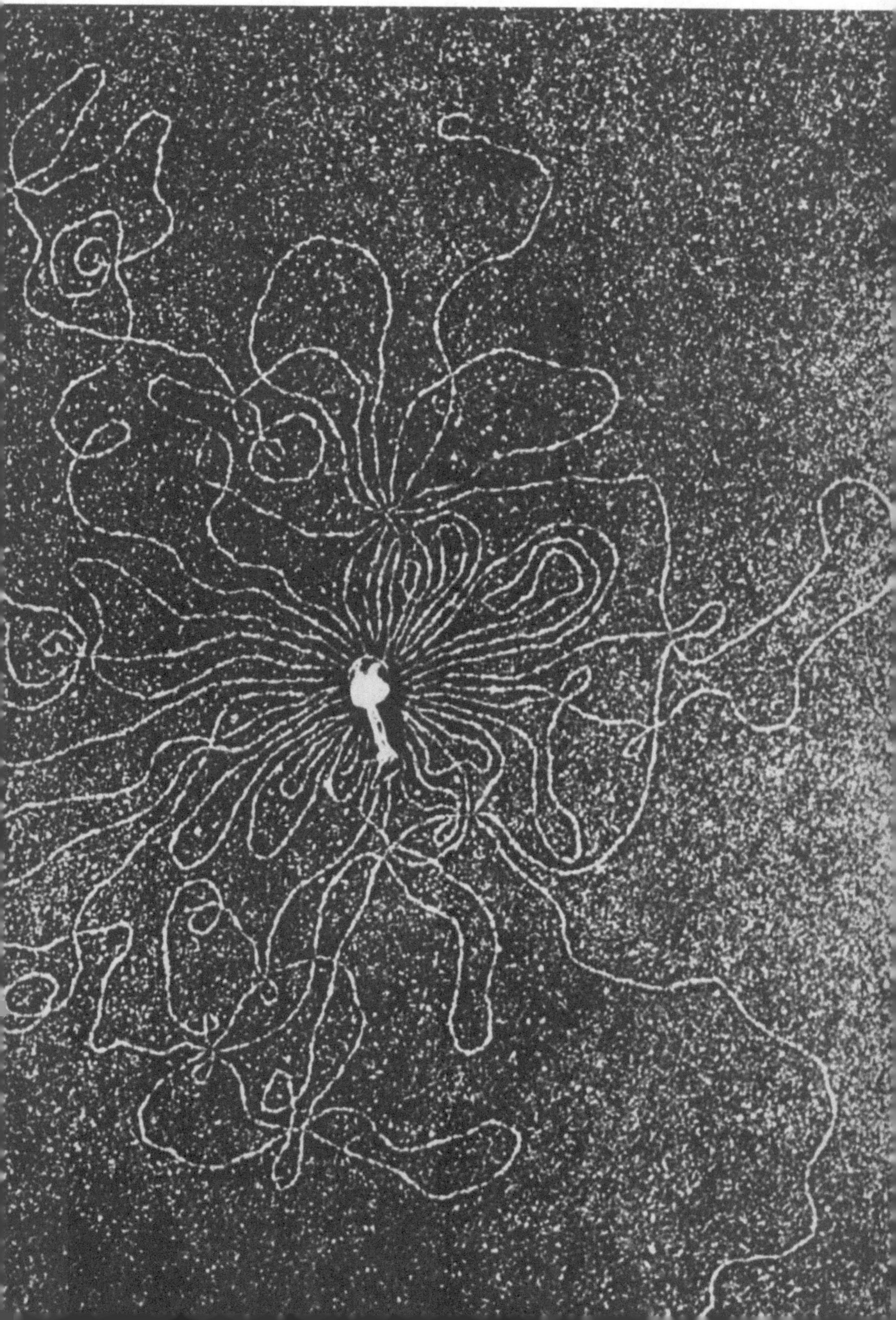

dagegen mit avirulenten Pneumokokken infiziert, blieben sie am Leben. Im nächsten Versuchsschritt wurden die virulenten Pneumokokken erhitzt und abgetötet und dann erst in die Mäuse eingespritzt. Die derart abgetöteten Pneumokokken waren für die Mäuse ungefährlich und diese überlebten die Behandlung. Schließlich wurden in einer dritten Versuchsfolge die abgetöteten virulenten Pneumokokken zusammen mit lebenden avirulenten Pneumokokken verschiedenen Mäusen eingespritzt — und jetzt starben die Mäuse.

Wie war dieses Ergebnis zu verstehen? Einzeln verabreicht, waren abgetötete virulente Pneumokokken sowie lebende avirulente Pneumokokken für die Mäuse ungefährlich, gemeinsam eingespritzt, führten sie jedoch den Tod der Mäuse herbei.

In weiteren Untersuchungen konnte bald ermittelt werden, daß einzelne lebende avirulente Pneumokokken bei Anwesenheit toter virulenter Pneumokokken zur Virulenz umgewandelt werden können, d. h. die Eigenschaft erwerben können, eine schützende Schleimschicht zu bilden. Bei allen weiteren Zellteilungen geben die umgewandelten Pneumokokken diese Eigenschaft an alle Tochterzellen weiter; die neu erworbene Eigenschaft ist also erblich. Wenn anfänglich nur wenige Bakterien in jeder Maus zur Virulenz umgewandelt oder „transformiert" werden, so führt die Erblichkeit der neuen Eigenschaft doch zur baldigen Bildung einer großen Menge virulenter Pneumokokken, die den Tod der betroffenen Mäuse verursachen.

Mit Recht werden wir uns jetzt fragen, wie es zu einer derartigen Übertragung von Erbeigenschaften von toten auf lebende Bakterienzellen kommen kann. Ist die Anwesenheit der gesamten toten Zellen notwendig, oder sind es nur bestimmte Bestandteile der abgetöteten Zellen, durch die die Eigenschaft „Virulenz" auf avirulente Zellen übertragen wird? Um das zu entscheiden, ist es notwendig, die virulenten Bakterienzellen zu zerstören, ihre Bestandteile in verschiedene Fraktionen zu zerlegen und zu überprüfen, ob mit einer oder mehreren dieser Fraktionen wirksame Übertragungen von Erbeigenschaften, also „Transformationen", durchgeführt werden können.

←

Abb. 56. Elektronenmikroskopische Aufnahme des Bakteriophagen T_2 von Escherichia coli. Die Kopfhülle des Phagen wurde zum Platzen gebracht, die im Kopfinnern enthaltene DNS ist ausgetreten. Ein langer kontinuierlicher Faden mit zwei Enden ist deutlich sichtbar. Die Gesamtlänge des DNS-Fadens beträgt etwa 50 μ.
(Aus A. K. Kleinschmidt, Biochim. biophys. Acta 61, *857, 1962)*

→

Abb. 57. Elektronenmikroskopische Aufnahme von T_2-Phagen, die an einer Bakterienzellwand festsitzen. Im oberen Phagen erkennt man schwach einen vom Zentrum kommenden, den Stiel durchziehenden DNS-Faden. *(Aufnahme von P. Giesbrecht, Berlin)*

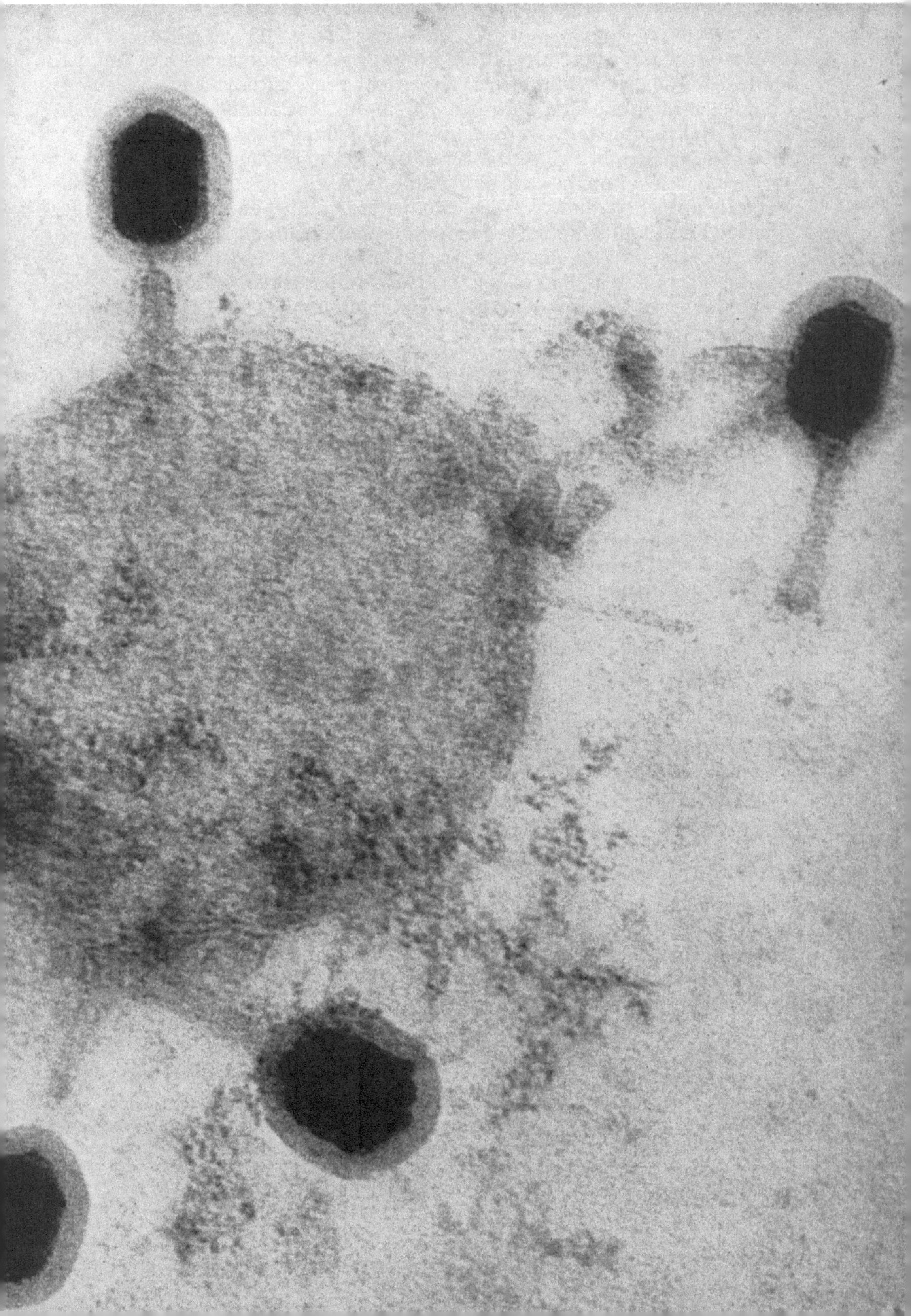

Erleichtert wurde die Durchführung derartiger Versuche, als sich herausstellte, daß man auf Mäuse als Versuchstiere verzichten kann. Pneumokokken vermehren sich auch auf einem in Glasschalen ausgegossenen festen Nährboden und wachsen dort zu Kolonien heran, die mit dem bloßen Auge sichtbar sind. Die Kolonien virulenter und avirulenter Bakterienstämme unterscheiden sich dabei deutlich voneinander. Virulente Bakterien, die mit einer dicken Schleimschicht umgeben sind, bilden große, glänzend und schleimig aussehende Kolonien, während Kolonien aus avirulenten, schleimlosen Pneumokokken kleiner sind und ein stumpfes, rauhes Aussehen haben. So können virulente und avirulente Pneumokokken-Stämme bereits am Aussehen der von ihnen gebildeten Kolonien unterschieden werden, und es ist nicht notwendig, ihre Eigenschaften stets im aufwendigen Mäuse-Test zu bestimmen.

Bald zeigte sich, daß die Transformation avirulenter Pneumokokken in virulente Bakterien auch durch bestimmte Bestandteile zerstörter virulenter Zellen hervorgerufen werden kann. Sechzehn Jahre nach den Beobachtungen von Griffith gelang 1944 drei Forschern, O. T. Avery, C. M. Mac Leod und M. McCarty, der sensationelle Nachweis, daß entgegen allen Erwartungen die für die Transformation verantwortliche Substanz kein Eiweiß ist, sondern eine Kernsäure, die Desoxyribonucleinsäure oder kurz „DNS". Damit war der erste Nachweis dafür erbracht, daß die Erbinformation zur Ausbildung einer bestimmten Eigenschaft in einer Bakterienzelle in den Molekülen der DNS festgelegt sein muß.

Ein zweiter grundlegender Hinweis auf die Bedeutung der DNS als Träger von Erbinformationen erwuchs ebenfalls aus Untersuchungen an Bakterien. Wie die Zellen vieler anderer Organismen werden auch Bakterienzellen von bestimmten Viren befallen. Eine von einem Virus befallene Bakterienzelle wird in der Regel vernichtet, gewissermaßen vom Virus aufgefressen. Man bezeichnet daher diese Viren als Bakterienfresser oder „Bakteriophagen" oder auch kurz einfach als „Phagen".

Ein Phage ist ein relativ einfaches Gebilde. Er besteht aus einer Proteinhülle, die ein DNS-Zentrum umschließt. In seltenen Fällen besteht das Zentrum aus RNS. Besonders eingehende Untersuchungen sind an Phagen vorgenommen worden, die das Bakterium *Escherichia coli* befallen, das ein harmloser Bewohner des menschlichen Darms ist. Diese Phagen sind in einen Kopf und einen Stiel gegliedert und sehen in elektronenoptischen Aufnahmen etwa wie Handgranaten aus (s. Abb. 56—58).

→

Abb 58. Elektronenmikroskopische Aufnahme des Bakteriophagen T_2. Die DNS ist nach Platzen der Kopfhülle herausgetreten und z. T. als langer Faden auf der Abbildung erkennbar. Die Fortsätze am Stiel des Phagen sind Haftfäden, mit denen er Befestigung an der Bakterienzellwand findet. Die kleinen runden Gebilde sind Ribosomen der zerstörten Bakterienzelle.

(Aufnahme von P. Giesbrecht, Berlin)

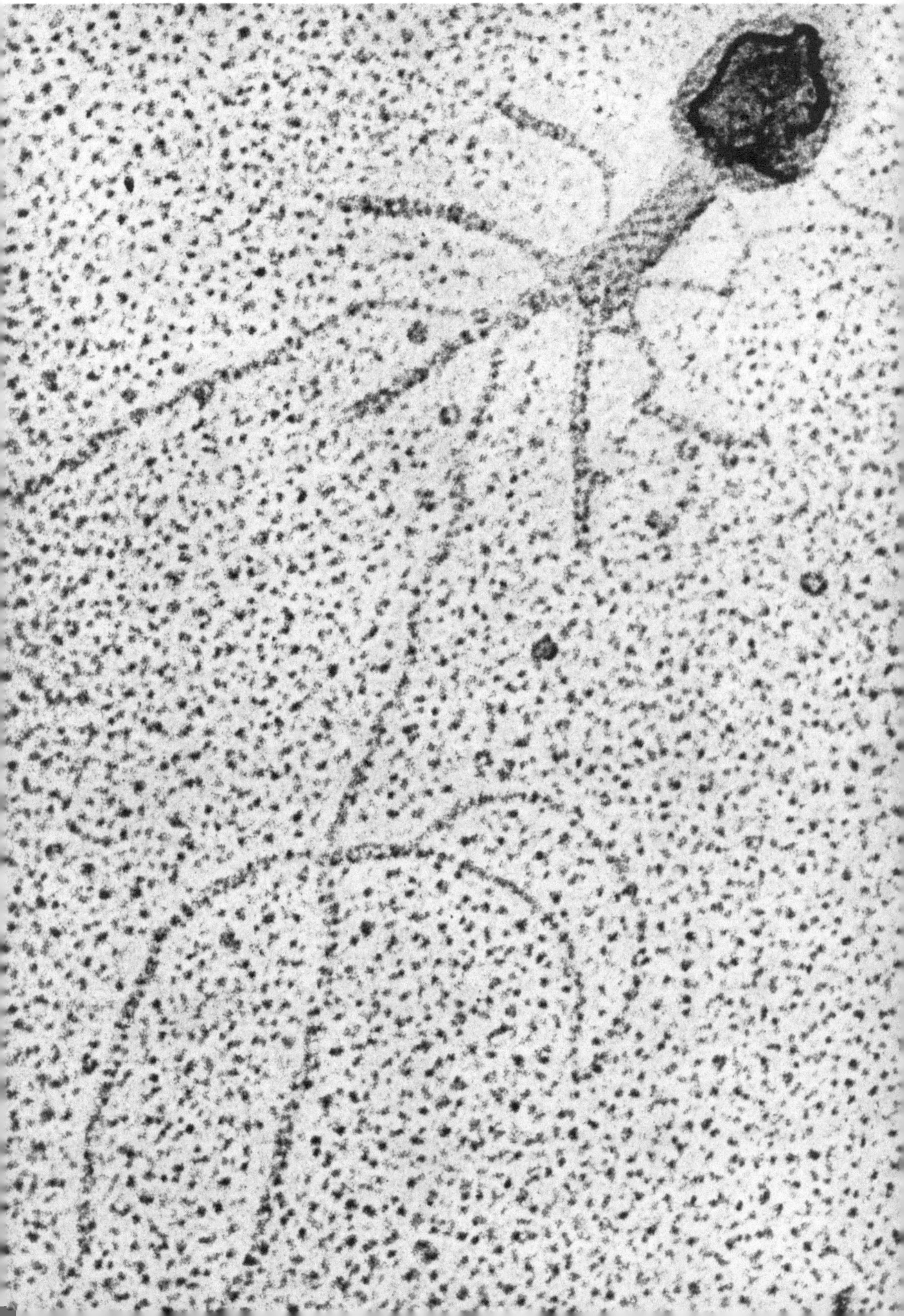

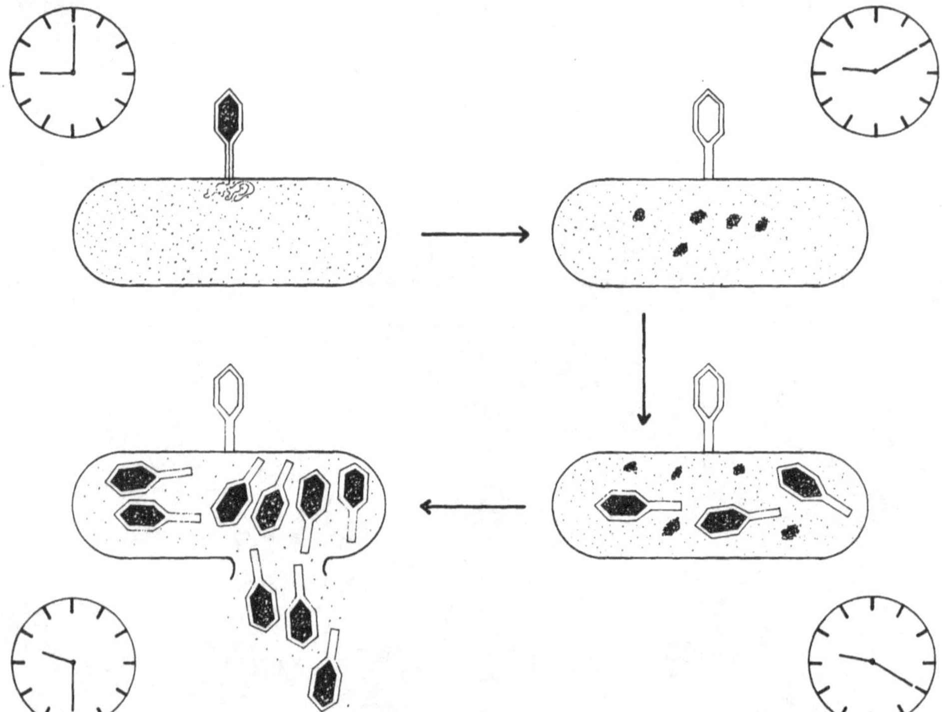

Abb. 59. Schema des Vermehrungszyklus eines Bakteriophagen.
Der Vermehrungszyklus beginnt mit der Anheftung des Phagen an die Bakterienzelle und der Injektion der Phagen-DNS in die Bakterienzelle. Die Proteinhülle bleibt außerhalb der Zelle. 10 Minuten später ist es zu einer Vermehrung der Phagen-DNS in der Bakterienzelle gekommen. 20 Minuten nach der Injektion treten die ersten neuen reifen Phagen mit einer die DNS umschließenden Proteinhülle auf. Nach 30 Minuten haben sich zahlreiche reife Phagen gebildet, die Zelle platzt und läßt die Phagen frei. Diese können nun wieder neue Zellen befallen. Da in einer Bakterienzelle innerhalb von wenigen Minuten oft mehr als 100 Phagen entstehen, können sehr viele Bakterienzellen in kürzester Zeit durch Phagen vernichtet werden.

Vermehren können sich Phagen ebenso wie alle anderen Viren nur dann, wenn es ihnen gelingt, bestimmte Zellen zu befallen. Erst seit etwa 15 Jahren sind die Einzelheiten der Phagen-Vermehrung einigermaßen bekannt (Abb. 59). Am interessantesten ist die Tatsache, daß die Vermehrung eines Phagen in der Bakterienzelle nicht dadurch eingeleitet wird, daß ein kompletter Phage in die Zelle eindringt. Nur die im Kopfinnern enthaltene DNS wird in die Bakterienzelle injiziert, nachdem sich ein Phage an der Außenwand einer Bakterienzelle festgeheftet hat. Die leere Proteinhülle bleibt dagegen an der Außenwand der Bakterienzelle haften. Die injizierte Phagen-DNS aber übernimmt das Kommando in der Bakterienzelle und leitet die Herstellung neuer gleichartiger Phagen-DNS,

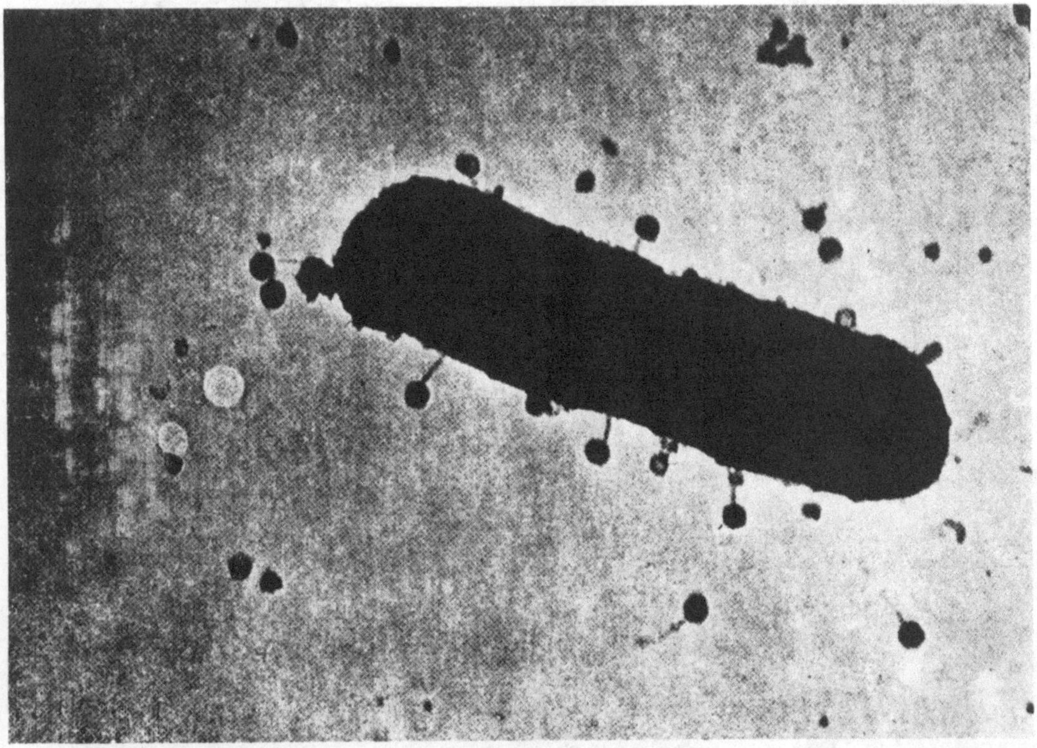

Abb. 60a. Elektronenmikroskopische Aufnahme einer Bakterienzelle, an die sich mehrere Bakteriophagen mit ihrem Stiel angeheftet haben.
(Aus T. F. Anderson „Cold Spring Harbor Symp. Quant. Biol." 18, *197, 1953)*

die von neu fabrizierten Proteinhüllen umgeben wird. In wenigen Minuten können so zahlreiche neue Bakteriophagen in einer befallenen Bakterienzelle entstehen (Abb. 60 b). Die Zelle wird dabei völlig zerstört, und die neu gebildeten Phagen werden dadurch befreit. Sie befallen wiederum andere Bakterienzellen und injizieren ihre DNS in diese.

Wenn Bakteriophagen auch sehr klein sind (die handgranatenförmigen Phagen, die die Coli-Bakterien befallen, sind z. B. vom Kopf bis zur Schwanzspitze nur etwa 0,2 μ lang), so lassen sich doch auch bei ihnen bestimmte erbliche Eigenschaften erkennen. Die Fähigkeit zur Infektion bestimmter Bakterien-Rassen ist z. B. erblich festgelegt. Wenn einzelne Phagen auf einen dichten Bakterienrasen gelangen, so bilden sie durch die Auflösung vieler Bakterienzellen charakteristische Löcher im Bakterienrasen, deren Form und Größe ebenfalls erblich bedingt ist. Alle Erbeigenschaften eines Phagen, der sich an eine Bakterienzelle angeheftet und seine DNS eingespritzt hat, findet man auch bei den hunderten von Nachkommen, die bei der Auflösung der Bakterienzelle frei werden. Daraus folgt, daß auch bei der Vermehrung der Bakteriophagen die Erbinformation in der DNS enthalten sein muß, da ja nur diese in die Bakterienzelle gelangt.

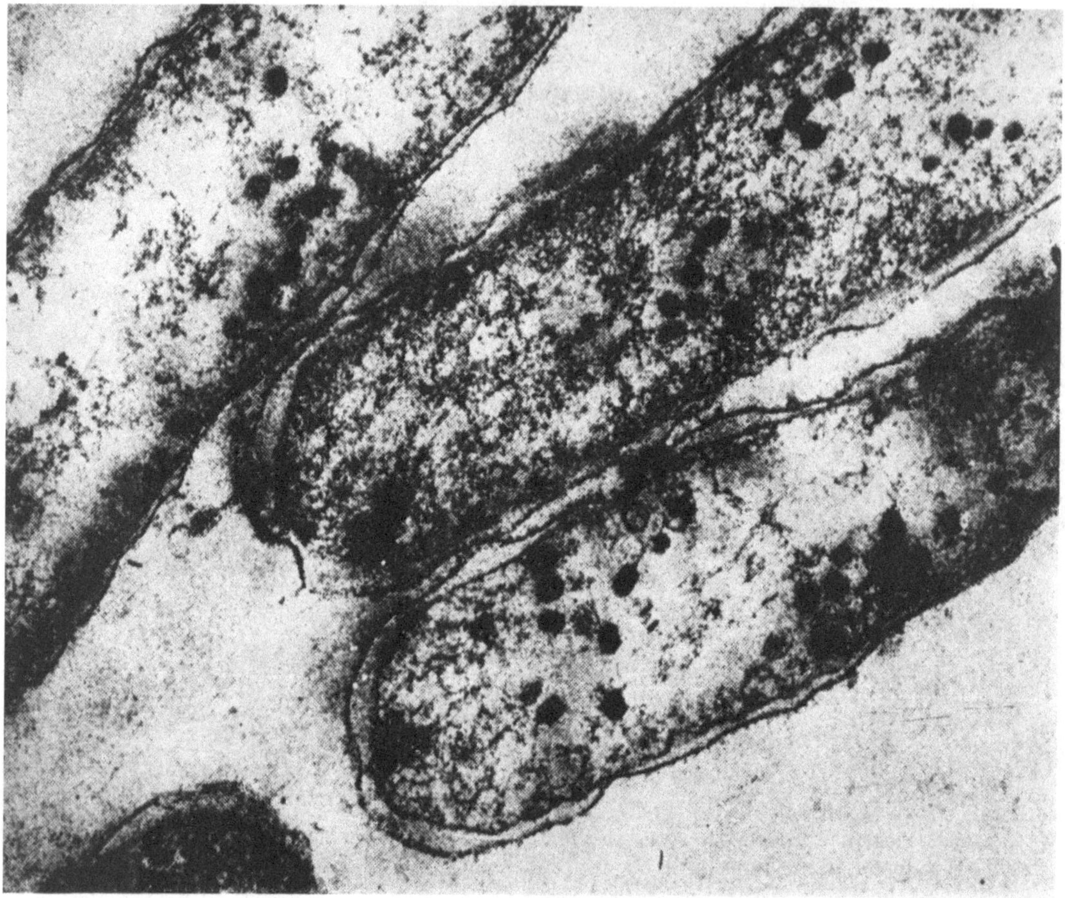

Abb. 60b. Elektronenmikroskopische Aufnahme eines Dünnschnittes durch Zellen von *Escherichia coli*, die etwa 25 min. vor der Fixierung von einem Bakteriophagen befallen worden sind. Zahlreiche reife Bakteriophagen sind deutlich in den Zellen zu erkennen. *(Aus M. H. Adams „Bacteriophages" J. Wiley & Sons, Inc., New York 1959)*

Jetzt haben wir zwei Fälle kennengelernt, die es uns ermöglichen, e ganz bestimmte Molekülart, die Desoxyribonucleinsäure oder DNS, Träger der Erbinformationen eindeutig zu identifizieren. Da DNS in Chromosomen aller Organismenarten vorkommt, können wir nicht um sie generell als Träger der Erbinformation in Betracht zu ziehen.

Natürlich mag man zunächst glauben, daß die bei den Bakterien und ih Viren gefundenen Verhältnisse auf diese relativ einfach organisier Wesen beschränkt sind, also Sonderfälle ohne allgemeine Bedeutung c stellen. Diese wichtige Frage zu entscheiden, hat in den letzten 15 Jah die Köpfe vieler Forscher auf der ganzen Welt immer wieder beschäft Alle Versuche, mit den verschiedenartigsten Methoden durchgeführt an den unterschiedlichsten Organismenarten vorgenommen, haben doch stets bestätigt, daß die Erbinformation in der DNS verankert ist. her müssen wir uns nun der Aufgabe zuwenden, Näheres über die Str tur der DNS-Moleküle zu erfahren. Aus welchen Untereinheiten set sie sich zusammen? Wie sind diese im Molekül angeordnet? Die Bea wortung dieser Fragen ist eine notwendige Voraussetzung für alle mühungen um die Entschlüsselung der Schrift, in der die Erbinforma nen in den Zellen aufgezeichnet sind.

Aufschlüsse über den Aufbau von Makromolekülen kann man erhalten, wenn man die großen Moleküle mit geeigneten Mitteln zerbricht, die Bruchstücke voneinander trennt und einzeln zu identifizieren versucht. Verfährt man so mit DNS-Molekülen, erhält man Bauelemente von einem Molekulargewicht[1] von etwa 350. Diese Bauelemente nennt man „Nucleotide". Da DNS-Moleküle ein Molekulargewicht von einigen Millionen haben, muß jedes DNS-Molekül aus einigen tausend Nucleotiden bestehen. Woraus bestehen nun aber Nucleotide?

Chemische Analysen haben gezeigt, daß jedes Nucleotid aus 3 Komponenten zusammengesetzt ist:

1. einem Zuckermolekül
2. einer Phosphatgruppe
3. einer stickstoffhaltigen Base.

Das Zuckermolekül ist eine sogenannte Desoxyribose, deren Molekülstruktur folgendermaßen aussieht:

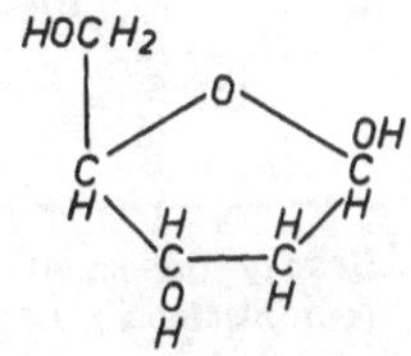

Die Phosphatgruppe besteht aus Wasserstoff-, Phosphor- und Sauerstoffatomen. Von den stickstoffhaltigen Basen gibt es vier, die in den Nucleotiden der DNS vorkommen können. Ihre Namen sind „Adenin", „Guanin", „Cytosin" und „Thymin". Die ersten beiden werden von den Chemikern als Purine, die letzten beiden als Pyrimidine bezeichnet. Ihre molekulare Struktur sieht man im folgenden Schema:

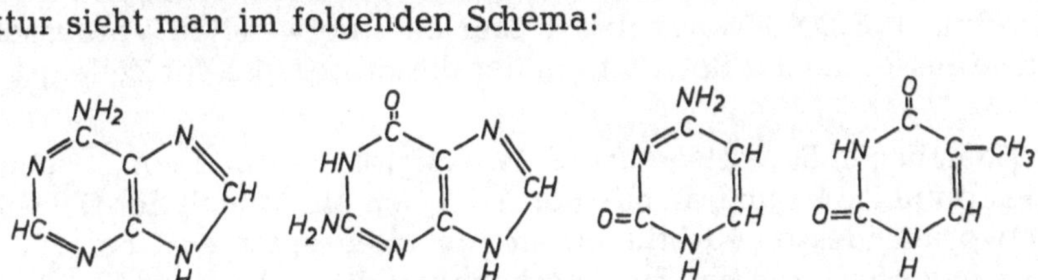

Adenin Guanin Cytosin Thymin

Damit kennen wir die einzelnen Bestandteile von DNS-Molekülen.
Die Art ihrer Verknüpfung zum Nucleotid wird aus folgender Skizze klar, in der Adenin als Base eingesetzt ist. An Stelle des Adenins kann auch

[1] Das Molekulargewicht ist die Summe der Atomgewichte aller Atome eines Moleküls. Die Atomgewichte sind relative Maße, die auf die Einheit 16 für das Sauerstoffatom (O) bezogen sind. Die am häufigsten in organischen Molekülen vorkommenden Atome haben folgende Atomgewichte: H (1,008), C (12,011), N (14,008), O (16,000), P (30,975).

Guanin, Cytosin oder Thymin treten. Die entsprechenden Nucleotide werden dann als Desoxy-guanylsäure, Desoxy-cytidylsäure bzw. Desoxythymidylsäure bezeichnet.

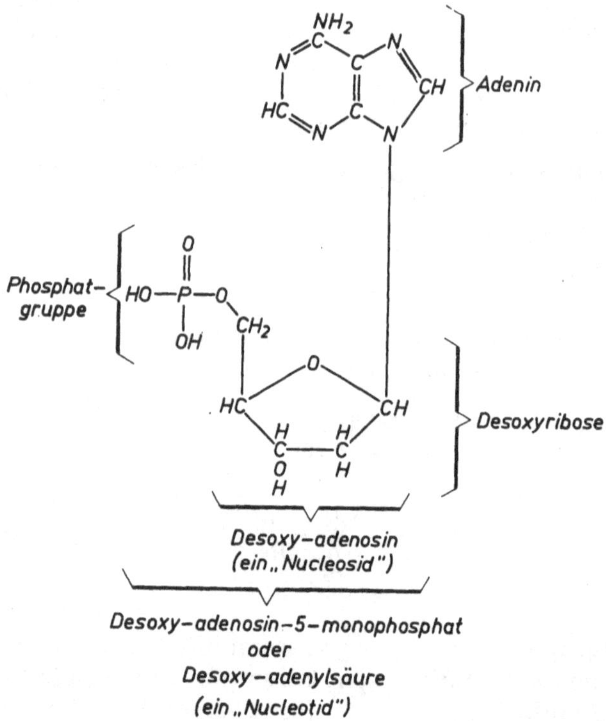

Über die Anordnung der Nucleotide im DNS-Molekül und damit über die molekulare Struktur der DNS wissen wir jedoch noch nichts. Die Kenntnis der Struktur der DNS-Moleküle ist aber eine notwendige Voraussetzung zur Entschlüsselung der Botschaft, in der die Erbrezepte der Zelle geschrieben sind.

Erst 1953 haben J. D. Watson und F. H. C. Crick aufgrund von Ergebnissen röntgenographischer und chemischer Analysen ein Modell der DNS-Struktur entworfen, dessen Richtigkeit sich in allen späteren Überprüfungen immer wieder bestätigt hat. Zur Anerkennung dieser Leistung wurde ihnen 1962 der Nobel-Preis verliehen.

Drei Beobachtungen waren es vor allem, die bei der Erstellung eines Strukturmodells berücksichtigt werden konnten. Erstens hatten chemische Analysen gezeigt, daß die DNS-Moleküle lange, unverzweigte Gebilde sind. Zweitens fand man bei der DNS der verschiedensten Organismen stets eine besondere Gesetzmäßigkeit; die Basen Adenin und Thymin sowie Guanin und Cytosin waren immer in gleicher Häufigkeit vorhanden. Drittens schließlich zeigten röntgenographische Analysen, daß das DNS-Molekül eine spiralige Struktur haben muß, ja wohl eine Doppelspirale bildet. Unter Berücksichtigung dieser drei Befunde gelangten Watson und Crick zu der Ansicht, daß DNS-Moleküle aus zwei spiralig umeinandergeschlungenen Strängen bestehen, die aus abwechselnd aufeinanderfolgenden Zuckermolekülen und Phosphatgruppen zusammengesetzt sind. An den Zuckermolekülen sitzen im rechten Winkel zur Längsachse die Purin- oder Pyrimidinbasen und sorgen für eine Verbindung der beiden spiraligen Längsstränge. Dabei ist die Anordnung der einander gegenüberliegenden Basen nicht zufällig, sondern jedem Adenin steht stets ein Thymin gegenüber sowie jedem Guanin stets ein Cytosin.

Einen anschaulichen Eindruck von der Struktur eines DNS-Moleküls erhält man aus Abb. 61. Man muß sich bei Betrachtung dieses Modells einmal klarmachen, daß infolge der paarweisen Anordnung der Basen (Adenin—Thymin sowie Guanin—Cytosin) die Reihenfolge der Basen eines Stranges stets die Basenfolge des anderen Stranges festlegt. Wenn also die beiden Längsstränge voneinander getrennt werden, so kann jeder Einzelstrang durch Anlagerung der komplementären Basenpartner nebst Phosphatgruppe und Zuckermolekül, also der komplementären Nucleotide, zu einer Doppelspirale von gleichem molekularem Aufbau ergänzt werden. Dieser Vorgang ist in Abb. 61 f dargestellt. Öffnet sich das DNS-Molekül wie ein Reißverschluß, so könnten sich auf wahrhaft elegant einfache Weise aus einer Doppelspirale zwei Doppelspiralen von völlig identischem Aufbau bilden, und die identische Verdoppelung der Erbsubstanz wäre damit gewährleistet.

Diese Theorie über den Verdoppelungsmechanismus der DNS erscheint sehr bestechend, und es gilt nun zu prüfen, ob die Prozesse auch in Wirklichkeit so ablaufen. Wie kann ein experimenteller Nachweis dafür erbracht werden?

Es ist ein wesentliches Kennzeichen jeder auf diese Art und Weise gebildeten DNS-Doppelspirale, daß nur jeweils ein Längsstrang einer Doppelspirale aus n e u e n Nucleotiden aufgebaut ist, während der andere unverändert aus den a l t e n Nucleotiden der Vorgänger-Spirale besteht (s. Abb. 61 f). Jedes DNS-Molekül muß demnach nach jeder Verdopplung aus einer a l t e n und einer n e u e n Nucleotidkette bestehen. Gelingt es, alte von neuen Nucleotidketten zu unterscheiden und festzustellen, wie sie im DNS-Molekül angeordnet sind, so ist eine Möglichkeit zur Prüfung des Verdoppelungsmechanismus gegeben.

Glücklicherweise sind in den letzten Jahren Methoden entwickelt worden, die es gestatten, so feine Unterschiede im Aufbau von Makromolekülen nachzuweisen. Sie beruhen im wesentlichen auf der geschickten Ausnutzung seltener Eigenschaften bestimmter Atome. Viele Atome existieren außer in der Form, in der sie allgemein verbreitet sind, auch in seltenen Zustandsformen, die man als „Isotope" bezeichnet. In vielen Fällen zeichnen sich Isotope durch Aussendung radioaktiver Strahlung aus. Allgemein bekannt ist z. B. das radioaktive Isotop des Kobalt, das Co^{60}. Während das normale Kobalt, Co^{59}, keine Strahlung aussendet, ist das Isotop Co^{60} ein starker Strahler, der in der Medizin vielfache Verwendung findet.

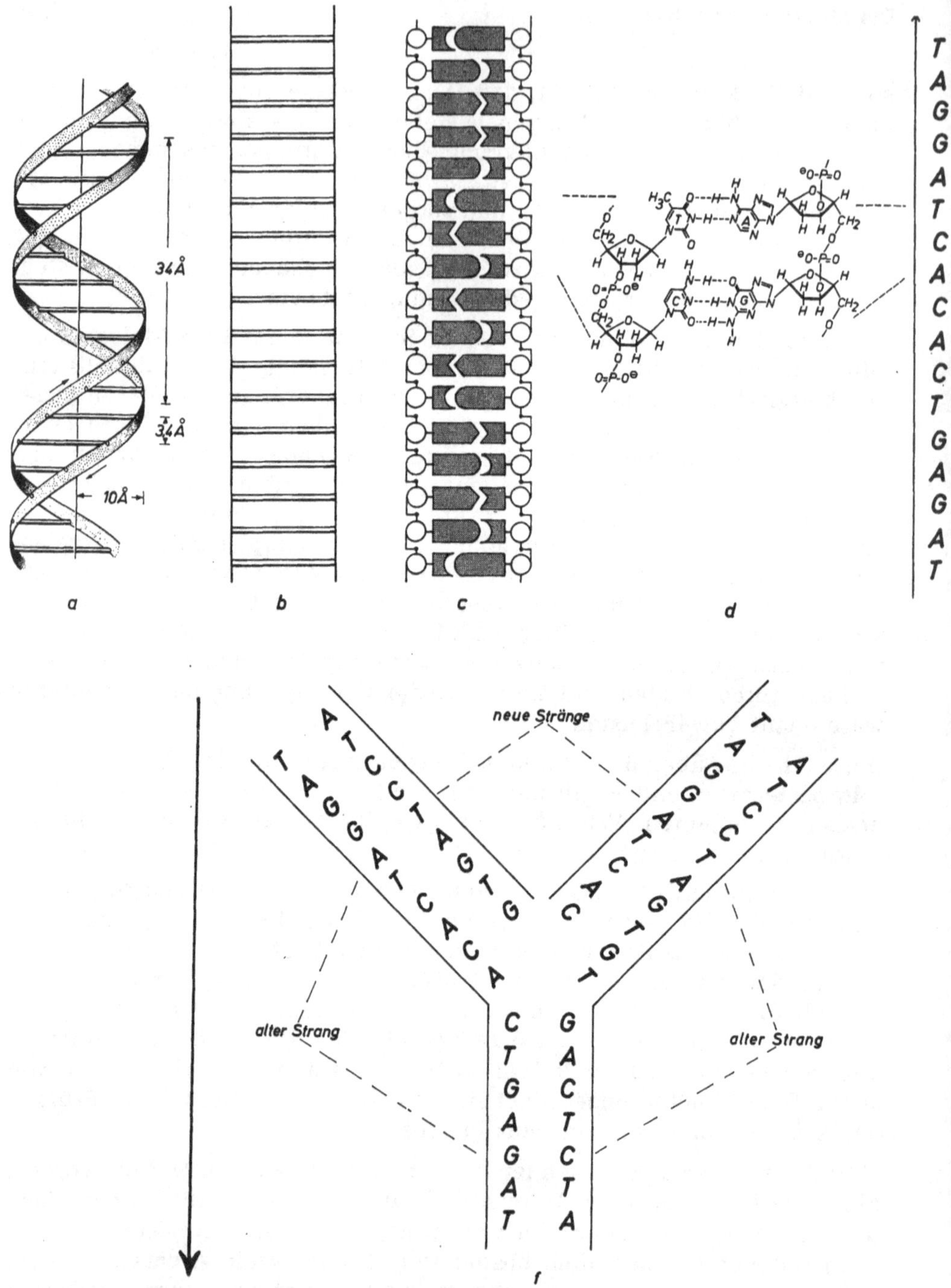

Abb. 61. Struktur der Desoxyribonucleinsäure (DNS).

a: Schema der Spiralstruktur des Moleküls. Der Abstand zwischen den einzelnen Sprossen sowie der Radius der Doppelspirale sind in Å-Einheiten angegeben ($1\,mm = 10^3 \mu = 10^7$ Å).

b: In entspiralisiertem Zustand ist der Grundaufbau des Moleküls aus zwei Längssträngen, die durch zahlreiche, in gleichmäßigem Abstand angebrachte Quersprossen verbunden werden, deutlich erkennbar.

g

c: Struktureinzelheiten schematisch dargestellt. Die Längsstränge bestehen monoton aus dem Zucker

○ Desoxyribose

• und Phosphatgruppen. Die Quersprossen setzen sich jeweils aus zwei Teilen zusammen,

 den Basen Adenin

 und Thymin

 oder Guanin

 und Cytosin.

d: Detaillierte Struktur eines kurzen Molekülteilstückes: T-A
C-G

e: Schematische Strukturangabe durch die Anfangsbuchstaben der vier Basen.

f: Schematische Darstellung des Verdopplungsmechanismus. Nach Öffnung der die beiden Längsstränge verbindenden Quersprossen in Pfeilrichtung kann sich an jedem alten Strang ein neuer Strang bilden. Da immer nur ein Adenin mit einem Thymin sowie ein Guanin mit einem Cytosin eine Sprosse bilden kann, entstehen auf diese Weise aus *einem* Doppelstrang *zwei neue identische* Doppelstränge.

g: Elektronenmikroskopische Aufnahme eines DNS-Fadens aus einem T_2-Phagen. Ein Bruch im Faden läßt den Aufbau des Fadens aus zwei Strängen erkennen. Ein DNS-Abschnitt von etwa 10^3Å-Einheiten erscheint in dieser Abbildung als 1 cm lange Strecke. Da die einzelnen Basenpaare jeweils 3, 4 Å-Einheiten voneinander getrennt sind, kommen auf 10^3Å, also 1 cm in der Abbildung etwa 300 Basenpaare.
(Aufnahme von P. Giesbrecht, Berlin)

Für die Markierung von DNS-Molekülen sind natürlich nur Isotope von Atomen geeignet, die im DNS-Molekül vorkommen. Wie die Molekülstrukturen auf S. 129 zeigen, sind Atome des Kohlenstoffs (C), Stickstoffs (N), Sauerstoffs (O) oder Wasserstoffs (H) reichhaltig in der DNS vertreten. Eine experimentelle Klärung des Vermehrungsmechanismus wurde kürzlich von einer Gruppe amerikanischer Forscher, M. S. Meselson, F. W. Stahl und J. Vinograd, mit Hilfe des Stickstoff-Isotops N^{15} erzielt. Das Isotop N^{15} ist kein radioaktives Element, unterscheidet sich aber vom normalen Stickstoff N^{14} durch sein Gewicht. N^{15} ist etwas schwerer als N^{14}. Ein Makromolekül, das als Stickstoff ausschließlich N^{15} enthält, ist dementsprechend auch etwas schwerer als ein gleiches Molekül, das statt dessen nur N^{14} enthält. Diesen Gewichtsunterschied haben sich Meselson, Stahl und Vinograd zunutze gemacht. Sie ließen Coli-Bakterien in einem Medium wachsen, dessen Stickstoffgehalt ausschließlich aus dem Isotop N^{15} bestand. Haben sich Bakterienzellen eine Zeitlang in diesem Medium vermehrt, enthält ihre DNS nur das schwere Stickstoff-Isotop N^{15}. Das Molekulargewicht der DNS dieser Zellen ist etwa um 1 Prozent schwerer als das von Zellen, die in normalem N^{14}-haltigem Medium gewachsen sind. Trotz dieses geringen Gewichtsunterschiedes ist es möglich, „schwere" und „leichte" DNS-Moleküle mit Hilfe geeigneter Instrumente (Ultrazentrifugen) voneinander zu unterscheiden.

Wenn nun Bakterienzellen, die in N^{15}-haltigem Medium gewachsen waren und nur „schwere" DNS-Moleküle enthalten, plötzlich in N^{14}-haltiges Medium übertragen werden, so stehen ihnen für die weitere Vermehrung ihrer DNS plötzlich nur leichte N^{14}-Atome zur Verfügung. Wenn der in Abb. 61 f dargestellte Verdoppelungsmechanismus korrekt ist, müßten nach der ersten Zellteilung alle Zellen DNS-Moleküle besitzen, deren alter Strang „schwere" N^{15} Isotope enthält, während im anderen, neu gebildeten Strang nur „leichte" N^{14} Isotope vorhanden sein sollten (vgl. Abb. 62). Das Gewicht dieser DNS-Doppelspiralen sollte also in der Mitte zwischen dem Gewicht der „schweren" und dem der „leichten" DNS liegen. Tatsächlich wurde das auch von der amerikanischen Forschergruppe festgestellt. Darüber hinaus konnten sie zeigen, daß nach einer zweiten Zellteilung im N^{14}-Medium etwa gleiche Mengen halbschwerer und leichter DNS vorhanden waren. Nach einer dritten Zellteilung schließlich überwog die Menge der leichten DNS diejenige der halbschweren um das dreifache. Gerade diese Verhältnisse sind zu erwarten, wenn der angenommene Verdoppelungsmechanismus zutrifft.

Damit ist ein wichtiger Beweis für die Richtigkeit des vermuteten Verdoppelungsmechanismus erbracht worden. Außerdem gibt es noch andere Hinweise, auf die wir jedoch hier nicht einzugehen brauchen. Erwähnt sei nur, daß es sogar bereits gelungen ist, die Vermehrung von DNS außerhalb der Zelle im Reagenzglas zu studieren. Wenn man isolierter DNS alle vier Nucleotide und bestimmte zur Regelung der Syntheseprozesse notwendige Enzyme zugibt, so erfolgt eine Vermehrung der anfangs zugegebenen DNS unter Beibehaltung der identischen Molekülstruktur.

Was wissen wir aber über die Vermehrung der DNS, die in den Chromosomen der höheren Organismen lokalisiert ist? Auch hier erfolgt offensichtlich ein gleichartiger Vermehrungsmechanismus. Ähnlich wie in den eben geschilderten Bakterienversuchen hat man Experimente mit Pflanzen- und Tierzellen durchgeführt, in denen die DNS spezifisch markiert worden war. Das normale Wasserstoffatom H^1 war in diesen Versuchen durch das radioaktive Isotop H^3 ersetzt worden. Wenn man die Pflanzen- oder Tierzellen plötzlich in ein Medium bringt, das nur normalen Wasserstoff H^1 enthält, so ist zu beobachten, daß radioaktiv markierte und nicht markierte Chromosomen in der nach obigem Vermehrungsmechanismus zu erwartenden Weise (vgl. Abb. 62) in jeder neuen Zellgeneration auftreten.

Abb. 62. Schema der DNS-Verdopplung nach Wechsel von N^{15}-haltigem Medium (obere Bildhälfte) zu N^{14}-haltigem Medium (untere Bildhälfte). Nach einer Verdopplung besteht die DNS aus einer schweren, dick gezeichneten und einer leichten, dünn gezeichneten Hälfte, ist also halbschwer. Nach der zweiten Verdopplung sind leichte und halbschwere DNS-Moleküle in gleicher Menge vorhanden. Nach der dritten Verdopplung sind dreimal mehr leichte als halbschwere DNS-Moleküle vorhanden. (Weitere Erläuterungen im Text).

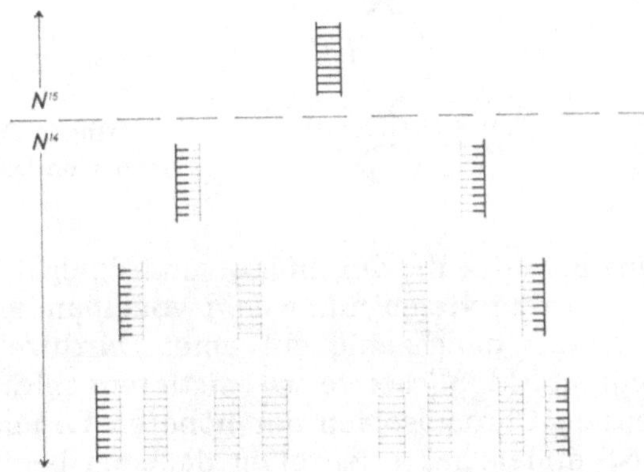

Diese Möglichkeit, auf so einfache Weise die Struktur von DNS-Molekülen identisch zu verdoppeln, ist natürlich von großer Bedeutung. Wie wir bereits früher feststellen konnten, wird bei jeder Zellteilung das Erbgut identisch auf die Tochterzellen weitergegeben. Es müssen also auch diejenigen Strukturen, die die Erbinformation enthalten, identisch vervielfältigt werden. In den DNS-Molekülen haben wir ein Substrat gefunden, bei dem dieser Prozeß der identischen Reduplikation relativ leicht realisiert werden kann.

Eine Schwierigkeit bleibt allerdings noch zu klären. Wenn sich die Einzelstränge der DNS-Doppelspirale voneinander wie beim Öffnen eines Reißverschlusses trennen, so führt dieser Trennungsvorgang notwendigerweise zu einer Drehung der noch nicht getrennten Abschnitte der Doppelspirale (Abb. 63). Da DNS-Moleküle einerseits recht lang sein können, andererseits sich aber in manchen Zellen recht schnell verdoppeln müssen, so ist zu erwarten, daß mit Beginn der DNS-Verdoppelung an einem Ende des Moleküls das gesamte Molekül in recht schnelle Drehungen verfällt. Fraglich ist, ob solche Rotationen aber im Zellinneren, wo die DNS-Doppelspirale eng aufgewunden vorliegt, möglich sind. Die Natur könnte diese Schwierigkeiten umgehen, wenn der Verdoppelungsprozeß nicht an

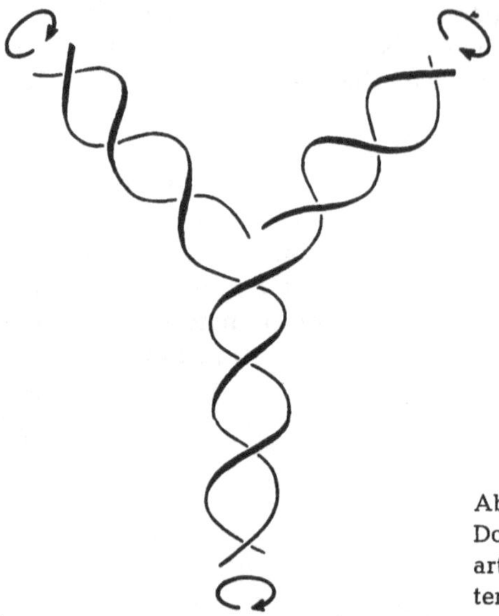

Abb. 63. Schematische Darstellung der DNS-Doppelspirale und der bei einer reißverschlußartigen Öffnung von oben nach unten auftretenden Drehbewegung um eine Zentralachse.

einem Molekülende anfängt und dann das ganze Molekül entlangläuft, sondern an vielen nur wenig voneinander entfernten Punkten des DNS-Moleküls gleichzeitig mit einer Durchtrennung eines der Längsstränge beginnt. Möglicherweise existieren solche Mechanismen in den DNS-reichen Chromosomen der höheren Organismen. In den vergleichsweise DNS-armen Bakterienzellen dagegen beginnt die DNS-Verdoppelung an einem Punkt und läuft in kurzer Zeit über den ganzen Molekülfaden. Das konnte 1963 durch Versuche mit radioaktiv markierter DNS von J. Cairns eindeutig nachgewiesen werden.

Fassen wir nun einmal zurückschauend zusammen, bis zu welchem Kenntnisstand wir vorgedrungen sind. Unsere Situation ist jetzt mit der des früher erwähnten Mannes vergleichbar, der die Bibliothek eines fremden Gebäudekomplexes entdeckt hat und die Bücher nun in die Hand nehmen und aufschlagen kann. Er findet die Seiten mit vielen Symbolen in verschiedenartiger Reihenfolge angefüllt und steht vor der Aufgabe zu entschlüsseln, welche Informationen diese Symbolreihen enthalten. Dementsprechend müssen wir uns im folgenden Kapitel den Bemühungen zuwenden, die in der DNS enthaltenen Symbolreihen zu erkennen und ihre Bedeutung für die Lebensprozesse der Zelle zu analysieren.

3. Die Entschlüsselung der Schrift des Erbgutes

Auf welche Art und Weise können Anweisungen des Erbgutes in der DNS niederlegt sein?

Wie sind in dem Doppelstrang Informationen gespeichert, die die Entwicklungs- und Wachstumsprozesse eines Organismus steuern?

Das sind Fragen, deren Lösung wir uns nun zuwenden müssen.

Schauen wir uns einzelne Bestandteile der Doppelspirale an, so müssen wir feststellen, daß die beiden Längsstränge ganz monton aus einer abwechselnden Folge von Zucker und Phosphorgruppen bestehen. Da so einheitlich aufgebaute Molekülbestandteile nicht als Träger verschiedenartiger Informationen in Frage kommen, können wir die Längsstränge von weiteren Betrachtungen ausschließen. Da das Erbgut viele unterschiedliche Rezepte für die Stoffwechselprozesse der Zelle enthält, müssen die verschiedenartigen Erbinformationen in Bestandteilen der DNS-Doppelspirale verankert sein, die nicht monoton, sondern in bestimmter Weise variabel angeordnet sind. Diese Bedingung trifft für die die Längsstränge verbindenden Sprossen zu. Wie wir bereits gesehen haben, bestehen sie jeweils aus den Basenpaaren Adenin und Thymin (A — T) oder Guanin und Cytosin (G — C). Da die Basenpaare auch umgekehrt angeordnet sein können, stehen also insgesamt vier verschiedene Sprossen zur Verfügung.

A — T
T — A
G — C
C — G

Da jede Base ihren festgelegten Partner hat, können wir diese Sprossenfolge vereinfachend auch bereits mit den Symbolen einer Basenfolge, z. B. der linken Reihe, beschreiben:

A T G C

Wir haben also vier verschiedene Molekülbestandteile vor uns, die im einfachsten Fall Träger von vier verschiedenen Informationen sein könnten. Es gilt nun zu überlegen, ob vier Informationen ausreichen, die erbliche Mannigfaltigkeit, die wir bei jeder Organismenart wahrnehmen können, auszudrücken. Dazu ist es notwendig, wenigstens ganz allgemeine Vorstellungen über die Ursachen dieser Mannigfaltigkeit zu haben. Ohne uns in Einzelheiten zu vertiefen, sei daran erinnert, daß ein elementares Bauelement aller Zellen Eiweiße sind. Eiweiße oder Proteine sind Bestandteile vieler Zellstrukturen sowie der für die Stoffwechselregelung unentbehrlichen Enzyme oder Fermente. Es gibt außerordentlich viele verschiedenartige Eiweißmoleküle in einer tierischen oder

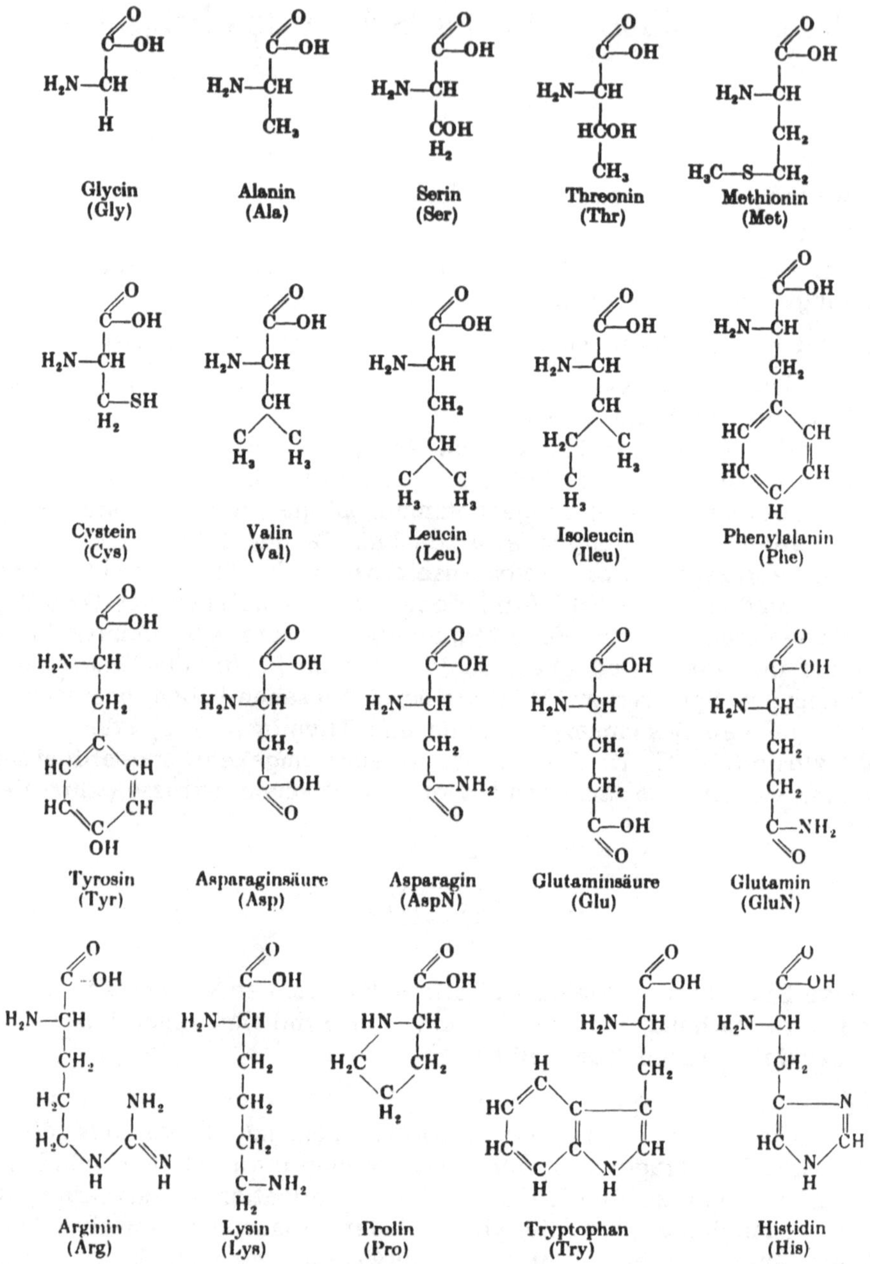

Abb. 64a. Die zwanzig biologisch bedeutsamen Aminosäuren und ihre Molekülstrukturen.

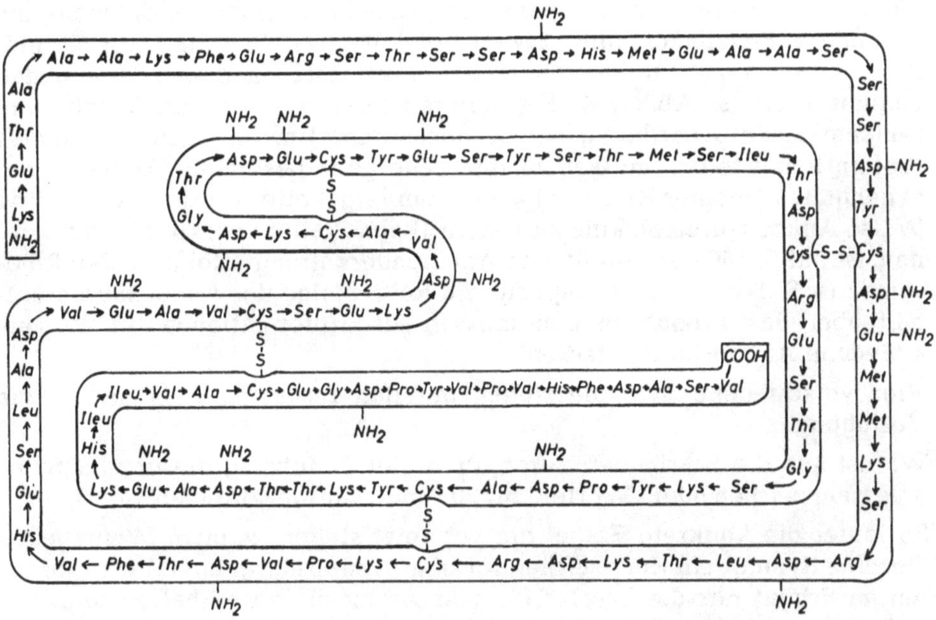

Ribonuclease

	A	B
1	Gly	Phe
2	Ileu	Val
3	Val	AspN
4	Glu	GluN
5	GluN	His
6	Cys	Leu
7	Cys—S—S—	Cys
8	Thr	Gly
9	S Ser	Ser
10	S Ileu	His
11	Cys	Leu
12	Ser	Val
13	Leu	Glu
14	Tyr	Ala
15	GluN	Leu
16	Leu	Tyr
17	Glu	Leu
18	AspN	Val
19	Tyr	S—Cys
20	Cys —S	Gly
21	AspN	Glu
22		Arg
23		Gly
24		Phe
25		Phe
26		Tyr
27		Thr
28		Pro
29		Lys
30		Ala

Insulin

Abb. 64 b. Beispiele für die Reihenfolge von Aminosäuren in Eiweißen.

1: Ribonuclease, ein Protein mit Enzymmeigenschaft, das Ribonucleinsäuren abbaut. Die Ribonuclease besteht aus einer Kette von 124 Aminosäuren. Durch Brückenbildung zwischen jeweils zwei Cysteinmolekülen ist die Aminokette besonders gefaltet.

2: Insulin (vom Schwein), ein Protein mit Enzymeigenschaft, das den Blutzuckergehalt regelt. Es besteht aus 51 Aminosäuren, die in zwei Ketten (A und B) angeordnet sind. Die Ketten werden durch zwei Brücken zwischen je zwei Cysteinmolekülen zusammengehalten.

pflanzlichen Zelle, und bei jeder Organismenart finden sich wiederum besondere Eiweißmoleküle. Eiweißmoleküle bestehen in ihrer Grundstruktur aus einer Reihe von meist 20 verschiedenen Bausteinen, den Aminosäuren (s. Abb. 64). Sie unterscheiden sich in der Anzahl und reihenmäßigen Anordnung der Aminosäuren. Um also ein bestimmtes Protein herzustellen, müssen in der Zelle ganz bestimmte Aminosäuren in genau festgelegter Reihenfolge aneinandergekettet werden. Auf welche Weise Aminosäuremoleküle zu Ketten (Peptidketten) verknüpft sein können, ist auf S. 166 dargestellt. Die Aneinanderkettung erfolgt an den Ribosomen (s. S. 148 ff.), das Rezept für die Reihenfolge der Aminosäuren enthält aber das Erbgut. In ihm müssen also Informationen für 20 verschiedene Aminosäuren stecken.

Vier verschiedene Symbole stehen mit den Basen A, T, G und C zur Verfügung.

Wie ist nun die Schrift beschaffen, die unter Benutzung dieser vier Symbole Kennzeichen oder „Wörter" für 20 Aminosäuren schreiben kann?

So lautet die konkrete Frage, die wir jetzt stellen können. Wenn jedes einzelne Symbol ein Kennzeichen für eine Aminosäure darstellt, so könnten im Erbgut nur die Wörter für vier Aminosäuren enthalten sein. Bestehen die einzelnen Wörter jedoch nicht nur aus einem Symbol, sondern aus Kombinationen mehrerer Symbole, lassen sich mit vier Symbolen sehr viel mehr Wörter bilden. So kann man z. B. aus Kombinationen von nur zwei Symbolen, — und ·, unter Verwendung des Morse-Alphabets sowohl eine kurze Presse-Agentur-Nachricht als z. B. auch das gesamte Faust-Drama wiedergeben. Dabei werden die einzelnen Symbole eindimensional hintereinandergereiht. Um die Schrift entziffern zu können, muß man natürlich wissen, wieviel Symbole zu einem Wort bzw. Buchstaben gehören, wo man zu beginnen, und in welcher Richtung man zu lesen hat.

Welche Symbol-Kombinationen verwendet nun die Natur zur Speicherung der Informationen ihrer Erbrezepte, und wie werden die daraus gebildeten Wörter abgelesen?

Die Bemühungen, den den Erbrezepten zugrunde liegenden Code zu entschlüsseln, sind heute schon recht weit gediehen. Für ein Verständnis dieser Detektivarbeit ist es notwendig, zunächst einige generelle Überlegungen über die mögliche Natur des zu entschlüsselnden Codes anzustellen. Vier Symbole stehen also zur Verfügung. Mindestens 20 Kennzeichen müssen damit gebildet werden können. Im bereits erwähnten Morse-Alphabet werden 26 Buchstaben mit Hilfe von zwei Symbolen gebildet. Dabei ist die Anzahl der Symbole pro Buchstabe unterschiedlich. Ein Symbol findet man beim „e" (·) oder „t" (—), zwei Symbole z. B. beim „a" (·—), andere Buchstaben sind aus drei oder mehr Symbolen zusammengesetzt, wie z. B. das „s" (···) oder das „l" (·—··) (Abb. 65). Im Morse-Text wird zwischen einem Buchstaben und dem nächstfolgenden stets eine kleine Pause eingefügt, die es erlaubt, das

. .—.. . —— . —. — . —.. . ... .—.. . —... . —. ...

e l e m e n t e d e s l e b e n s

Abb. 65. Morse-Code-Beispiel

Ende einer Symbolreihe zu erkennen und damit einen Buchstaben zu identifizieren. Wenn die Natur ebenfalls „Buchstaben" oder „Code-Einheiten" aus verschiedener Anzahl von Symbolen bildet, dann muß sie auch über ein „Pausenzeichen" verfügen, d. h. es muß z. B. ein bestimmtes Symbol oder eine bestimmte Symbolkombination das Ende eines jeden Buchstabens kennzeichnen. Ohne ein derartiges Pausenzeichen kommt man dagegen aus, wenn jede Code-Einheit aus der gleichen Anzahl von Symbolen besteht. Dann kann von einem Anfangspunkt aus in einheitlicher Richtung abgelesen werden. Wenn z. B. immer zwei Basen ein Kennzeichen bilden, ergeben sich folgende 4 x 4 = 16 Kombinationsmöglichkeiten.

AA	AC	AG	AT
CA	CC	CG	CT
GA	GC	GG	GT
TA	TC	TG	TT

Diese reichen zur Kennzeichnung von 20 Aminosäuren allerdings noch nicht aus. Daher sind also mehr als zwei Symbole pro „Code-Einheit" notwendig. Bei Verwendung von drei Elementen ergeben sich bereits 4 x 4 x 4 = 64 Kennzeichnungsmöglichkeiten. Damit stehen wesentlich mehr als notwendig zur Verfügung, so daß entweder einige Aminosäuren mit mehreren Code-Einheiten gekennzeichnet sein können, oder eine Anzahl von Code-Einheiten überhaupt keine Aminosäure kennzeichnet, also nicht „sinnvolle", sondern „sinnlose" Wörter darstellt.

Wir haben bisher von „Code-Einheiten", „Buchstaben" oder auch „Wörtern" gesprochen und damit die in der DNS enthaltene Informationsstruktur zur Bestimmung einer Aminosäure gemeint. Es ist nun an der Zeit, diese Vielzahl der Ausdrücke durch einen eindeutigen Begriff zu ersetzen. Dabei wollen wir uns den Erbbiologen anschließen, die zu diesem Zweck den Ausdruck „Codon" geprägt haben. Ein C o d o n ist die Einheit im DNS-Molekül, die die Information für eine bestimmte Aminosäure enthält.

Zusammenfassend sei jetzt noch einmal hervorgehoben, unter welchen möglichst einfachen theoretischen Bedingungen Erbrezepte in der DNS verschlüsselt sein könnten:

1. Bedingung: Jedes Codon besteht aus der gleichen Anzahl von Symbolen und zwar mindestens drei. Der Code-Text enthält keine Pausenzeichen.

2. Bedingung: Das Erbrezept wird von einem Ende des DNS-Moleküls fortlaufend abgelesen, indem sich ein Codon hinter das andere reiht.

Symbolisch läßt sich ein solcher Code unter Verwendung der Anfangsbuchstaben der vier vorkommenden Basen beispielsweise folgendermaßen darstellen:

T A G G A T C A C A C T G A G A T A

Codon 1 Codon 2 Codon 3 Codon 4 Codon 5 Codon 6

Über die Bedeutung dieser sechs Codone wissen wir zunächst noch nichts.

Das sind recht einfache Voraussetzungen für die Konstruktion eines Codes. Natürlich könnte es auch wesentlich kompliziertere Verhältnisse geben. So braucht keine einheitliche Anzahl von Elementen für jedes Codon vorzuliegen, und es gibt Pausenzeichen. Es könnten sich auch einzelne Codone überlappen, so daß die eben erwähnte Basenreihe z. B. folgendermaßen zu lesen wäre:

Codon 2 Codon 4 Codon 6 Codon 8

T A G G A T C A C A C T G A G A T A

Codon 1 Codon 3 Codon 5 Codon 7

Noch komplizierter werden die Verhältnisse, wenn die Elemente eines Codons nicht benachbart nebeneinanderliegen, sondern mit bestimmten Abständen über das DNS-Molekül verteilt sind, so daß z. B. jede dritte oder zehnte Base einem Codon angehört. Ehe wir uns jedoch durch eine Fülle theoretischer Spekulationen über mögliche Code-Strukturen verwirren lassen, wollen wir sehen, ob nicht einige Hinweise auf die Natur des genetischen Codes aus Experimenten gewonnen werden können, und das Spektrum der Möglichkeiten dadurch sinnvoll zu beschränken ist. Kennen wir erst seine Natur, so wird uns die Aufgabe, ihn zu entschlüsseln, leichter fallen.

Tatsächlich ist es bereits gelungen, experimentelle Aufschlüsse über die Natur des genetischen Codes zu bekommen. Diese Aufschlüsse entstammen erbbiologischen Experimenten mit Bakteriophagen. Wir haben diese bakterienfressenden Viren bereits im vorigen Kapitel kennengelernt und wissen, daß sie meist aus einem DNS-Zentrum und einer Proteinhülle bestehen (s. Abb. 56—60). Ferner haben wir bereits erfahren, daß man auch bei Phagen bestimmte Erbeigenschaften, wie z. B. die Fähigkeit zur Vermehrung in bestimmten Bakterienstämmen, feststellen kann. Diese Fähigkeiten werden durch die Ausbildung bestimmter Eiweiße in der Phagenhülle bewirkt. Die Reihenfolge der Aminosäuren in diesen Eiweißen muß daher durch eine bestimmte Codon-Reihenfolge in der DNS der Phagen festgelegt sein.

Bringt man Bakteriophagen in Kontakt mit mutationsauslösenden Substanzen, so werden bei ihnen Erbänderungen (Mutationen) ausgelöst. Unter den vielen bekannten mutationsauslösenden Substanzen gibt es eine Gruppe, die für die Aufklärung der Anzahl der Code-Symbole pro Codon von großer Bedeutung ist. Das sind die „Acridine". Besonders bei dem Bakteriophagen T4 des Coli-Bakteriums wurde deren Wirkung eingehend untersucht. Nachdem viele Phagen isoliert worden sind, deren Fähigkeit, Bakterienzellen zu befallen, in charakteristischer Weise infolge der Acridinbehandlung abgeändert worden war, stellte sich heraus, daß diese „Mutanten" zwei Gruppen zuzuordnen waren. Diese Gruppen kann man als die „plus"- und die „minus"-Gruppe bezeichnen. Wenn in Kreuzungsexperimenten das abgeänderte Erbgut einer „plus"-Mutante mit dem einer „minus"-Mutante vereinigt wurde, so wurde die Erbänderung oft wieder aufgehoben, der ursprüngliche Phänotyp also wieder hergestellt. Dieses Ergebnis trat nicht ein, wenn die Erbdefekte von zwei „plus"- oder zwei „minus"-Mutanten vereinigt wurden. Dagegen führte eine Vereinigung von drei Erbdefekten des „plus"-Typs oder drei Mutationen des „minus"-Typs häufig wieder zur Herstellung des ursprünglichen Phänotyps. Diese Ergebnisse erscheinen zunächst sehr verblüffend. Wie lassen sie sich erklären?

Des Rätsels Lösung liegt in der Annahme, daß die Acridine in ganz besonderer Weise auf die Anordnung der Basenfolge in der DNS wirken. Offensichtlich können sie entweder den Zusatz, beim „plus"-Typ, oder den Verlust, beim „minus"-Typ, eines Basenpaares in der DNS-Doppelspirale herbeiführen und so eine Änderung des Code-Textes bewirken. Durch geeignete Kombinationen der Einzeldefekte in einer Doppelspirale kann dann der ursprüngliche Code-Text wiederhergestellt werden.

Verdeutlichen wir uns diese Prozesse an Hand der uns schon bekannten Code-Reihe, die zur Vervollständigung der DNS-Doppelspirale durch die komplementären Basen in der oberen Reihe zu ergänzen ist:

```
A T C   C T A   G T G   T G A   C T C   T A T
T A G   G A T   C A C   A C T   G A G   A T A
Codon 1   2       3       4       5       6
```

Durch Zusatz eines Basenpaares im Codon 2 ergibt sich daraus z. B.:

```
            Zusatz
              ↓
A T C   C T G   A G T   G T G   A C T   C T A   T
T A G   G A C   T C A   C A C   T G A   G A T   A
Codon 1   2*      3*      4*      5*      6*
```

Man sieht sofort, daß durch den Zusatz der ursprüngliche Code-Text vom zweiten Codon an verändert worden ist. (Die veränderten Codone sind durch ein * gekennzeichnet.) Eine Textveränderung erfolgt ebenfalls bei Verlust eines Basenpaares z. B. im Codon 1

```
Verlust
↑
A|C C   T A G   T G T   G A C   T C T   A T
T|G G   A T C   A C A   C T G   A G A   T A
Codon 1*  2*      3*      4*      5*
```

Es ist einleuchtend, daß solche Änderungen des Code-Textes als Erbänderungen in Erscheinung treten, denn da ganz andere Codone gebildet werden, sollte ein Protein mit ganz anderer Aminosäurenfolge oder überhaupt kein Protein aufgebaut werden. Durch Kombinationen einer „plus"- und einer „minus"-Mutation kann aber der ursprüngliche Code-Text wiederhergestellt werden, wie aus folgendem zu ersehen ist:

```
Verlust     Zusatz
 ↑            ↓
A|C C   T G A   G T G   T G A   C T C   T A T
T|G G   A C T   C A C   A C T   G A G   A T A
Codon 1*  2*      3       4       5       6
```

Desgleichen läßt sich der ursprüngliche Code-Text durch Kombination von drei Verlust- oder drei Zusatzmutationen wiederherstellen. So ergibt z. B. ein Verlust im 1., 2. und 3. Codon eine Wiederherstellung des Textes vom 4. Codon an.

```
Verlust     Verlust   Verlust
 ↑            ↑         ↑
A|C C   T A|T   G T|A   C T C   T A T
T|G G   A T|A   C A|T   G A G   A T A
Codon 1*  2*      3*      4       5
```

Ähnliches gilt für den dreifachen Zusatz. Voraussetzung ist jedoch stets, daß die Code-Einheiten tatsächlich jeweils aus 3 Symbolen bestehen, also ein „Triplet-Code" vorliegt. Bestehen die Codone aus vier oder mehr Symbolen, so kann nur die Kombination von vier oder mehr Mutationen vom „plus"- oder „minus"-Typ zur Wiederherstellung des Code-Textes führen. Da jedoch nur stets dreifache Kombinationen zur Aufhebung der eingetretenen Erbänderungen geführt haben, liegt ein deutlicher Hinweis auf einen Dreier-Code vor.

Wie die Beispiele gezeigt haben, bleiben bei einer durch Vereinigung mehrerer Mutationen in einer Doppelspirale hervorgerufenen Text-Wiederherstellung stets einige Codone verändert. Die Erbinformation ist also nicht völlig identisch wiederhergestellt. Jedoch weiß man aus anderen Erfahrungen, daß nicht immer alle Aminosäuren eines Proteins für dessen Funktionen bedeutungsvoll sind. Solange die abgeändert bleibenden Codone solche unkritischen Aminosäuren bestimmen, ist es daher nicht unplausibel, daß durch die weitestgehende Wiederherstellung des Code-Textes auch der ursprüngliche Phänotyp wiederhergestellt wird. Tatsächlich gibt es auch Dreier-Kombinationen von „plus"- oder „minus"-Mutationen, die zu keiner Wiederherstellung des ursprünglichen Phänotyps führen. In diesen Fällen steuern die verändert bleibenden Codone offensichtlich den Einbau kritischer, unersetzlicher Aminosäuren.

Zur Unterstützung der eben geschilderten Befunde über die Wirkung von Acridinen seien kurz noch einige Ergebnisse mit anderen mutagenen Substanzen angeführt. Darunter ist eine Gruppe für unsere Betrachtungen von besonderer Bedeutung. Die Molekülstruktur dieser Substanzen ist dem der Purin- oder Pyrimidinbasen der DNS sehr ähnlich. Sie werden daher auch als „Basenanaloga" bezeichnet. Basenanaloga wirken auf die Basenanordnung in der DNS anders als Acridine. Sie können bei der Verdopplung der DNS zu dem Ersatz eines Basenpaares durch ein anderes Paar führen. So kann anstelle des Paares Adenin-Thymin in der DNS unbehandelter Zellen das Paar Guanin-Cytosin in der DNS der Nachkommenschaft behandelter Zellen treten, oder umgekehrt anstelle G—C das Paar A—T. In der bereits oben angeführten Basenreihe einer DNS-Doppelspirale

A T C C T A G T G T G A C T C T A T
T A G G A T C A C A C T G A G A T A
Codon 1 2 3 4 5 6

würde sich das z. B. so auswirken

verändert
↓
A T C T T A G T G T G A C T C T A T
T A G A A T C A C A C T G A G A T A
Codon 1 2* 3 4 5 6

Die Änderung eines Basenpaares führt im Gegensatz zum Verlust nicht zu einer Verschiebung der Symbole in allen folgenden Codonen. Wenn das betroffene Codon jedoch die Information für eine wichtige Aminosäure enthält, kann es zum Verlust oder zur Änderung der Funktionen eines Proteins und damit zu einer wahrnehmbaren Erbänderung, also zur erblichen Veränderung des Phänotyps kommen.

Auch bei Bakteriophagen treten nach Behandlung mit Basenanaloga Mutationen auf. Kombiniert man Mutationen miteinander, die durch Basenanaloga induziert worden sind, so wird das ursprüngliche Erscheinungsbild nicht wiederhergestellt. Auch bei einer Kombination von Basenanaloga-induzierten und Acridin-induzierten Mutanten kommt es zu keiner Wiederherstellung des ursprünglichen Phänotyps. Da Basenanaloga keinen Einfluß auf Symbol-Verschiebungen im Code-Text haben, ist dieses Ergebnis auch nicht verwunderlich. Es bestätigt vielmehr die vorherigen Annahmen über die Struktur des genetischen Codes. Außer den hier geschilderten Experimenten gibt es heute bereits eine Fülle weiterer Versuche, die alle bestätigen, daß der genetische Code aus Einheiten von jeweils drei Symbolen besteht, die sich nicht überlappend aneinanderreihen.

Zur besseren Erinnerung an mögliche Veränderungen in der „Sprache der Vererbung" sei dem Leser, der sich bisher durch den zwar nicht ohne vorstellbaren Sinn, jedoch infolge der Beschränkung auf die vier Symbole A, C, G, T recht eintönig schematisierten Code tapfer hindurchgearbeitet hat, ein von Professor Urs Leupold in Bern entworfener Einzeiler anempfohlen.

„MAN LAS NUN SEI DER ZAR TOT“

In diesem Satz sind mehr als vier Symbole verwendet worden, jedoch bestehen alle seine Wörter aus drei Buchstaben und vermitteln dem Leser einen leicht verständlichen Sinn.

Verfahren wir ähnlich wie oben diskutiert, so ergibt sich bei Beibehaltung von Dreiergruppen durch Verlust eines Buchstabens:

Verlust
„MAN LAS ↑ UNS EID ERZ ART OT.“

oder durch Zusatz eines Buchstabens:

Zusatz
↓
„MAN LAS NUN SEI DHE RZA RTO T..“

Durch Kombination von Verlust und Zusatz kann entstehen:

↓
„MAN LAS↑UNS EID HER ZAR TOT“

woraus der Leser immerhin wieder die wesentliche Information „MAN LAS... ZAR TOT“ entnehmen kann. Dagegen führt der Verlust allein zu einer unzusammenhängenden Aufeinanderfolge von Wörtern und der Zusatz allein zu gänzlich unsinnigen Buchstabenkombinationen in allen Dreiergruppen hinter der Veränderungsstelle.

In ähnlicher Weise läßt sich nach dreifachem Zusatz

↓
„MAN LAS NEU NSE IDE RZA RTO T..“
↓ ↓
„MAN LAS NEU INS EID ERZ ART OT.“
↓ ↓ ↓
„MAN LAS NEU INS EIS DER ZAR TOT“

die wesentliche Satzaussage wieder entnehmen. Damit haben wir eine recht anschauliche Vorstellung möglicher Veränderungen in der „Sprache der Vererbung“ gewonnen, wie sie bei Mutationsereignissen auftreten können.

Nachdem die Entscheidung über die Natur des genetischen Codes nun gefallen ist, gilt es, die Bedeutung einzelner Codone zu entschlüsseln. Einen Zugang zu dieser zunächst recht schwierig erscheinenden Aufgabe vermitteln Kenntnisse der bei der zellulären Eiweißsynthese ablaufenden Prozesse.

In einem früheren Kapitel haben wir bereits die Ribosomen als Produktionsstätten der Eiweiße kennengelernt. Sie liegen im Cytoplasma. Die Rezepte für den Aufbau der Eiweiße sind dagegen im Zellkern untergebracht. Wie gelangt also die Information aus dem Zellkern zu den Ribosomen? Verläßt die DNS den Zellkern und wandert ins Cytoplasma, oder überträgt sie die Information auf ein anderes Molekül, das als Bote wirkt? Das zweite ist der Fall, wie man heute weiß. Die Aufdeckung der Übertragungsmechanismen ist wiederum zuerst bei Bakteriophagen und Bakterien gelungen.

Bei der Umsetzung der Erbrezepte in Eiweißmoleküle spielt ein besonderer Typ von Nucleinsäuren, die „Ribonucleinsäure" oder „RNS" eine wichtige Rolle. Die RNS ist ähnlich aufgebaut wie die DNS und besteht aus einer Nucleotidreihe, die sich aus Zuckermolekülen, Phosphatgruppen und stickstoffhaltigen Basen zusammensetzt. Als Zucker kommt jedoch anstelle einer Desoxyribose eine Ribose vor, die wir bereits als Baustein im ATP und NAD (Abb. 28 u. 29) kennengelernt haben.

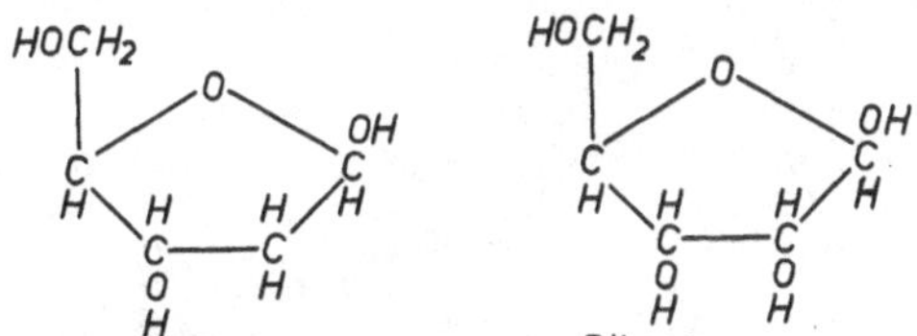

Desoxyribose Ribose

Die beiden Zuckermoleküle unterscheiden sich nur dadurch, daß bei der Ribose ein Sauerstoffatom mehr im Molekül vorhanden ist. Ein zweiter Unterschied zwischen DNS und RNS besteht in den vorkommenden Basen. RNS enthält in der Regel kein Thymin, sondern statt dessen die recht ähnlich gebaute Base Uracil, die anstatt einer CH_3-Gruppe ein H-Atom an einem Kohlenstoffatom (C) besitzt.

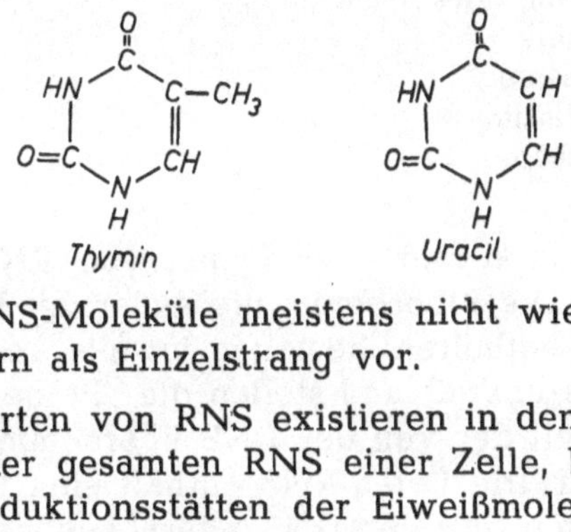

Thymin Uracil

Schließlich liegen RNS-Moleküle meistens nicht wie DNS-Moleküle als Doppelstrang, sondern als Einzelstrang vor.

Drei verschiedene Arten von RNS existieren in den Zellen. Der größte Anteil, etwa 85 % der gesamten RNS einer Zelle, befindet sich in den Ribosomen, den Produktionsstätten der Eiweißmoleküle. Diese Ribosomen-RNS hat ein Molekulargewicht[1] von etwa 1 Million und ist damit das größte RNS-Molekül. Ein zweiter RNS-Typ zeichnet sich dadurch aus, daß er eine Basenzusammensetzung hat, die recht genau derjenigen der DNS der betreffenden Zelle gleicht, wobei allerdings Thymin stets durch Uracil ersetzt ist. Diese RNS hat ein Molekulargewicht von 100 000 bis 500 000. Sie macht nur etwa 5 % der in der Zelle enthaltenen RNS aus und hat keinen festen Aufenthaltsplatz in der Zelle, sondern wandert vom Kern in das Cytoplasma. Sie ist der Überträger der genetischen Information von der DNS zu den Ribosomen und wird daher als „Boten-RNS" („Messenger-RNS" oder „m-RNS") bezeichnet. Die dritte RNS-Art

[1] Siehe Fußnote auf S. 129.

ist die sogenannte „Träger-RNS“ („Transfer-RNS“ oder „t-RNS). Mit einem Molekulargewicht von etwa 25 000 ist sie das kleinste RNS-Molekül der Zelle und besteht nur aus etwa 70—80 Nucleotiden. Die Träger-RNS macht etwa 10 % der Gesamt-RNS der Zelle aus. Ihren Namen hat sie deswegen erhalten, weil sie die in der Zelle vorhandenen Aminosäuren zu den Ribosomen trägt und so die Voraussetzung zum Aufbau der Eiweißmoleküle schafft. Im Frühjahr 1965 ist zum ersten Mal die genaue Nucleotidzahl einer t-RNS, der Alanin-t-RNS, bekannt geworden (Abb. 66).

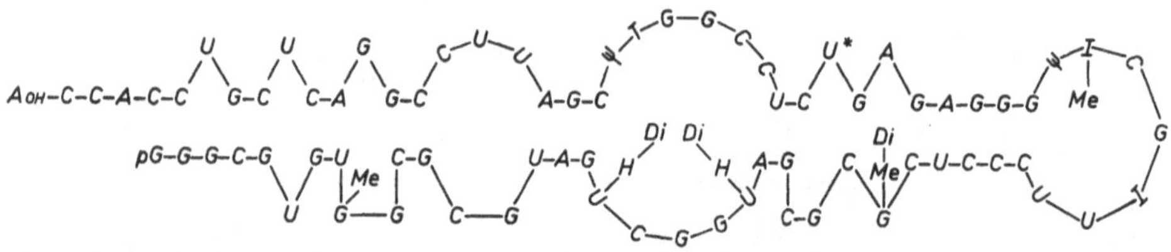

Abb. 66. Im Frühjahr 1965 von R. W. Holley und Mitarbeitern vorgeschlagene Struktur der Alanin-Träger-RNS, die aus 77 Nucleotiden besteht. Die genaue Reihenfolge aller Nucleotiden ist noch nicht endgültig bekannt. Das Strukturmodell zeigt aber eine mögliche Anordnung der 77 Nucleotide, die nur auf begrenzten Abschnitten komplementär einander gegenüberstehen und sich dort zu Doppelstrangabschnitten verbinden könnten. Auffällig ist das vereinzelte Auftreten unüblicher Nucleotide.

ψ: noch nicht identifiziertes Nucleotid
Me-I: Methylinosinsäure
Di-H-U: Dihydrouridylsäure
Di-Me-G: Dimethylguanylsäure
Me-G: Methylguanylsäure

Das Zusammenwirken dieser drei Typen von RNS-Molekülen ist aus Abb. 67 zu ersehen. Die Ribosomen, die außer der Ribosomen-RNS noch etwa 30 % Proteine enthalten, bestehen jeweils aus einer größeren und einer kleineren Untereinheit und stellen die „Prägemaschine“ dar, durch die die Boten-RNS mit der von der DNS übernommenen Erbinformation hindurchgeführt wird. Die Boten-RNS enthält eine Basenreihenfolge, die in Dreiereinheiten den von der DNS übernommenen Text für eine bestimmte Reihenfolge von Aminosäuren enthält. Beim Durchlaufen der Codone durch die Ribosomen lagert sich an jedes Codon eine passende Träger-RNS mit ihrer Aminosäure an. Die derart in Nachbarschaft gebrachten Aminosäuren, die sich in einem besonderen, aktivierten Zustand befinden, schließen sich dann zu einer Peptidkette zusammen. Dabei wird das jeweilige Träger-RNS-Molekül wieder frei. Für jede der 20 Aminosäuren gibt es mehrere Träger-RNS-Moleküle, die alle in der Lage sind, jeweils ein bestimmtes Codon der Boten-RNS zu erkennen, sich dort festzusetzen und dadurch eine durch den genetischen Code geregelte Aneinanderlagerung bestimmter Aminosäuren bewirken. Ist die ganze Boten-RNS durch ein Ribosom hindurchgezogen, so ist ein vollständiges

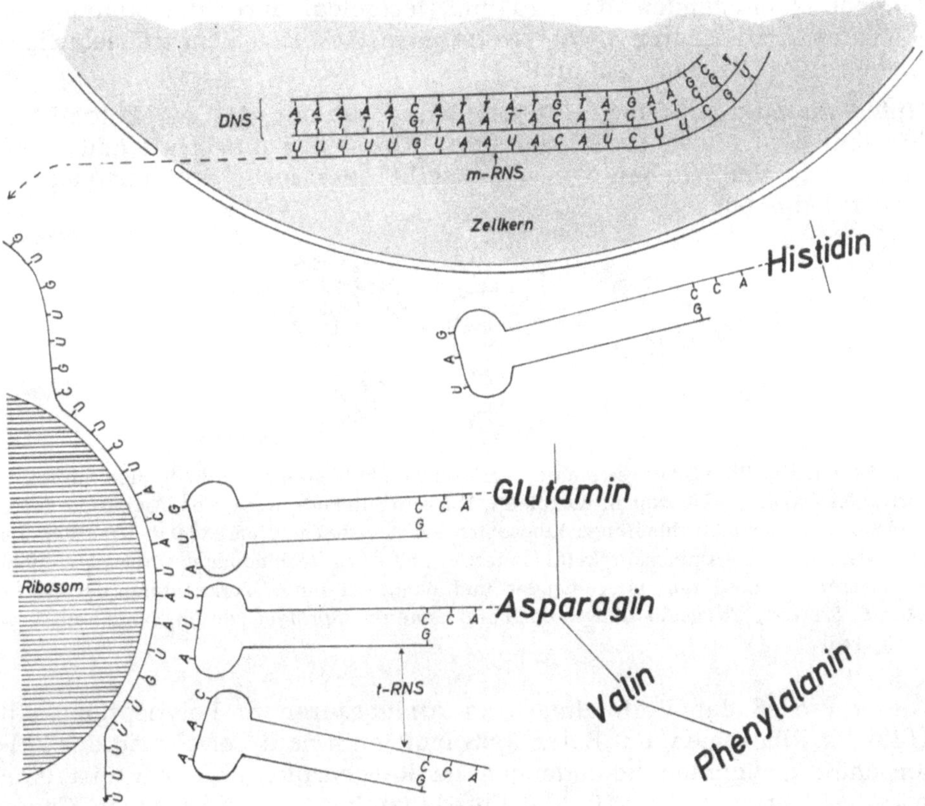

Abb. 67. Schematische Darstellung der zellulären Eiweißsynthese.
Die in der DNS enthaltene Information wird von einem m-RNS-Molekül übernommen. Es ist noch nicht geklärt von welchem der beiden DNS-Stränge die einsträngige m-RNS die Information übernimmt. Aus dem Zellkern wandert die m-RNS ins Cytoplasma zu einem Ribosom. Hier lagert sich an jeweils drei Basen eine Träger-RNS (t-RNS) an, an deren Ende eine aktivierte Aminosäure gekoppelt ist. Die durch die t-RNS in Nachbarschaft gebrachten aktivierten Aminosäuren verbinden sich zu einer Kette, die schließlich zum Eiweißmolekül wird. Im hier angenommenen Fall sind die Aminosäuren Glutamin und Asparagin gerade verbunden worden. Die t-RNS für Valin hat sich bereits von ihrer Aminosäure und von der m-RNS gelöst. Die t-RNS für Phenylalanin ist bereits aus dem Bild verschwunden. Als nächste Aminosäure wird Histidin an das Glutamin gekoppelt; die Histidin-t-RNS nähert sich bereits dem Ribosomen. Mit Phenylalanin-Valin-Asparagin-Glutamin-Histidin sind die ersten 5 Aminosäuren eines uns bereits bekannten Proteins aneinandergereiht. (Welches Protein ist gemeint?). Dem aufmerksamen Betrachter wird nicht entgehen, daß die Reihenfolgen der Basen in den Triplets für die angegebenen Aminosäuren nicht mit den Angaben in Tabelle 1 übereinstimmen. Um ihm tiefgründige Spekulationen zu ersparen, sei darauf hingewiesen, daß die erst kürzlich erfolgte Bestimmung der Basenreihenfolge in den einzelnen Codonen bei der Anfertigung dieses Schemas noch unbekannt war.

Polypeptid entstanden, das sich nun, festgelegt durch die Stellung bestimmter Aminosäuren in der Kette, mehrfach zu einem knäuelartigen Eiweißmolekül zusammenfaltet.

Untersuchungen an Säugetierzellen haben gezeigt, daß ein Boten-RNS-Molekül häufig vier, sechs oder mehr Ribosomen durchläuft und damit gleichzeitig den Aufbau von vier, sechs oder mehr Proteinmolekülen steuert (Abb. 68).

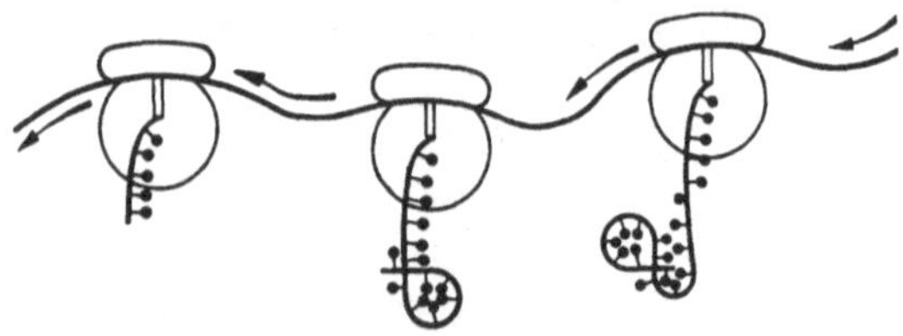

Abb. 68. Gleichzeitige Synthese mehrerer Eiweißmoleküle an einer m-RNS, die (von rechts nach links) mehrere Ribosomen durchläuft. Die sich bildende Kette von Aminosäuren ist natürlich am zuerst durchlaufenen Ribosomen am längsten und am zuletzt erreichten am kürzesten. Wird die Aminosäurekette länger, kommt es zu Verbindungen (Brückenbildung) bestimmter Aminosäuren untereinander und damit zu einer Verknäulung der Kette. *(Aus C. Bresch „Klassische und molekulare Genetik" Springer, Berlin-Heidelberg-New York 1965)*

Dieser Prozeß der Verbindung von Aminosäuren zu Polypeptiden mit Hilfe der Ribosomen und Boten-RNS läuft auch nach Zerstörung der Zellen unter geeigneten Bedingungen im Reagenzglas ab. Damit ist eine wichtige Voraussetzung für die Entschlüsselung des genetischen Codes gegeben.

Bricht man z. B. Zellen des Bakteriums *Escherichia coli* auf und zentrifugiert den erhaltenen Zellbrei in einer Ultrazentrifuge, so setzen sich alle schweren Zellbestandteile am Boden des Zentrifugengläschens ab. Im Überstand findet man die Boten-RNS sowie viele Enzyme. Durch vorsichtiges Abgießen des Überstandes kann man diese Zellkomponenten isolieren. Werden diesen isolierten Komponenten nun Coli-Ribosomen und radioaktiv markierte Aminosäuren zugesetzt, so bilden sich bei Anwesenheit von ATP-Molekülen als Energiequelle und bestimmten Konzentrationen von Magnesium-Ionen bei 37° C in kurzer Zeit radioaktive Polypeptide. Die zugesetzten Aminosäuren werden also zu einer Peptidkette zusammengefügt. Wird diesem zellfreien System schließlich eine andersartige RNS, z. B. von einem Bakteriophagen[1], zugesetzt, dann werden plötzlich Polypeptide aufgebaut, die im Bakterium gar nicht vorkommen,

[1] Wie bereits früher erwähnt, gibt es seltene Bakteriophagen, die keine DNS, sondern RNS enthalten.

sondern in der Proteinhülle des entsprechenden Bakteriophagen zu finden sind. Damit ist ein eindeutiger Beweis erbracht, daß die Boten-RNS wirklich den spezifischen Aufbau der Proteine steuert.

Ein entscheidender Fortschritt bei der Lösung des Code-Problems wurde erzielt, als es schließlich gelang, RNS-Moleküle von bekannter Zusammensetzung künstlich aufzubauen. So läßt sich z. B. eine künstliche RNS herstellen, die nur Uracil als Basen enthält. Damit besitzen wir eine erste Möglichkeit, ein ganz bestimmtes Codon auf seine Bedeutung zu prüfen. Da diese künstliche RNS nur aus Uracil-Basen besteht, kann sie natürlich nur Codone vom Typ UUU bilden. Mit Spannung ist nun zu erwarten, was passiert, wenn man einem 20 Aminosäuren nebst allen anderen wichtigen Komponenten enthaltenden zellfreien System die künstliche Poly-U-RNS hinzufügt. Und tatsächlich ist das Ergebnis überraschend. Wie zuerst Nirenberg und Matthei 1961 gefunden haben, wird von allen 20 Aminosäuren eine besondere herausgesucht und aus dieser ein Polypeptid aufgebaut. Diese Aminosäure ist das Phenylalanin.

Damit haben wir das erste Wort des genetischen Codes entschlüsselt.

U U U	U U U	U U U	U U U	U U U	U U U
Codon 1	2	3	4	5	6
bedeutet Phenylalanin	Phenylalanin	Phenylalanin	Phenylalanin	Phenylalanin	Phenylalanin

Dieser Erfolg regte natürlich zu weiterem intensiven Forschen an, und tatsächlich entwickelte sich in manchen Laboratorien in den Jahren 1962 und 1963 ein wahrhaft hektisches Bemühen, die Geheimnisse der Schrift des Erbgutes zu entschlüsseln. Boten-RNS-Moleküle mit unterschiedlichen Mengen verschiedener Nucleotide wurden nun künstlich hergestellt und ihre Wirkungsweisen in zellfreien proteinsynthetisierenden Systemen geprüft. Dabei stellte sich zunächst eine nicht unbedeutende Schwierigkeit in den Weg. Zwar lassen sich künstlich RNS-Moleküle aus einem Gemisch verschiedener Nucleotide relativ leicht aufbauen, jedoch bleibt die genaue Reihenfolge der Nucleotide unbekannt, denn die Anordnung der Nucleotide im RNS-Molekül erfolgt rein zufällig. Man kann aus diesen Versuchen daher nur erfahren, daß bei Anwesenheit bestimmter Nucleotidbasen in bestimmten Mengenverhältnissen der Einbau bestimmter Aminosäuren in eine Polypeptidkette stimuliert wird. Daraus wiederum kann man unter Berücksichtigung einer zufälligen Verteilung der Basen schließen, welche Basenkombinationen für den Einbau bestimmter Aminosäuren von Bedeutung sind. Man kennt dann die zu einem Codon gehörenden Symbole; unbekannt bleibt jedoch die Reihenfolge dieser Symbole. Wenn z. B. die Basen C, G und U zu dem Codon für die Aminosäure Alanin gehören, bleibt ungewiß, ob sie als CGU, CUG, UGC, UCG, GUC oder GCU in der Zelle abgelesen werden.

Tab. 1
„Lexikon des genetischen Codes"
Die 20 biologisch bedeutsamen Aminosäuren und ihre vermutlichen Boten-RNS-Codone.

Aminosäuren	Codone					
Alanin	GCU	GCC	GCA	GCG		
Arginin	CGU	CGC	CGA	CGG	AGA	AGG
Asparagin	AAU	AAC				
Asparaginsäure	GAU	GAC				
Cystein	UGU	UGC				
Glutamin	CAA	CAG				
Glutaminsäure	GAA	GAG				
Glycin	GGU	GGC	GGA	GGG		
Histidin	CAU	CAC				
Isoleucin	AUU	AUC				
Leucin	UUA	UUG	CUG	CUA	CUU	CUC
Lysin	AAA	AAG				
Methionin	AUA	AUG				
Phenylalanin	UUU	UUC				
Prolin	CCU	CCC	CCA	CCG		
Serin	UCU	UCC	UCA	UCG	AGU	AGC
Threonin	ACU	ACC	ACA	ACG		
Tryptophan	UGA	UGG				
Tyrosin	UAU	UAC				
Valin	GUU	GUC	GUA	GUG		
„Unsinn"	UAA	UAG				

Erst in allerjüngster Zeit ist es gelungen, Aufschlüsse über die genaue Reihenfolge der Basen eines Codons zu bekommen. Es begann damit, daß außer dem bereits erwähnten Poly-U-Molekül, das nur Uracil als Base enthielt, weitere RNS-Moleküle künstlich hergestellt werden konnten, in denen ebenfalls nur Nucleotide mit gleichen Basen eingebaut wurden. So fand man, daß ein Poly-A-Molekül, das nur Adenin als Base enthält, den Einbau von Lysin bewirkt, ein Poly-C-Molekül dagegen den Einbau von Prolin. Damit war jedoch nur ein erster Schritt unternommen. Eine entscheidende Aufklärung wurde erreicht, als es gelang, einzelne Nucleotide an künstlich hergestellte Poly-U- oder Poly-A- oder Poly-C-Moleküle anzuhängen und zu beobachten, welche Aminosäuren außer Phenylalanin, Lysin bzw. Prolin in einem geeigneten zellfreien System eingebaut werden. Schließlich aber gelang der Aufbau von Gruppen aus jeweils drei in bekannter Reihenfolge aufeinanderfolgenden Nucleotiden. Die Überprüfung der Fähigkeiten solcher genau bekannter Nucleotid-Triplets in zellfreien Systemen hat außerordentlich wichtige Beiträge zur Identifizierung des genetischen Codes geliefert.

Im Frühjahr 1965 wurde von Nirenberg und Mitarbeitern eine Tabelle veröffentlicht, die die Versuchsergebnisse mehrerer Forschergruppen zusammenfaßt und erstmalig die wahrscheinliche Bedeutung aller 64 möglichen Basenkombinationen angibt. Wenn man die 20 biologisch bedeutsamen Aminosäuren alphabetisch anordnet und die dazugehörigen Dreiergruppen hinzusetzt, erhält man gewissermaßen ein „Lexikon des genetischen Codes" (s. Tab. 1).

Dem Betrachter dieser lexikalischen Aufstellung wird sofort auffallen, daß für jede Aminosäure mehrere Codone angegeben werden. Bereits in einem früheren Abschnitt hatten wir uns schon überlegt, daß aus vier verschiedenen Basen $4 \times 4 \times 4 = 64$ verschiedene Dreiergruppen zusammengestellt werden können. Da nur 20 Aminosäuren existieren, übertrifft die Zahl der möglichen Codone also bei weitem die Zahl der Aminosäuren. Diesen Überfluß hat die Natur dazu verwendet, jeder Aminosäure mehrere Code-Wörter zu geben. Für die Aminosäuren Arginin, Leucin und Serin stehen sogar 6 Wörter zur Verfügung. Wir haben also einen „degenerierten" Code vor uns[1].

Schließlich sei hervorgehoben, daß zwei Triplets, UAA und UAG, offensichtlich überhaupt keine Informationen für eine Aminosäure enthalten. Sie stellen, was die Aminosäure-Wörter betrifft, „Unsinn" dar, ähnlich wie die nach Zusatz eines Buchstabens entstandenen Wörter „DHE RZA RTO" in dem Satz „MAN LAS NUN SEI DER ZAR TOT" auf Seite 146. Dieser „Unsinn" mag jedoch für den Ablauf von Proteinsynthesen nicht ohne Bedeutung sein. So gibt es eine Reihe von Hinweisen dafür, daß „Unsinn-Triplets" das Ende von Peptidketten anzeigen können. Wenn nämlich ein „Unsinn-Triplet" eines Boten-RNS-Moleküls an diejenigen Stellen der Ribosomen gelangt, an denen Aminosäuren zu Polypeptiden verbunden werden (vgl. Abb. 67 auf S. 149), so kann an dieser Stelle natürlich keine Aminosäure angelagert werden. Die Peptidkette wird dann möglicherweise unterbrochen und dadurch eine weitere Anlagerung von Aminosäuren verhindert. „Unsinn-Triplets" hätten dann die Bedeutung: „Proteinsynthese stop!" und könnten damit wichtige Aufgaben im Stoffwechsel der Zelle erfüllen.

An dieser Stelle sind wir in Forschungsbereiche vorgedrungen, wo beinahe täglich neue Ergebnisse bekannt werden. Es sei daher davor gewarnt, das hier vorgestellte „Lexikon des genetischen Codes" schon als endgültige Fassung anzusehen. Neue Versuche werden möglicherweise noch einige Änderungen notwendig machen. Dennoch können wir sicher sein, Zeugen grundlegender Arbeiten zur Entschlüsselung der Schrift des Erbgutes geworden zu sein, und jetzt mit verstärktem Interesse den weiteren Verlauf der Entschlüsselungsbemühungen verfolgen.

---

[1] Als „degeneriert" wird ein Code bezeichnet, der über mehrere Ausdrücke für einen Begriff verfügt.

Die grundlegenden Versuche zur Entschlüsselung des genetischen Codes wurden an Zellkomponenten durchgeführt, die aus Bakterienzellen gewonnen worden waren. Gilt nun der so entschlüsselte Code nur für Bakterien oder auch für andere Organismen? Liegt ein „universeller" Code vor, oder kann ein bestimmtes Basen-Triplet in verschiedenen Organismen verschiedene Aminosäuren codieren?

Diese Fragen nach der Universalität des genetischen Codes sind natürlich von großem Interesse für ein Verständnis der Lebensprozesse. Eine Reihe von Versuchen wurde auch bereits durchgeführt, um dieses Problem experimentell zu analysieren. So lassen sich z. B. bei einer Mischung einzelner zur Proteinbiosythese notwendiger Komponenten, die verschiedenen Organismen entnommen wurden, erste Anhaltspunkte über die Allgemeingültigkeit des Codes gewinnen. Wurden Ribosomen und Boten-RNS aus hämoglobinbildenden Zellen (Reticulozyten) eines Kaninchens gewonnen und mit Träger-RNS aus Coli-Bakterien zusammengebracht, so bildete sich ein Protein, das mit dem normalen Kaninchenhämoglobin identisch zu sein scheint. Daraus ergibt sich, daß die Codone der Kaninchen-Boten-RNS von den Coli-Träger-RNS-Molekülen erkannt werden können. Die Träger-RNS-Moleküle bringen die entsprechenden Aminosäuren zusammen, die sich dann zu einer Peptidkette und schließlich zum Protein verbinden.

Andere Versuche haben gezeigt, daß Bakterienzellen in der Lage sind, den Code der DNS des Vakzinevirus, eines nur in Zellen höherer Tiere sich normalerweise vermehrenden Virus, zu „lesen" und ein typisches Vakzinevirus-Protein aufzubauen. Schließlich wurden synthetische Boten-RNS-Moleküle zellfreien Systemen aus Säugetierzellen zugesetzt und die erhaltenen Polypeptide mit denen, die aus zellfreien Systemen von Bakterienzellen erhalten worden waren, verglichen. Es ergaben sich keine Unterschiede in den synthetisierten Polypeptiden. Sowohl die Träger-RNS aus Bakterienzellen als auch die aus Säugetierzellen ist also befähigt, den Code einer Boten-RNS in gleicher Weise abzulesen. Der Code ist demnach für beide Zelltypen in gleicher „Schrift" geschrieben.

Diese kurzen Betrachtungen können mit der Feststellung abgeschlossen werden, daß alle bisher durchgeführten Experimente für das Vorliegen eines universellen genetischen Codes, dessen Gültigkeit sich von den Bakterien bis zu den Säugetieren erstreckt, sprechen. Dabei muß daran erinnert werden, daß vielen Aminosäuren mehrere Codone zukommen, daß der Code also „degeneriert" ist. Daraus ergeben sich bestimmte Möglichkeiten, deren Realisation heute noch nicht geklärt ist. So könnten z. B. von den mehreren für eine Aminosäure vorliegenden Code-Wörtern ein bestimmtes bei einer Organismenart bevorzugt und andere wieder bei einer anderen Organismenart vorwiegend angewandt werden. Kennt man die Degeneration des genetischen Codes noch nicht vollständig, so könnte man in solchen Fällen zunächst geneigt sein, seine Universalität in Frage zu stellen. Aus diesem Beispiel wird klar ersicht-

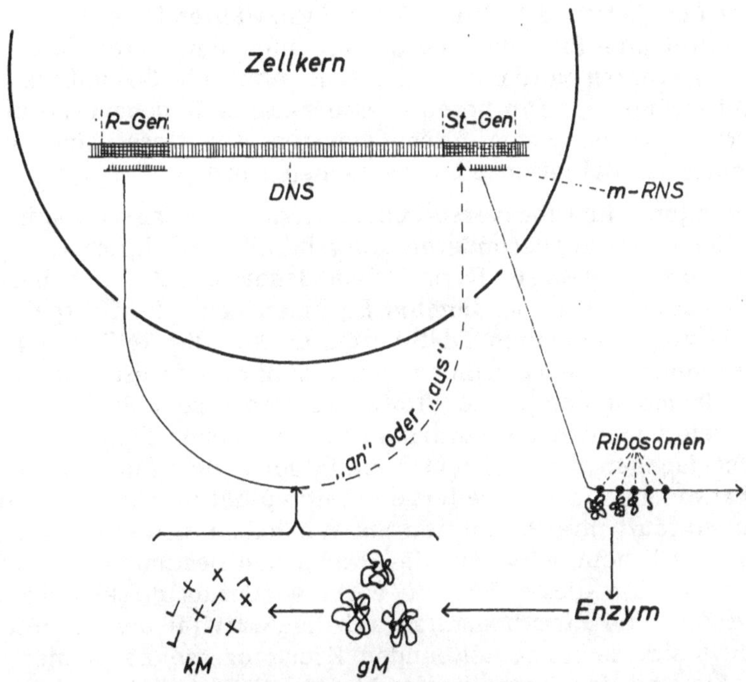

Abb. 69. Beispiel für einen biologischen Regelkreis.
Ein Abschnitt der DNS steuert als „Struktur-Gen" (St-Gen) den Aufbau und die Struktur eines bestimmten Enzyms. Das geschieht dadurch, daß die in dem DNS-Abschnitt gespeicherte Information von einem m-RNS-Molekül übernommen und zu den Ribosomen befördert wird. Hier erfolgt die Synthese des Enzyms. Dieses zerlegt im Zelleib große Moleküle (gM) in kleine Moleküle (kM). Ein anderer Abschnitt der DNS wirkt als „Regulator-Gen" (R-Gen) und sendet einen Boten (wahrscheinlich m-RNS) in den Zelleib. Die Menge der in der Zelle vorhandenen großen und kleinen Moleküle beeinflußt den Boten so, daß er bei seiner Rückkehr in den Zellkern die Produktion von enzymsynthetisierender m-RNS des St-Gens an- oder ausstellen kann. Auf diese Weise wird eine ökonomische Herstellung des Enzyms gewährleistet.

lich, wie wichtig die Bestimmung der Code-Degeneration ist, um wirklich eindeutige Entscheidungen über die Universalität des genetischen Codes treffen zu können.

In großen Zügen haben wir bei der Verfolgung der Bemühungen zur Entschlüsselung des genetischen Codes auch die Prozesse kennengelernt, die in der Zelle bei der Synthese von Eiweißmolekülen ablaufen. Nun baut aber nicht jede Zelle fortdauernd alle möglichen Eiweißmoleküle auf. Während der Zellvermehrung sind die Zellen natürlich besonders aktiv, jedoch gibt es auch Ruhezeiten, in denen die Syntheseprozesse stark gedrosselt sind. Besonders während der Embryonalentwicklung vielzelliger Organismen spielen spezifische Aktivitätsphasen bestimmter Zellgruppen eine große Rolle. Das haben wir bereits in Kapitel II, 3 eingehender erörtert. Allgemein gesagt, gibt es für jede Zelle Zeiten der

Aktivität und Zeiten der Ruhe. Aber auch während der aktiven Zeiten werden nicht alle Eiweiße gleichzeitig aufgebaut, deren Strukturpläne in den Erbrezepten vorhanden sind (vgl. Abb. 47). So muß es eine bestimmte Regelung der Syntheseprozesse in der Zelle geben. Hierüber weiß man allerdings erst wenig. Diese wenigen Kenntnisse sind wiederum vornehmlich an Bakterienzellen gewonnen worden.

In bestimmten Mutationsversuchen mit Bakterien hat es sich gezeigt, daß es Gene mit der besonderen Aufgabe gibt, die Informationsabgabe anderer Gene zu steuern. Je nach dem Bedarf der Zelle an bestimmten Eiweißmolekülen, z. B. bestimmten Enzymen, wird die Übergabe der Information von bestimmten DNS-Bereichen auf die RNS geregelt. Sind viele Enzymmoleküle vorhanden, oder ist ihre Anwesenheit nicht notwendig, da momentan keine Stoffwechselprozesse ablaufen, die durch sie katalysiert werden, so werden auch keine neuen Enzymmoleküle gebildet. Ist dagegen ihre Konzentration in der Zelle zu gering und häufen sich Substrate an, die zur Weiterverarbeitung auf ihre Wirkung angewiesen sind, so läuft ihre Produktion an. Wir haben also einen Kreisprozeß vor uns. Das Erbgut wirkt auf die Produktion bestimmter Enzyme, und die Konzentration dieser Enzyme wirkt wiederum direkt oder indirekt über verschiedene Zwischenstufen auf die Aktivität des Erbgutes (Abb. 69). Solche sich selbst regulierenden Kreisprozesse nennt man „Regelkreise". Sie sind dem Techniker recht gut bekannt und werden z. B. bei der elektronischen Steuerung vieler industrieller Vorgänge häufig aufgebaut. In den Zellen der meisten Organismen sind die einzelnen Glieder solcher Regelkreise allerdings heute noch weitestgehend unbekannt. Dennoch können wir wohl annehmen, daß auf diese Weise eine geregelte Abgabe der Erbinformation, die ja eine notwendige Voraussetzung bei der Entwicklung aller Lebewesen ist, erfolgen kann.

Der Leser wird sich sicherlich schon mehrmals gefragt haben, welche Beziehungen eigentlich zwischen den Nucleotidreihen der DNS und den Erbanlagen oder Genen bestehen. Erinnern wir uns daran, daß wir bereits zum Abschluß des Kapitels III, 1 zu der Feststellung gelangt waren, daß Gene eine lineare Ausdehnung besitzen. Da wir jetzt wissen, daß die Erbinformationen in der Reihenfolge der Nucleotide der DNS verschlüsselt sind, können wir also direkt fragen: Wie viele Nucleotide gehören zu einem Gen?

Um diese Frage beantworten zu können, müssen wir uns klarmachen, welche Aufgaben Gene haben.

Gene bewirken die Ausbildung bestimmter Erbmerkmale, etwa die Bildung runder oder runzliger Samen bei der Erbse, blauer oder brauner Augen beim Menschen, um nur zwei Beispiele zu nennen. Die Ausbildung bestimmter Merkmale ist das Ergebnis meist bisher noch recht wenig in den Einzelgliedern bekannter Stoffwechselprozesse in den Zellen. Die Verknüpfung der Einzelglieder dieser Kettenprozesse erfolgt durch die Wirkung von Spezialmolekülen, den „Enzymen". Fehlt einem Organismus ein Enzym, oder ist es in einem unwirksamen Zustand, werden bestimmte Stoffwechselprozesse an bestimmten Stellen unterbrochen. Damit kommt es auch nicht zur Ausbildung bestimmter Eigenschaften des Organismus. Die Enzyme sind daher entscheidende Faktoren bei der Steuerung von Stoffwechselprozessen. Sie bestehen zum wesentlichen Teil aus Proteinen, also geordneten Ketten von Aminosäuren. Die Reihenfolge der Aminosäuren in diesen Ketten wird durch Informationen in der DNS bestimmt. Wird die Reihenfolge verändert, so kann das Enzym seine Wirksamkeit verlieren. Als Folge dieses Aktivitätsverlustes werden bestimmte Stoffwechselprozesse unterbrochen und bestimmte Erbmerkmale verändert.

Ein Gen kann also als derjenige Abschnitt in der DNS angesehen werden, der die Aminosäurefolge eines Enzyms bestimmt. Da Enzyme stets eine ganze Reihe von Aminosäuren, oft mehr als hundert, enthalten, da weiterhin jede Aminosäure durch drei Nucleotidbasen bestimmt ist, so kann ein Gen DNS-Bereiche von tausend oder mehr Nucleotidpaaren umfassen.

Bezeichnen wir Nucleotid-Triplets als „Codone" oder als „Wörter", ist der Bereich eines Gens ein „Satz", in dem die Aussage für den Aufbau eines Enzyms niedergelegt ist. Die Summe der in einer Zelle enthaltenen DNS verkörpert dann die Summe der Sätze, also den Text der Erbanweisungen oder Erbrezepte zur Ausübung von Stoffwechselprozessen.

Wenn wir uns daran erinnern, wie verschiedenartig die Zelltypen sind, aus denen sich vielzellige Organismen zusammensetzen, so werden wir erwarten, daß in den Zellen vielzelliger Organismen wesentlich vielseitigere Erbrezepte niedergelegt sind als etwa in Einzellern. Vielseitigere Erbrezepte deswegen, weil umfangreiche Erbanweisungen zur Steuerung der notwendigen Differenzierungsprozesse erforderlich sind (vgl. Kapitel II). Da nun die Erbrezepte linear in der Struktur der fadenförmigen DNS-Moleküle niedergeschrieben sind, so sollte die Länge der Erbanweisungen zu der Länge der DNS-Fäden in Beziehung stehen. In vielzelligen Organismen mit umfangreichen Erbanweisungen sollten wir dementsprechend mehr DNS pro Zellkern finden als z. B bei Einzellern. Diese Vermutung wird durch einige elektronenmikroskopische und biochemische Untersuchungen bestätigt. So beträgt die Länge des DNS-Fadens eines Bakteriophagen etwa 50 μ (s. Abb. 56 auf Seite 121). Das Bakterium *Escherichia coli* dagegen enthält einen DNS-Faden von etwa 1000 μ oder 1 mm Länge. Man schätzt, daß die DNS, die in den Chromosomen einer Zelle der Taufliege *Drosophila melanogaster* (s. Abb. 21 b auf Seite 44) vorhanden ist, etwa 16 mm lang ist. Die gesamte Länge der DNS-Fäden eines Chromosomensatzes menschlicher Zellen schließlich (s. Abb. 21 a auf Seite 43) ist noch wesentlich länger und beträgt viele Zentimeter. Wenn man von einem in der wissenschaftlichen Literatur zuweilen angeführten Schätzwert von 20 mm DNS-Länge für ein menschliches Chromosom ausgeht, errechnet sich sogar ein Wert von knapp 1 m für die Länge der DNS aller 46 Chromosomen aus einer Zelle. Sind die Werte für Taufliege und Mensch auch nur sehr grobe Schätzungen, so ist doch eine deutliche Zunahme der Gesamtlänge der vorhandenen DNS vom Bakteriophagen über Bakterium und Taufliege bis hin zum Menschen unverkennbar. Während die DNS bei Bakteriophagen und Bakterien tatsächlich als ein Faden, der oft ringförmig geschlossen sein kann, vorkommt, sind die für die Vielzeller angegebenen Werte natürlich als Summe der Länge vieler Einzelfäden anzusehen.

Nachdem wir wissen, daß die DNS das Material darstellt, in dem die Erbrezepte verankert sind, wird uns nun auch nicht mehr die früher getroffene Feststellung verwundern, daß mit zunehmendem Differenzierungsgrad der Organismen keine eindeutige Zunahme der Chromosomenzahl verbunden ist (vgl. Seite 44). Nicht die Anzahl der Chromosomen pro Zellkern ist ein Kennzeichen der Menge der Erbanweisungen, sondern der Gehalt an DNS. Dabei ist es von untergeordneter Bedeutung, ob die DNS auf viele Chromosomen verteilt oder auf wenigen konzentriert untergebracht ist. Allerdings sei betont, daß, wenn auch ein deutlicher Unterschied im DNS-Gehalt pro Zelle zwischen Bakterien und Vielzellern festzustellen ist, wir nicht der Versuchung unterliegen dürfen, den Organisationsgrad von Organismen aus dem Mengenverhältnis ihrer pro Zelle enthaltenen DNS einzuschätzen. So enthalten die Zellen eines Frosches mehr als doppelt so viel und die Zellen eines Lungenfisches mehr als 16 mal so viel DNS wie menschliche Zellen. Man merkt an diesen Beispielen, daß Konstruktions- und Betriebsanweisungen für komplexe Vorrichtungen auch von der Natur in kürzerer, gestraffter oder längerer, ausführlicher Form dargelegt werden können.

Wir wollen hiermit dieses Kapitel beschließen und noch einmal unsere bisherigen Erkenntnisse zusammenfassen. Nachdem wir die wichtigsten Strukturen, aus denen Lebewesen aufgebaut sind, kennengelernt haben, wurde es möglich, auch die zentralen Steuerungszentren der Lebensvorgänge zu identifizieren. Diese Identifikation ermöglichte weiterhin die Bestimmung derjenigen Strukturen, die die Informationen zur Steuerung der Lebensprozesse enthalten. Nachdem wir schließlich erkannt hatten, mit welchen Symbolen die Erbrezepte in der Zelle niedergelegt sind, war eine wesentliche Voraussetzung zu ihrer Entschlüsselung geschaffen. Zwar mühsam, aber doch deutlich können wir bereits einige Wörter entziffern. Der nahen Zukunft bleibt es vorbehalten, die Textstudien der Erbrezepte zu intensivieren, so wie der Entdecker der mehrfach erwähnten Bibliothek sich zum Abschluß seines Unternehmens eingehend in die Konstruktionstexte der aufgefundenen und aufgeschlagenen Bücher vertiefen wird.

Was haben wir damit über das Leben erfahren, und was bedeuten diese Erfahrungen für uns als Lebewesen und Teil der belebten Welt? Im letzten Kapitel werden wir uns noch eingehender mit dieser Frage beschäftigen. Zur Vorbereitung dieser Diskussion muß jedoch zunächst noch ein bisher unberücksichtigtes Gebiet behandelt werden, nämlich unsere Kenntnisse über die mögliche Bildung lebensfähiger Strukturen aus unbelebter Materie. Erst nachdem wir einige Vorstellungen über grundlegende Lebensstrukturen und -mechanismen gewonnen haben, können wir uns dieser Aufgabe jetzt sinnvoll zuwenden.

Empfohlene Literatur

Bresch, C.: Klassische und molekulare Genetik. Berlin 1964.
Fritz-Niggli, H.: Vererbung bei Mensch und Tier, 2. Aufl. Stuttgart 1961.
Karlson, P.: Kurzes Lehrbuch der Biochemie, 5. Aufl. Stuttgart 1966.
Kühn, A.: Grundriß der Vererbungslehre, 3. Aufl. Heidelberg 1961.
Lehnartz, E.: Einführung in die chemische Physiologie. Berlin 1959.
Marquardt, H.: Natürliche und künstliche Erbänderungen, Rohwohlts Deutsche Enzyklopädie Nr. 44. Hamburg 1957.
Weidel, W.: Virus und Molekularbiologie, 2. Aufl. Berlin 1964.

Die Angaben der Tabelle 1 entstammen:

N. Nierenberg u. a., Proc. Nat. Acad. Sci. 53, 1161, 1965.

IV. Materie und Leben

Blicken wir um uns und betrachten die Dinge unserer Umwelt, so fällt es uns zunächst nicht schwer, Unbelebtes von Belebtem zu trennen. Ein Stein oder ein Stück Eisen unterscheiden sich in vielen Eigenschaften deutlich von einem Hund oder einem Baum. Diese Unterschiede bleiben dem denkenden Menschen nicht verborgen, und er beginnt, Überlegungen anzustellen über die Beziehungen zwischen den unbelebten und belebten Gegenständen seiner Umwelt. Zunächst ist er auf Spekulationen angewiesen, die je nach den berücksichtigten Voraussetzungen zu den verschiedensten Ergebnissen führen können. So waren unsere Vorfahren für lange Zeit fest überzeugt, daß Lebewesen unter gewissen Bedingungen aus unbelebter Materie vielerorts und ständig neu entstehen würden. Derartige Ansichten sind uns bereits von Aristoteles (384—322 v. Chr.) überliefert. Sie verloren erst im 19. Jahrhundert infolge der Untersuchungen Pasteurs (1822—1895) an Überzeugungskraft. In vielen scharfsinnig angelegten Versuchen konnte dieser Forscher den eindeutigen Nachweis erbringen, daß sich Lebewesen in bestimmten Substraten nur entwickeln, wenn sie Zugang zu diesen Substraten haben. Tötet man durch geeignete Methoden, wie z. B. Erhitzen, alle in einem Substrat vorhandenen Lebewesen ab und verhindert das Eindringen neuer Lebewesen, indem man das Substrat hermetisch abschließt, so entwickelt sich auch kein Leben. Aus dieser Erkenntnis sind z. B. die heute üblichen Sterilisierungsmethoden zur Erhaltung von Lebensmitteln entwickelt worden.

Der Nachweis, daß Leben nicht ständig spontan vielerorts aus unbelebter Materie hervorgeht, fordert neue Überlegungen über die Herkunft und Entstehung der in vieler Hinsicht so auffälligen Lebewesen heraus. Das um so mehr, als wir ja selbst ein Teil der belebten Materie sind. An Spekulationen hat es auch in dieser Situation nie gemangelt. Während die einen z. B. glauben, daß das Leben zu seiner Entstehung besonderer, in der unbelebten Materie nicht anzutreffender Gesetzmäßigkeiten bedürfe, sind andere der Überzeugung, daß die Gesetze der unbelebten Materie wohl ausreichen, unter bestimmten Umständen Leben aus unbelebter Materie entstehen zu lassen. Solange diese Meinungen vorwiegend aus reinen Spekulationen hervorgegangen waren, sind sie zwar geeignet, uns Aufschlüsse über die Denkweise und Wünsche ihrer Urheber zu geben, vermitteln jedoch keine begründeten Vorstellungen über die bei der Entstehung von Lebewesen ablaufenden Vorgänge.

Abb. 70.
Louis Pasteur (1822—1895)

Eine neue Situation jedoch hat sich in jüngster Zeit ergeben. An die Stelle bloßer Spekulationen ist das Experiment getreten. Da heute die wesentlichen Bausteine, aus denen Lebewesen bestehen, bekannt sind, stellt sich uns als erstes die Frage: Können wichtige Bausteine der Lebewesen aus unbelebter Materie entstehen, und wenn ja, unter welchen Bedingungen?

Experimente zur Beantwortung dieser Frage werden in besonders intensiver Weise seit etwa einem Jahrzehnt in vielen Laboratorien durchgeführt. Im folgenden Abschnitt wollen wir uns kurz mit diesen Versuchen beschäftigen.

Das Auftreten wesentlicher Bausteine ist eine wichtige Voraussetzung für die Entstehung des Lebens. Leben, so wie es uns heute vielfach vor Augen tritt, ist aber nicht nur eine bloße ungeordnete Anhäufung bestimmter Bausteine, sondern es ist besonders gekennzeichnet durch eine geordnete Ansammlung von Bausteinen, die zur Ausbildung bestimmter Strukturen, vor allem membranumschlossener Räume, führt. Wir werden uns daher zweitens folgenden Fragen stellen müssen: Was ist heute über die Entstehungsmöglichkeiten biologisch bedeutsamer Strukturen bekannt? Gibt es experimentelle Hinweise auf Möglichkeiten einer abiogenen Bildung solcher Strukturen?

Nach der Erörterung dieser Fragen bleibt schließlich zu überlegen, ob und an welcher Stelle, sich ein Übergang von unbelebter zu belebter Materie feststellen läßt.

1. Die Herkunft der Baumaterialien

Aus den Darstellungen der früheren Kapitel haben wir erfahren, daß bestimmte Moleküle als besonders wichtige Baumaterialien der Zelle anzusehen sind. Hierzu gehören z. B. die Aminosäuren (Abb. 64) als Bestandteile der Proteine und die Nucleotide als Bestandteile der Nucleinsäuren (Abb. 61). Da die grundlegenden Bauelemente der Strukturen und Katalysatoren der Zellen Proteine sind, stellt besonders die Existenz von Aminosäuren eine notwendige Voraussetzung für die Bildung von Lebewesen dar.

Eine Zeitlang herrschte die Ansicht vor, daß die in Lebewesen vorhandenen organischen Verbindungen auch nur von Lebewesen aufgebaut werden könnten. Aus dieser Anschauung heraus gewöhnte man sich z. B. daran, die „organische" Chemie von der „anorganischen" Chemie zu unterscheiden. Der erste experimentelle Nachweis des Aufbaus organischer Verbindungen außerhalb von Lebewesen wurde aber bereits im Jahre 1828 von Wöhler erbracht. Er hatte beobachtet, daß sich beim Erhitzen einer wässerigen Lösung von cyansaurem Ammonium (NH_4 OCN) Harnstoffmoleküle ($CO\begin{matrix} \diagup NH_2 \\ \diagdown NH_2 \end{matrix}$) bildeten.

Damit war ein erster Nachweis gelungen, daß zur Synthese einer normalerweise nur in Organismen aufgebauten Verbindung keine besonderen, geheimnisvollen Kräfte notwendig sind. Seither ist es den Chemikern geglückt, viele „organische" Verbindungen künstlich in der Retorte aus kleineren Molekülen aufzubauen. Der Nachweis einer abiogenen Bildung von Aminosäuren unter so einfachen Bedingungen, wie sie vor Milliarden von Jahren auf der Erdoberfläche wohl bestanden haben können, wurde aber erst kürzlich im Jahre 1953 von S. L. Miller erbracht.

Zum Verständnis dieser wichtigen Versuche ist zu berücksichtigen, daß die Oberfläche unserer Erde zum Zeitpunkt der Entstehung der ersten komplexen „organischen" Verbindungen zweifellos anders als heute beschaffen war. Es gibt eine Reihe von astronomischen und physikalischen Hinweisen, die es erlauben, das Alter unserer Erde auf 3 bis 5 Milliarden Jahre zu schätzen. Die Bildung der ersten für Organismen wichtigen Moleküle dürfte dann nach allgemeiner Ansicht vor etwa 2 bis 3 Milliarden Jahren erfolgt sein. Viele Sachkenner sind heute davon überzeugt, daß es zu dieser Zeit keinen freien Sauerstoff in der Atmosphäre gegeben haben kann. Dieser ist wahrscheinlich beim Abkühlungsprozeß der Erde zusammen mit anderen leichten Gasen in den Weltraum entwichen, oder er wurde von verschiedenen reduzierten Stoffen eingefangen und hat diese oxydiert. Erst durch die viel später erfolgende Entfaltung der Pflanzenwelt und den in den Pflanzen ablaufenden Prozessen der Photosynthese (s. S. 51) wurde Sauerstoff wieder in die Atmosphäre abgegeben und stand dann für die Atmungsprozesse der Lebewesen (s. S. 58) zur Verfügung. Neben dem Mangel an Sauerstoff war die unsere Erdkugel vor 2 bis 3 Milliarden Jahren umgebende Uratmosphäre noch durch ein besonders reichhaltiges Vorkommen einiger anderer Gase ausgezeichnet. Hierzu gehörten sehr wahrscheinlich Ammoniak (NH_3), sicher auch Wasserdämpfe (H_2O) sowie Wasserstoff (H_2) und als kohlenstoffhaltiges Gas Methan (CH_4). Letzteres ist als „Grubengas" wegen seiner Gefährlichkeit für den Bergmann weithin bekannt.

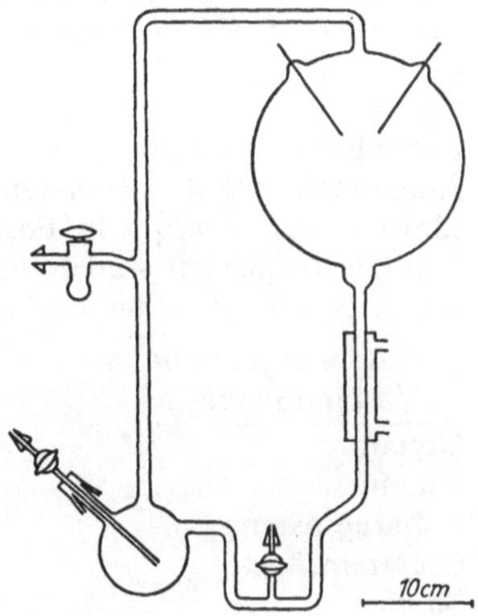

Abb. 71. Ein Gerät, in dem die abiogene Bildung von Aminosäuren und anderen organischen Substanzen unter Bedingungen, wie sie in der Urzeit unserer Erde möglicherweise bestanden haben, erstmalig nachgewiesen wurde. (Weitere Erläuterungen im Text).
(Nach S. L. Miller „Proc. I. Int. Symp. on The Origin of Life on the Earth" London 1959)

Diese Gase verwendete Miller zu einem verblüffend einfachen Versuch, der ganz erstaunliche Ergebnisse lieferte. Er konstruierte ein aus Röhren und Kolben bestehendes Gerät, in dem Wasserdampf in einer bestimmten Richtung zirkulieren konnte (Abb. 71). Eingefüllt wurden in dieses Gerät die Gase Ammoniak, Methan und Wasserstoff. Ein kleiner Kolben (links unten in Abb. 71) wurde mit Wasser gefüllt und erhitzt, so daß das Wasser kochte. Der aufsteigende Wasserdampf mischte sich dann mit den anderen Gasen. In dem größeren Kolben wurde dem Gasgemisch Energie zugeführt, indem elektrische Funkenentladungen zwischen zwei in den Kolben hineinragenden Elektroden ausgelöst wurden. Durch eine das Ausleitungsrohr des größeren Kolbens umgebende Kühlvorrichtung wurde der Wasserdampf kondensiert. Die sich niederschlagenden Wassertropfen flossen in den kleineren Kolben mit kochendem Wasser zurück, wurden dort wieder zu Wasserdampf und fügten sich erneut in den Kreislauf der Gase. Das dem kleinen Kolben vorgelagerte U-förmige Rohr füllte sich natürlich mit dem durch die Abkühlung gebildeten Wasser. Der im kleinen Kolben gebildete Wasserdampf konnte daher nur in dem senkrechten Rohr aufsteigen und mußte stets seinen Weg in einer Richtung vom kleinen Kolben über den größeren Kolben mit den elektrischen Entladungen zur Abkühlungsstelle nehmen.

Nachdem das Gerät für eine Woche ununterbrochen in Betrieb gehalten worden war, wurden chemische Analysen zur Bestimmung möglicherweise gebildeter organischer Verbindungen durchgeführt. Das Ergebnis dieser Analysen war sehr erstaunlich. Eine große Anzahl verschiedenartiger Verbindungen hatte sich unter diesen einfachen abiologischen Bedingungen im Wasser angesammelt, darunter auch vier in Proteinen vorkommende Aminosäuren. Eine Zusammenstellung der einzelnen gebildeten Verbindungen und ein Vergleich der Mengen ist in Tab. 2 vorgenommen. Daneben war es auch noch zur Bildung neuer Gase gekommen. Kohlenmonoxyd (CO), Kohlendioxyd (CO_2) und Stickstoff (N_2) waren zusätzlich im Gasgemisch vorhanden.

Tab. 2

Organische Verbindungen, die aus einem Gemisch von Methan (CH_4), Ammoniak (NH_3), Wasserstoff (H_2) und Wasserdampf (H_2O) unter Zuführung von Energie in Form elektrischer Funkenentladungen gebildet wurden. Insgesamt sind 15 % des im Methan vorhanden gewesenen Kohlenstoffs in organische Verbindungen eingebaut worden.

gebildete organische Verbindungen	Menge in Mol. 10^{-5}
Glycin	63
Alanin	34
Asparaginsäure	0,4
Glutaminsäure	0,6
Sarcosin	5
β-Alanin	15
α-Aminobuttersäure	5
N-Methylalanin	1
Iminodiessigsäure	5,5
Imino-essig-propionsäure	1,5
Ameisensäure	233
Essigsäure	15,2
Propionsäure	12,6
Glykolsäure	56
Milchsäure	31
α-Hydroxybuttersäure	5
Bernsteinsäure	3,8
Harnstoff	2
Methylharnstoff	1,5

Diese Erfolge haben die Durchführung sehr vieler weiterer Versuche unter gleichen oder abgeänderten Bedingungen angeregt. So wurde als Kohlenstoffquelle anstatt Methan z. B. Kohlendioxyd oder Kohlenmonoxyd verwendet. Als Energiequelle wurden außer elektrischen Funkenentladungen u. a. auch stille elektrische Entladungen, sichtbares Licht, ultraviolette Strahlen, Röntgenstrahlen oder Hitze benutzt. In allen diesen Versuchen entstanden u. a. auch immer Aminosäuren, jedoch mußte eine Bedingung stets erfüllt sein: es durfte sich kein Sauerstoff in dem Gasgemisch befinden. In Gegenwart von Sauerstoff tritt eine nennenswerte abiogene Synthese komplexer organischer Verbindungen nicht auf. Fehlt aber der Sauerstoff, wie es für die damaligen Verhältnisse durchaus wahrscheinlich ist, so bildete sich eine große Fülle organischer Verbindungen.

Eine besonders große Ausbeute an verschiedenen Aminosäuren erbrachte die Anwendung von Hitze als Energiequelle. Bei 900° bis 1000° C bildeten sich in den Versuchen von K. Harada aus Ammoniak, Wasser und Methan 14 der 20 Aminosäuren, die in Proteinen vorkommen. Dagegen konnte die Bildung von Aminosäuren, die nicht in Eiweißen der Organismen vorkommen, nicht festgestellt werden.

Bisher haben wir uns ausschließlich mit einer Mischung verschiedener Gase als Ausgangsmaterial beschäftigt. Aber auch in wäßrigen Lösungen ist die abiogene Bildung von Aminosäuren heute nachgewiesen. Bei Anwesenheit von Formaldehyd (HCHO), Kaliumnitrat (KNO_3) und Eisentrichlorid ($FeCl_3$) im Wasser und Beleuchtung durch Sonnenlicht bilden sich viele Aminosäuren. Selbst in Gegenwart von Sauerstoff wurde in wäßrigen Lösungen die Bildung von Aminosäuren beobachtet. Schließlich gelang es auch, die Bildung von Aminosäuren im Trockenen nachzuweisen. Nach Erhitzung bestimmter Ammoniumsalze auf 200° C für 3 Stunden konnte S. W. Fox Aminosäuren nachweisen, die zu Peptiden verkettet waren.

Außer dem Nachweis einer abiogenen Entstehung von Aminosäuren liegen heute bereits auch experimentelle Bestätigungen für die abiogene Bildung anderer biologisch wichtiger Verbindungen vor. Erwähnt seien hier z. B. die Ribose und die Desoxyribose sowie die stickstoffhaltigen Basen Uracil, Adenin und Guanin als Bausteine der RNS und DNS (s. S. 129, 147), außerdem das ATP als wichtiger Energieüberträger (s. S. 52).

Von besonderer Bedeutung für die Frage nach der Herkunft von Baumaterialien der Zellen ist eine experimentelle Klärung, ob aus den oben erwähnten abiogen gebildeten organischen Verbindungen unter ähnlichen Bedingungen auch Makromoleküle hervorgehen können. Natürlich sind Proteine und Nucleinsäuren hier von besonderer Wichtigkeit. In den Zellen werden diese Makromoleküle mit Hilfe spezifischer Enzyme aufgebaut. Gelingt aber ein Aufbau auch ohne Enzyme?

Wie wir durch E. Fischer seit 1902 wissen, erfolgt die Verkettung von Aminosäuren in Proteinen stets dadurch, daß eine Aminogruppe ($-NH_2$) einer Aminosäure sich mit einer Carboxylgruppe (-COOH) einer benachbarten Aminosäure verbindet. Diese Art der Verbindung wird als „Peptidbindung" bezeichnet. Bei jeder Bildung einer Peptidbindung wird ein Wassermolekül frei.

So können sich z. B. die vier Aminosäuren

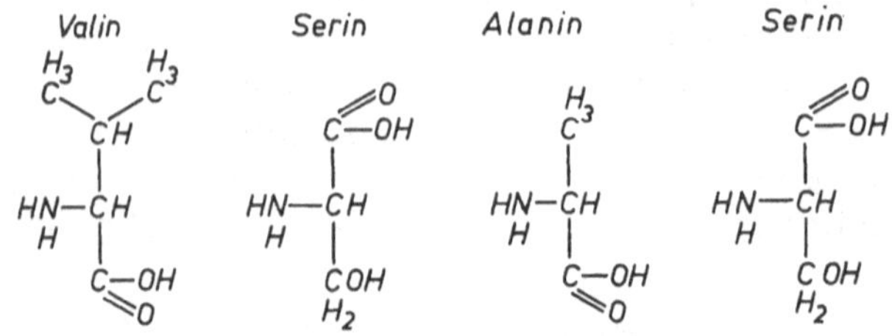

zu einem Peptid auf folgende Weise verbinden:

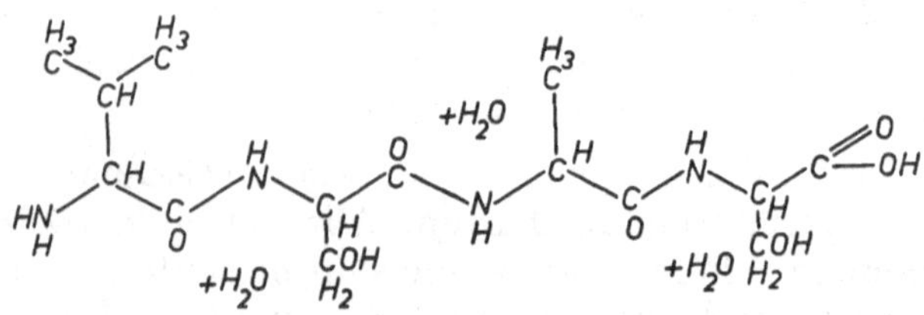

Dabei werden drei Wassermoleküle gebildet.

Seit längerer Zeit ist es gelungen, Peptidbindungen zwischen verschiedenen Aminosäuren auch bei Abwesenheit lebender Organismen in der Retorte durchzuführen. Die hierzu erforderlichen technischen Methoden sind allerdings so kompliziert, daß die Bildung von Peptidbindungen auf diese Art und Weise unter den primitiven Verhältnissen auf der Erdoberfläche vor 2 bis 3 Milliarden Jahren nicht erfolgt sein kann. In jüngster Zeit ist aber auch unter einfachen Bedingungen, wie sie in der Urzeit unseres Planeten wohl bestanden haben mögen, ein Aufbau von Proteinen gelungen. Eine erfolgreiche Methode hierfür wurde von S. W. Fox und seinen Mitarbeitern entdeckt. Sie besteht im wesentlichen darin, ein Gemisch aller 20 biologisch bedeutsamen Aminosäuren in trockenem Zustand auf etwa 160° bis 200° C für 1 bis 6 Stunden zu erhitzen. Dabei ist ein besonderes Mengenverhältnis der Aminosäuren eine wichtige Voraussetzung zur Proteinbildung. Glutaminsäure und Asparaginsäure müssen im gleichen Verhältnis zusammen etwa $^{2}/_{3}$ und alle übrigen Aminosäuren zusammen etwa $^{1}/_{3}$ des Gemisches ausmachen. Temperaturen von 160° C bis 200° C sind auf der Erdoberfläche in vulkanischen Gebieten durchaus nicht ungewöhnlich. Aber selbst bei nur 65° C kann es bereits zur Bildung von Peptiden kommen, wenn geeignete Phosphorverbindungen anwesend sind. Unter ähnlichen Bedingungen ist von G. Schramm auch die Bildung von Nucleinsäure aus einem Gemisch von Nucleotiden beobachtet worden.

Wissen wir jetzt aus experimentellen Erfahrungen, daß sowohl kleinere organische Moleküle als auch größere organische Verbindungen (Makromoleküle) unter primitiven Bedingungen abiogen entstehen können, so stellt sich uns die nicht unwichtige Frage: Sind die künstlich gebildeten

Proteine mit natürlich gebildeten Eiweißen vergleichbar? Gibt es Ähnlichkeiten und Unähnlichkeiten in den Eigenschaften dieser beiden Gruppen von Makromolekülen?

Zu einem solchen Vergleich kann eine ganze Reihe von Eigenschaften herangezogen werden, z. B. das Molekulargewicht, die Löslichkeit, die Ausfällbarkeit, die Empfindlichkeit gegenüber eiweißlösenden Enzymen, der Nahrungswert, die katalytischen Eigenschaften usw. Das Molekulargewicht[1] künstlich gebildeter Proteine liegt im allgemeinen zwischen 3000 und 10 000. Unter den natürlichen Proteinen hat z. B. das in der Bauchspeicheldrüse gebildete Insulin (s. Abb. 64 b) ein Molekulargewicht von 6000. Insulin ist allerdings ein kleines Eiweißmolekül, das aus nur 51 Aminosäuren besteht. Die meisten natürlichen Proteine haben wesentlich größere Molekulargewichte, die Werte von 1 Million und mehr erreichen können. Überblickt man den gesamten Bereich, über den die Molekulargewichte natürlicher Proteine streuen, so liegen die Molekulargewichte künstlicher Proteine durchaus auch in diesem Bereich, jedoch vorwiegend am Ende der kleineren Molekulargewichte.

Eine Eigenschaft, die den künstlichen Proteinen im Gegensatz zu den natürlichen Proteinen fehlt, ist die Fähigkeit zur Auslösung einer Antikörperbildung im Säugetierblut. Werden z. B. natürliche Proteine einem Kaninchen in die Blutbahn gespritzt, so bilden sich bald im Blut des behandelten Tieres sogenannte Antikörper. Diese Antikörper führen zu einer Beseitigung des eingespritzten Proteins und schützen damit den Körper vor fremden, oft krankheitserregenden Proteinen (z. B. als Bestandteile von Bakterienzellen oder Viren). Eine Injektion künstlicher Proteine löst dagegen eine Bildung von Antikörpern nicht aus, was eine Folge des geringen Molekulargewichts der künstlichen Proteine sein kann.

In allen übrigen Eigenschaften findet man große Ähnlichkeiten zwischen künstlichen und natürlichen Proteinen. Selbst katalytische Fähigkeiten konnten bei künstlichen Proteinen bereits festgestellt werden. So katalysieren z. B. Verbindungen künstlicher Proteine mit dem Metallatom Zink die Hydrolyse von ATP. Wie wir bereits mehrfach erfahren haben, übt ATP als Energieüberträger sehr wichtige Funktionen in der Zelle aus. Auch der Abbau der Glukose zu Kohlendioxyd und anderen Produkten kann durch künstliche Proteine katalysiert werden.

Mit diesen Beispielen haben wir gesehen, daß eine abiogene Entstehung wichtiger organischer Verbindungen und Makromoleküle heute im Experiment nachgewiesen werden kann. Nun sind allerdings Lebewesen nicht nur eine ungeordnete Anhäufung mehr oder weniger komplexer Molekülverbindungen. Proteine, Nucleinsäuren und andere Substanzen, vereint in einer wäßrigen Lösung, sind noch kein Lebewesen. Sie sind die Baumaterialien, aus denen die Strukturen der Lebewesen aufgebaut sind. Nachdem wir plausible Vorstellungen über die Herkunft dieser Baumate-

---

[1] Siehe Fußnote auf S. 129.

rialien gewonnen haben, stellt sich uns natürlich die Frage nach den Möglichkeiten einer abiogenen Bildung von Strukturen aus diesen Materialien. Gibt es auch hierfür bereits experimentelle Erfahrungen, oder sind wir noch auf bloße Spekulationen angewiesen? Dieser Frage wollen wir uns im folgenden Abschnitt zuwenden.

2. Die Bildung von Strukturen

Die ersten experimentellen Versuche, zellähnliche, multimolekulare Modelle herzustellen, wurden von A. I. Oparin bereits in den zwanziger Jahren unseres Jahrhunderts unternommen. In der Zwischenzeit sind diese Versuche von ihm und anderen Forschern weiterfortgesetzt worden und haben gerade kürzlich zu überraschend interessanten Befunden geführt. Oparin verwendete in seinen Versuchen als Ausgangssubstanzen vielfach ein Gemisch von Gelatine und Gummiarabicum, in dem sich unter geeigneten Säurebedingungen (pH 1,2 bis 4,8) mikroskopisch kleine Tröpfchen als Folge eines Entmischungsprozesses selbständig herausbilden (Abb. 72). Eine solche Entmischung kann in vielen polymolekularen kolloidalen Lösungen auftreten und wurde von ihrem Entdecker Bungenberg de Yong als „Koazervation" bezeichnet. Die auftretenden Tröpfchen werden daher auch „Koazervattröpfchen" genannt. Sie können einen Durchmesser von wenigen μ bis zu mehr als 100 μ haben. In den Koazervattröpfchen sind die in der Lösung vorhandenen Makromoleküle besonders angereichert. So kann man aus einer Gelatinelösung, die nur 1 % Gelatine und 99 % Wasser enthält, in den Koazervattröpfchen nahezu die gesamte Gelatine finden. Damit ist also eine fast vollständige Trennung von Wasser und Gelatine eingetreten.

Oparin ist es ferner gelungen zu zeigen, daß in solchen Koazervattropfen Enzyme konzentriert werden können, wodurch die Tropfen katalytische Eigenschaften bekommen. Einen schwerwiegenden Mangel zeigten jedoch alle experimentellen Modelle Oparins. Sie waren relativ unstabil. Sie überstanden keine Zentrifugierung und lösten sich bei Schwankungen der Salzkonzentration im Medium rasch auf. Dennoch wirkten diese Befunde außerordentlich stimulierend auf die Suche nach anderen sich selbständig bildenden Systemen von Makromolekülen.

Besonders interessante Befunde wurden kürzlich von Fox und seinen Mitarbeitern erzielt, deren Erfolge beim Nachweis einer abiogenen Bildung von Proteinen bereits geschildert worden sind. Diese Forscher setzten den nach Hitzeeinwirkungen aus einem Aminosäuregemisch künstlich gebildeten Proteinen Wasser zu und konnten die Bildung einer großen Zahl winziger Kugeln beobachten. Der Durchmesser dieser Kugeln beträgt etwa 2 μ und ist dem Durchmesser primitiver Bakterienzellen vergleichbar (Abb. 73). Diese Eiweißmikrokugeln sind wesentlich stabiler als die Koazervattröpfchen. Sie können aus der Lösung abzentrifugiert werden. Auch lassen sie sich einbetten und in außerordentlich dünne Scheiben zerschneiden, so daß ihr Aufbau elektronenmikroskopisch untersucht werden kann. Ihre Stabilität entspricht der von Zellen heute lebender Organismen. Auch gleicht ihr Aussehen oft verblüffend dem bestimmter Bakterienzellen. In

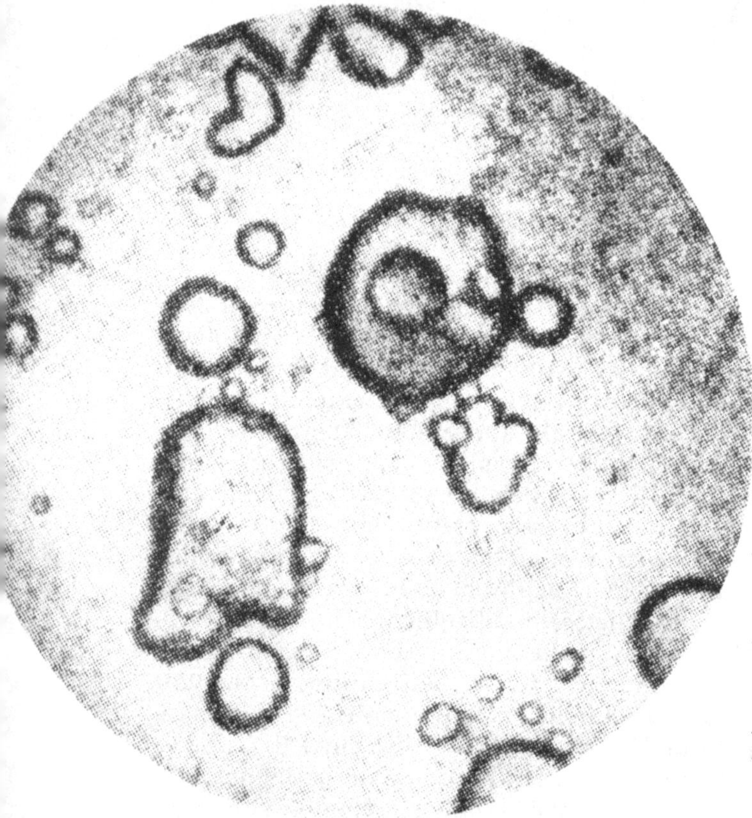

Abb. 72. Koazervattröpfchen, die sich aus einem Gemisch von Gelatine, Gummiarabicum und Ribonucleinsäure gebildet haben.
(Aus A. J. Oparin „Die Entstehung des Lebens auf der Erde" G. Fischer Verlag, Jena-Berlin, 1963)

vielen Versuchen wurde beobachtet, daß Material im Innern der Protein-Kugeln entweichen kann, während eine äußere Begrenzung oder Außenwand erhalten bleibt. Diese Außenwand ist also permeabel. Elektronenmikroskopische Aufnahmen haben besonders überraschende Eigenschaften von entleerten Proteinkugeln enthüllt (Abb. 74). Ganz deutlich ist eine Doppelstruktur der Außenwand zu erkennen, die verblüffende Ähnlichkeit mit den Doppelmembranen echter Zellen hat (s. S. 28). So könnte der in Abb. 74 gezeigte Schnitt auf den ersten Blick mit einem Schnitt durch eine knospende Hefezelle verwechselt werden. Auch erste Versuche über den Nachweis katalytischer Fähigkeiten solcher Proteinkugeln liegen bereits vor. Im vorigen Abschnitt war dargestellt worden, daß die künstlichen Proteine, wurden sie mit Zink versetzt, die Fähigkeit gewinnen, ATP zu hydrolysieren. Bildeten sich aus solchen Proteinen nach Wasserzusatz Proteinkugeln, so besaßen diese ebenfalls diese katalytische Eigenschaft.

Wir haben damit zunächst Versuche kennengelernt, in denen der Nachweis einer abiogenen Entstehung von Eiweißen und von verblüffend zellähnlichen Strukturen mit permeablen Doppelmembranen als Außenbegrenzung erbracht werden konnte. Es bleibt zu überlegen, ob die notwendigen Bedingungen für die Entstehung solcher Strukturen in der Urzeit unseres Planeten bestanden haben können. Da hohe Temperaturen notwendig sind, wird man sich zunächst nach geeigneten Orten hoher Temperatur zu fragen haben. Selbst in unserer heutigen Zeit treten auf der

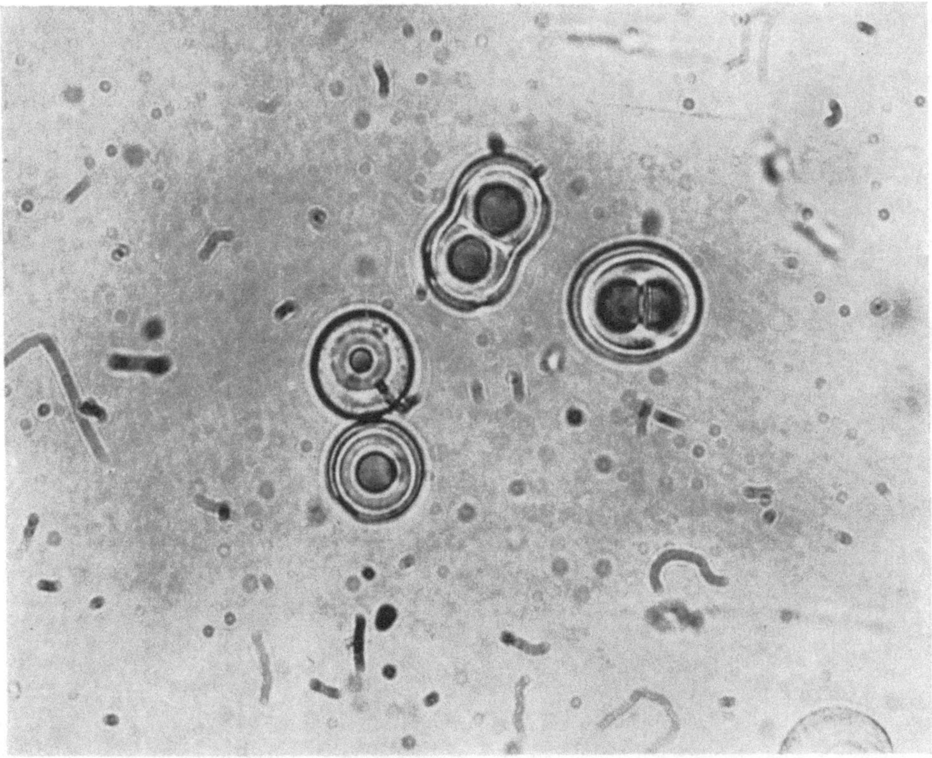

Abb. 73. Abiogen entstandene Proteinkugeln.
(Aus S. W. Fox, Nature 205, 328, 1965)

Erdoberfläche glühendheiße vulkanische Ergüsse häufig zutage, und die geologischen Forschungen haben gezeigt, daß in der Urzeit unserer Erde sich eine Vielzahl derart feuriger Ausstöße aus dem Erdinneren ereignet hat. Zur Bildung von Proteinkugeln muß natürlich auch Wasser in Kontakt mit vulkanischen Ausbrüchen gekommen sein. Regenwasser oder das Wasser aus Seen oder Meeren kann diese Aufgabe erfüllt haben, denn oft genug ereignen sich vulkanische Ausbrüche in Küstennähe. Wenn die zunächst aus den Gasen der Uratmosphäre gebildeten Aminosäuren in Kontakt mit warmen oder heißen Phosphatverbindungen gekommen sind, so konnte die abiogene Bildung von Eiweißen sogar unter niedrigen Temperaturen erfolgen. Voraussetzung bleibt natürlich, daß die verschiedenen Aminosäuren in geeignetem Mengenverhältnis vorkommen, daß also Asparaginsäure und Glutaminsäure besonders stark angereichert sind. Da die erforderlichen Bedingungen recht unspezifisch sind, kann man annehmen, daß sie im Laufe der Milliarden Jahre, die vor dem Auftreten der ersten Lebewesen abgelaufen sind, sehr häufig eingetreten sein müssen. Da weiterhin die Reaktionszeiten, die zwischen dem gasförmigen und eiweißartigen Zustand der Materie liegen, nur wenige Stunden betragen, also außerordentlich kurz sind, und da bereits aus 10 mg eines abiogen gebildeten Eiweißes nach Wasserzusatz mehr als 10 Millionen Proteinkugeln entstehen können, ist anzunehmen, daß im Laufe der Frühgeschichte unserer Erde sich eine ungeheure Anzahl derartiger Proteinku-

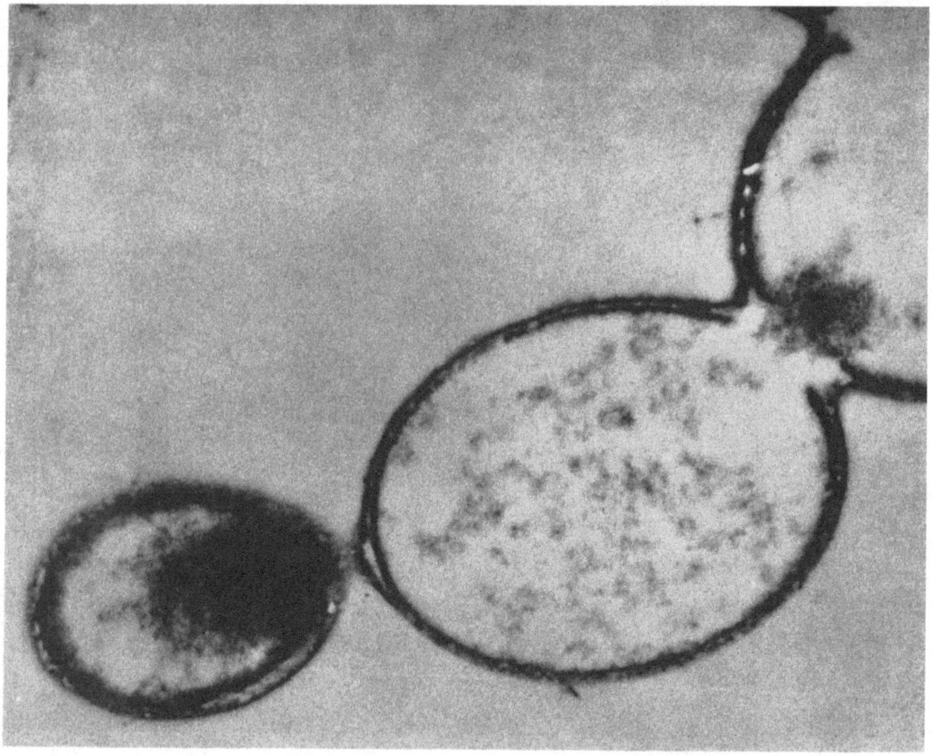

Abb. 74. Elektronenmikroskopische Aufnahme eines Dünnschnittes durch abiogen gebildete Proteinkugeln. Die aus einer Doppelmembran bestehende Außenwand ist deutlich erkennbar. Der große Durchmesser der mittleren Proteinkugel beträgt etwa 4 μ.
(Aus S. W. Fox, Nature 205, 328, 1965)

geln gebildet haben kann. Besonders interessant ist in diesem Zusammenhang die Tatsache, daß zuweilen in Meteoren, die auf der Erdoberfläche einschlagen, auffällig geformte Bestandteile gefunden worden sind. Fast alle diese „geformten Bestandteile" haben große Ähnlichkeit mit den experimentell erhaltenen Proteinkugeln. Die Vermutung liegt daher nahe, daß die Prozesse einer abiogenen Proteinbildung sich nicht allein auf unseren Planeten beschränkt haben, sondern an verschiedenen Stellen im Weltraum bereits abgelaufen sind.

Neben den hier geschilderten Experimenten gibt es noch andere, in denen die Möglichkeit einer abiogenen Bildung von Aminosäuren und Proteinen aus anderen Vorstufen nachgewiesen werden konnten. Daher wissen wir heute mit Sicherheit, daß die für die Existenz der Lebewesen wichtigsten notwendigen Baumaterialien tatsächlich ohne die Mitwirkung von Lebewesen unter relativ primitiven Bedingungen entstehen können. Sind wir aber mit dieser Erkenntnis einer Beantwortung der Frage nach der möglichen Herkunft von Leben aus unbelebter Materie nähergekommen? Sind abiogen gebildete Proteine oder Nucleinsäuren bereits ein belebter Materiezustand? Um zu dieser Frage Stellung nehmen zu können, müssen wir uns bemühen, das, was wir „Leben" oder als „belebt" bezeichnen wollen, eindeutig zu definieren. Erst nach Festlegung einer solchen Definition läßt sich entscheiden, was als „unbelebt" und was als „belebt" angesehen werden kann. Im folgenden Abschnitt sollen die Möglichkeiten und Folgerungen aus solchen Definitionen erörtert werden.

3. Was ist Leben?

Am Anfang des IV. Kapitels hatten wir die lapidare Feststellung getroffen, daß es nicht schwerfalle, ein unbelebtes Stück Materie, z. B. einen Stein, von einem lebenden Organismus, z. B. einem Hund, zu unterscheiden. Für diesen speziellen Fall trifft die Aussage auch durchaus zu. Um nun zu einer allgemeinen Definition dessen, was wir als „Leben" bezeichnen wollen, vorzustoßen, ist es aber notwendig, sich einmal die grundlegenden Unterschiede zwischen einem unbelebten Stein und einem lebenden Hund klarzumachen. Da wir wissen, daß Leben nicht nur in Form von Hunden unsere Erde bevölkert, sondern sowohl in mikroskopisch kleinen Einheiten, wie z. B. den Bakterienzellen, als auch in außerordentlich riesigen Gestalten, wie z. B. den Walen oder Mammutbäumen, vorkommt, können wir eine Beschreibung der äußeren Formen als für unsere Fragen unwesentlich ansehen und davon Abstand nehmen. Halten wir uns statt dessen zunächst an die Funktionen und fragen also:

In welchen Funktionen unterscheiden sich Lebewesen von unbelebter Materie?

Zunächst sei an die bereits in früheren Kapiteln ausführlich erörterten Stoffwechselprozesse erinnert. Lebewesen verfügen über die Fähigkeit des Stoffwechsels. Aufgenommene Materieteile werden in kleinere Stücke zerlegt, umgewandelt und zum Aufbau der Strukturen der Lebewesen oder zur Erhaltung ihres Energiebedarfs verwendet. Als Folge dieser Stoffwechselprozesse kommt es zu einer Vermehrung der Substanz der Lebewesen und schließlich zu einer Vermehrung der Lebewesen. Hiermit sind wir bei einer wesentlichen Eigenschaft angelangt, die Lebewesen von unbelebter Materie unterscheidet. Lebewesen können sich vermehren und ausbreiten unter Verwendung von vielerlei Substraten. Unbelebte Materie kann demgegenüber nur durch Anlagerung gleichartiger Moleküle wachsen, wie das z. B. bei der Bildung von Kristallen zu beobachten ist.

Bei der Vermehrung der Lebewesen fällt auf, daß die Individuen einer Tochtergeneration stets weitestgehend die gleichartigen Eigenschaften wie die Individuen der Eltergeneration haben. Auf welche Weise der Stoffwechsel gesteuert wird, um das zu erreichen, haben wir im III. Kapitel ausführlich kennengelernt. Wir haben auch gesehen, daß gelegentlich einzelne Eigenschaften als Folge von molekularen Umordnungen in einer zentralen Steuerungssubstanz abgeändert werden können. Unter Heranziehung dieser Eigenschaften könnten wir eine 1. Definition des „Lebens" bereits versuchen. „Leben" wäre dementsprechend anzusehen als die Fähigkeit von Materieteilen, sich auf Grund von Stoffwechselprozessen identisch zu vermehren, wobei gelegentlich Änderungen einzelner Eigenschaften auftreten können. Dieser Definition zufolge sind z. B. einzelne

Nucleinsäuremoleküle, die in einer polymolekularen Umwelt in der Lage sind, sich heterokatalytisch (d. h. durch „Stoffwechselprozesse") identisch zu vermehren, wobei einzelne Nucleotide gelegentlich verändert werden können, als belebt anzusehen.

Befriedigt uns diese Definition nicht, so müssen wir nach weiteren die Lebewesen auszeichnenden Eigenschaften suchen. Dabei fällt es nicht leicht, zusätzliche grundlegende Eigenschaften zu finden, die allen heute lebenden Organismen gemeinsam sind. So erfolgt z. B. der wichtige Prozeß der Energiebeschaffung bei vielen Organismen durch die Veratmung von Sauerstoff, aber viele Mikroorganismen besitzen auch heute keine Atmung. Da Sauerstoff sicherlich nicht in präbiologischer Zeit auf der Erdoberfläche zur Verfügung stand, dürften die ersten belebten Wesen ihren Energiebedarf auch nicht durch Atmungsprozesse gedeckt haben. Wenn wir also eine 2. Definition versuchen, in der u. a. die Fähigkeit zur Atmung als eine Voraussetzung für das „Leben" angesehen wird, so würden dieser Definition zufolge bereits viele heutige Organismen nicht als Lebewesen zu bezeichnen sein.

Physiologische Eigenschaften, wie z. B. die Atmung, haben aber immerhin den Vorteil, daß ihre Existenz eindeutig bestimmbar ist. Alle uns verfügbaren Materalien können wir experimentell auf ihre Atmungsfähigkeit oder andere meßbare Eigenschaften überprüfen. In große Schwierigkeiten kommen wir jedoch, wenn wir so wenig nachprüfbare Eigenschaften wie z. B. das Bewußtsein bei der Definition des „Lebens" berücksichtigen wollen. Wird das Vorhandensein eines Bewußtseins als notwendige Voraussetzung zum Leben angesehen, so müssen wir streng genommen den Kreis der Lebewesen auf den Menschen beschränken. Es ist schon fraglich, ob dieser Definition zufolge auch noch einige höher differenzierte Tiere dem Kreis der Lebewesen zugerechnet werden können.

Aus diesen wenigen Beispielen dürfte bereits klar geworden sein, daß sich unter Berücksichtigung spezifischer Funktionen Definitionen für das „Leben" entwickeln lassen, die verschiedene Organisationsstufen erfassen. Diese Organisationsstufen sind durch den Besitz oder das Fehlen bestimmter Funktionen ausgezeichnet. Da Funktionen vielfach neu erworben oder auch wieder verloren werden können, kann jede Entscheidung, welche Organisationsstufe als der Beginn von „Leben" anzusehen ist, nur recht willkürlich erfolgen. Wie können wir aber zu einer eindeutigen allgemein annehmbaren Entscheidung gelangen? Wird eine eindeutige Definition dadurch ermöglicht, daß wir zusätzlich zu den Funktionen bestimmte Strukturen als für das „Leben" kritische Element berücksichtigen? So sind z. B. alle heute existierenden Lebewesen aufgebaut aus einer oder vielen Zellen. Ist also die Zelle ein kritisches Strukturelement, das für eine präzise Definition des „Lebens" in Frage kommt? Eine Definition unter Berücksichtigung des Zellkriteriums sollte dann etwa folgendermaßen lauten: „Leben" ist eine Zustandsform der Materie, in der diese in relativ selbständige Baukomplexe, den mehr oder weniger für bestimmte Aufgaben spezialisierten Zellen, gegliedert ist. Diese Zellen zeichnen sich durch die Fähigkeit zum Stoffwechsel und zur weitestgehend identischen Vermehrung aus.

Nun gibt es aber auch heute Materieformen, die sich unter Verwendung geeigneter Substrate weitestgehend identisch vermehren können, ohne eine zelluläre Struktur zu haben. Das sind die Viren. Am Beispiel der auf Bakterienzellen spezialisierten Viren, den Bakteriophagen, haben wir im III. Kapitel die typischen Vorgänge bei der Vermehrung von Viren kennengelernt. Wenn die Viren in eine geeignete Umwelt gelangen, so sind sie in der Lage, sich zu vermehren und erbliche Veränderungen zu zeigen, ohne daß sie Zellen sind. Die zur Vermehrung notwendige Umwelt ist für ein Virusteilchen das Zellinnere des jeweiligen Wirtes. Unserer letzten Definition zufolge sind die Viren also keine Lebewesen, während sie entsprechend der 1. Definition, in der Strukturkriterien unberücksichtigt blieben, durchaus den Lebewesen zuzurechnen sind. Wir sehen an diesem Beispiel, daß wir auch bei Hinzuziehung des Kriteriums der Zellstruktur uns auf eine bestimmte Organisationsstufe festlegen, in der auf heterokatalytische Weise sich weitestgehend identisch vermehrende Materie heutzutage existiert. Daneben gibt es auch heute Existenzformen, die strukturell andersartig gegliedert sind, funktionell aber Eigenschaften besitzen, die als wesentlich für belebte Materie anzusehen sind. Die Entscheidung, gerade diese Stufe als ersten Zustand „belebter" Natur zu bezeichnen, ist kaum weniger willkürlich als eine Entscheidung für irgendeine andere Stufe.

Fassen wir das bisher Erörterte zusammen, so läßt sich eine wichtige Erkenntnis herausschälen: Unter Berücksichtigung funktioneller und struktureller Komponenten lassen sich mehrere Organisationsstufen zwischen unbelebter Materie und heute lebenden Organismen unterscheiden. Überläßt man es dem persönlichen Empfinden des Einzelnen, diejenige Organisationsstufe zu bestimmen, der er zuerst die Eigenschaft „belebt" zuschreiben will, so erübrigt sich jeder Streit um die Festlegung einer allgemeingültigen Definition des „Lebens".

Übrig bleibt aber die Frage, welche Vorstellungen wir uns heute über die Übergänge von Organisationsstufe zu Organisationsstufe machen können. Sind die in den Elementen, besonders dem Kohlenstoff, dem Sauerstoff, dem Wasserstoff und dem Stickstoff, steckenden Eigenschaften als hinreichender Grund für die Umwandlungsprozesse anzusehen, die über die Bildung einfachster Moleküle und die Formung von Makromolekülen zur Ausgestaltung organismischer Strukturen und komplexer Organismen führen? Erfolgt die von Organisationsstufe zu Organisationsstufe feststellbare Zunahme an Funktionen allein aus neuen Strukturbeziehungen der Elemente, und ist die Bildung dieser neuen Strukturbeziehungen allein aus den Eigenschaften der Materie erklärbar? Oder gibt es berechtigte Gründe, diesen Entwicklungsgang als das Ergebnis von Einwirkungen unbekannter, bei der anorganischen Materie sonst nicht feststellbarer Art anzusehen?

Besonders die experimentellen Ergebnisse der jüngsten Zeit haben klar gezeigt, daß die Materie über Eigenschaften verfügt, biologisch bedeutsame Strukturbeziehungen einzugehen und u.a. Aminosäuren und Proteine zu bilden. Bei den abiogen gebildeten Proteinen gibt es sogar Hinweise auf eine bestimmte Ordnung, also Reihenfolge der Aminosäuren im Protein. Da die abiogene Proteinsynthese von einem Gemisch der verschiedenen Aminosäuren ausgeht, muß diese Ordnung aus bestimmten Eigenschaften der Aminosäuren hervorgehen. Von Bedeutung könnten möglicherweise die spezifische Form der Moleküle oder die Verteilung elektrischer Ladungen an den Molekülen sein. Diese Beispiele zeigen deutlich, daß die Fülle der Eigenschaften bestimmter Materieteile nur Schritt für Schritt entschlüsselbar ist. Jedoch ist die experimentelle Forschung heute so weit vorangeschritten, daß es keine Berechtigung mehr gibt, die Struktur von Aminosäuren oder Proteinen als Beweis für die Existenz irgendeines hypothetischen, immateriellen „Gestaltungsfaktors" anzuführen. Nicht nur die abiogene Bildung biologisch bedeutsamer Makromoleküle, sondern auch die mögliche Bildung zellartiger Begrenzungsstrukturen aus abiogen synthetisierten Proteinen ist heute nachgewiesen. Nach diesen ermutigenden Anfangserfolgen erscheint es nicht gerechtfertigt, die Eigenschaften der Materie als hinreichenden Grund für die Bildung biologisch bedeutsamer Strukturen in Frage zu stellen.

Es bleibt zu überlegen, ob Strukturbeziehungen der Materie als hinreichender Grund für die Ausbildung von Funktionen angesehen werden können. Seitdem der Ablauf von Nucleinsäure- und Proteinsynthesen in zellfreien Systemen nach Zusammenbringen der notwendigen Einzelkomponenten beobachtet werden kann, kann diese Frage eindeutig bejaht werden. Es gibt wohl heute auch niemanden, der nach Kenntnis der modernen biologischen und biochemischen Forschungsergebnisse für den Ablauf biologischer Funktionen besondere immaterielle Gesetzmäßigkeiten in Anspruch nehmen zu müssen glaubt. Vergessen sollte man jedoch nicht, daß außerordentlich komplexe Bedingungen die Voraussetzung zur Ausübung biologischer Funktionen, wie etwa die Vermehrungsfähigkeit, sind. So ist u. a. neben einer geeigneten Energiezufuhr das Vorhandensein notwendiger Bauelemente erforderlich. In der Urzeit mögen diese Bedingungen in lokalen Anreicherungen von Nucleinsäure- und Proteinbestandteilen vorgelegen haben, so daß einzelne Moleküle, deren Struktur eine identische Verdopplung erlaubt, sich wirklich vermehren konnten. Zur erfolgreichen Weiterentwicklung von Leben ist jedoch eine weitgehende Unabhängigkeit von den Gegebenheiten der Umwelt natürliche Vorbedingung. Dazu war die Schaffung einer begrenzten Sphäre, in der die erforderlichen Baukomponenten und Energieträger bereitgehalten werden konnten, notwendige Voraussetzung. Die Bedingungen, die zur Herausbildung eines so komplexen relativ abgeschlossenen Systems, das in seinem Energie- und Baustoffbedarf einen fließenden Gleichgewichtszustand mit der Außenwelt aufrechterhalten kann, führen können, unterliegen heute intensiver Erforschung. Vielleicht ist die Zeit nicht mehr fern, daß wir auch die Vorgänge, die zur Bildung von Zellen führen, nicht nur spekulativ zu behandeln brauchen, sondern begründete Vermutungen aus experimentell erworbenen Kenntnissen ableiten können.

Empfohlene Literatur

Bertalanffy, L. v.: Vom Molekül zur Organismenwelt. Potsdam 1944.

Oparin, A. I.: Die Entstehung des Lebens auf der Erde. Berlin 1963.

Schrödinger, E.: Was ist Leben? Bern 1946.

Ringvorlesung an der Universität Münster. Vom Unbelebten zum Lebendigen. Stuttgart 1956.

Die Angaben der Tabelle 2 entstammen:

S. L. Miller, Proc. I. Int. Symp. on the Origin of Life on the Earth, London 1959.

V. Der Mensch, ein Lebewesen

Zum Reich der Lebewesen gehört zweifellos der Mensch. Auch wir Menschen sind ein Teil der belebten Materie. Nachdem wir einen Einblick in das Zusammenspiel der grundlegenden Prozesse, die in belebter Materie ablaufen, gewonnen haben, können wir uns nun eine abschließende Frage stellen. Sie lautet:

Welche Konsequenzen ergeben sich für uns als denkende und planungsfähige Individuen aus den bis heute gewonnenen Erkenntnissen über die biologischen Grundprozesse?

Entsprechend einer Vielzahl spezifischer individueller Interessen existiert natürlich eine Vielzahl spezifischer möglicher Antworten auf diese ganz allgemein gehaltene Frage. Wir können und wollen uns hier jedoch nur mit dieser Frage auseinandersetzen, soweit Probleme von allgemeiner Bedeutung betroffen sind. Zwei solcher Probleme seien hier besonders hervorgehoben.

1. Ermöglichen die Kenntnisse der biologischen Grundprozesse dem Menschen eine gezielte Beeinflussung der Lebensprozesse?

und

2. Welche Bedeutung haben Erkenntnisse über die der belebten Materie zugrunde liegenden Gesetzmäßigkeiten für das Selbstverständnis des Menschen, für die Selbstbeurteilung seiner Stellung in dieser Zeit?

Widmen wir uns zunächst dem durch die erste Frage angedeuteten Problemkreis. Wir haben dann zu überlegen: Warum ist eine gezielte Beeinflussung der Lebensprozesse für den Menschen überhaupt von Interesse? Welcher Art kann eine solche Beeinflussung sein?

Wie alle Lebewesen muß auch der Mensch sich seinen Lebensraum auf der Oberfläche unseres Planeten erkämpfen und erhalten. Bei diesen Bemühungen ist es für ihn natürlich von Vorteil, wenn er auch andere Lebewesen für seine Zwecke heranziehen und einsetzen kann. Da alle Lebewesen zunächst einmal existieren, um sich selbst einen Lebensraum zu erkämpfen und zu erhalten, sind sie von vornherein kaum mit den notwendigen Eigenschaften ausgestattet, dem Menschen besonders nutzvolle Dienste leisten zu können. Der Mensch muß vielmehr in die natürlich ablaufenden Lebensprozesse eingreifen und durch geschickte Methoden, also Auswahl und Zucht, sich die geeigneten Bundesgenossen aus dem Reich der Lebewesen schaffen. Solche Bemühungen, instinktiv und ohne

Kenntnisse der biologischen Grundprozesse durchgeführt, haben zur Heranbildung von Kulturpflanzen und Haustieren bereits vor langer Zeit geführt. Nach den ersten Einsichten in die Grundlagen der Vererbungsprozesse wurden diese Versuche in unserem Jahrhundert besonders intensiviert und haben bei Pflanzen und Tieren in vielen Fällen zu erheblichen Verbesserungen ihrer Nutzbarkeit für den Menschen geführt. Unter den Pflanzen sei nur an die Züchtungen des Mais oder der Süßlupine, unter den Tieren an die Heranzüchtung besonders erwünschter Haustierrassen der verschiedensten Arten erinnert.

Die Heranbildung von Kulturpflanzen oder Haustieren erfolgt zweifellos durch eine Beeinflussung der natürlichen Lebensprozesse im Hinblick auf ein bestimmtes Ziel, nämlich der Nutzbarkeit für den Menschen. Sie wird im Prinzip dadurch bewerkstelligt, daß aus einer sehr großen Anzahl von Individuen einige wenige besonders geeignet erscheinende ausgewählt und die große Masse rücksichtslos verworfen wird. Die Beeinflussung von Lebensprozessen besteht also in diesen Fällen darin, daß eine natürlicherweise mit sehr geringer Häufigkeit auftretende erbliche Variabilität in der Nachkommenschaft bestimmter Zuchtansätze zur allmählichen Erreichung eines bestimmten Zieles ausgenutzt wird. Durch Anwendung geeigneter Mittel, wie z. B. bestimmter Strahlenarten oder chemischer Agenzien, gelingt es, die geringe Häufigkeit der natürlicherweise auftretenden erblichen Variabilität etwas zu erhöhen, aber dennoch bleibt das Auftreten gewünschter Erbänderungen (Mutationen) so selten, daß auch in den günstigsten Fällen nur einzelne Individuen unter vielen Tausenden von Nachkommen Erbänderungen im erwünschten Sinne aufweisen. Von einer gezielten Beeinflussung der Lebensprozesse kann man unter diesen Umständen eigentlich nicht sprechen. Es wird zwar ein Ziel angestrebt, nämlich die Heranbildung eines besonderen dem Menschen erwünschten Tier- oder Pflanzentyps; erreicht wurde dieses Ziel bisher jedoch nur durch künstliche Auslese seltener zufällig und ungerichtet auftretender Veränderungen im Erbgut.

Eine neuartige Situation kann sich jedoch aus den neuerworbenen detaillierten Kenntnissen über die Struktur der Erbsubstanz ergeben. In Kapitel III, 2 haben wir die Wege verfolgt, die zur Identifizierung der Struktur der Erbsubstanz geführt haben. Dabei haben wir erfahren, daß bei bestimmten Bakterienarten, z. B. den Erregern der Lungenentzündung des Menschen, *Diplococcus pneumoniae,* bestimmte Erbeigenschaften einer Bakterienzelle auf eine andere Bakterienzelle, der diese Eigenschaften ursprünglich fehlen, übertragen werden können. Eine solche Übernahme spezifischer Erbeigenschaften erfolgt durch Aufnahme von Erbsubstanz und wird von den Erbbiologen als „Transformation" bezeichnet. Mit der Transformation also haben wir ein Mittel zur Verfügung, bestimmte gezielte erbliche Veränderungen in bestimmten Bakterienzellen vornehmen zu können. Ist dieser Prozeß nur auf Pneumokokken beschränkt, so wäre er zwar nach wie vor hoch interessant für die Identifizierung der Erbsubstanz, wäre aber ohne allgemeine Bedeutung für eine gezielte Beeinflussung von Lebensprozessen bei anderen Organismenarten. Daher wird es für uns wichtig festzustellen, ob das Phänomen der Transformation auch bei anderen Organismenarten bereits beobachtet werden konnte.

Tatsächlich weiß man seit einigen Jahren, daß Transformationen auch bei verschiedenen anderen Bakterienarten vorkommen können. Sie wurde u. a. auch beobachtet bei Bakterien der Gattungen *Haemophilus, Xanthomonas* und *Streptococcus*. Voraussetzung für erfolgreiche Transformationen ist natürlich die Fähigkeit der Zellen, große DNS-Moleküle aufnehmen zu können. Auch Bakterienzellen sind hierzu nicht immer in der Lage. Nur beim Vorherrschen besonderer physiologischer Zellzustände, die vom Erbgut der Empfängerzelle und von verschiedenen Umweltbedingungen abhängen, können Bakterienzellen transformiert werden. Unter besonders günstigen Umständen lassen sich aber bei bestimmten Bakterienstämmen Transformationen bei einem recht großen Prozentsatz (bis zu etwa 20 %) der vorhandenen Zellen erreichen. Auch wenn man das Erbgut, also DNS-Moleküle, einer bestimmten Bakterienart Zellen einer anderen Art zusetzt, kann es zu interspezifischen Übertragungen von Erbeigenschaften kommen. Allerdings treten in diesen Fällen transformierte Bakterienzellen wesentlich seltener auf als beim Angebot von DNS der gleichen Art, also bei intraspezifischer Übertragung.

Zellen mit einer festen Außenwand können große Makromoleküle kaum aufnehmen und sind daher auch nicht transformierbar. Von dünnen Membranen begrenzt sind aber außer den Bakterienzellen die Mehrzahl der Zellen tierischer Organismen einschließlich der des Menschen. Und damit ergibt sich die Frage, ob auch das Erbgut menschlicher Zellen durch Transformationen gezielt verändert werden kann. Zur eindeutigen experimentellen Prüfung dieser Frage ist es zunächst notwendig, isolierte Zellen vielzelliger Organismen in geeigneten Nährmedien kultivieren zu können. Nur unter den Bedingungen isolierter Zellkulturen lassen sich gezielte Beeinflussungen des Erbgutes eindeutig nachweisen, da störende Einflüsse der Außenwelt und der übrigen Zellen eines Vielzellers eindeutig kontrolliert oder ganz ausgeschieden werden können. Bereits seit längerer Zeit ist diese Voraussetzung erfüllt. Nachdem die notwendigen Kulturbedingungen aufgeklärt worden sind, ist es heute möglich, Zellkulturen der verschiedensten Organismen einschließlich des Menschen anzulegen. Dabei hat sich gezeigt, daß menschliche Zellen durchaus in der Lage sind, zugesetzte DNS aufzunehmen. Dieses Ergebnis ist vorläufig nur von theoretischem Interesse. Eine praktische Bedeutung kommt ihm im Augenblick nicht zu. Noch nicht zu, sollte man jedoch besser vorsichtigerweise sagen. Denn nachdem der Nachweis möglicher Transformationen von Zellen erbracht worden ist, läßt sich nicht ausschließen, daß in naher Zukunft auch Wege gefunden werden, nicht nur isoliert kultivierte Zellen, sondern auch Zellen in Gewebeverbänden in vielzelligen Organismen zu transformieren.

Was kann damit erreicht werden?

Nach allem, was wir heute wissen, ist es keine abwegige Spekulation, wenn man sich vorstellt, daß z. B. durch diese Methoden erbliche Defekte bestimmter Zellen, die zu Funktionsstörungen der Zellen und Krankheitszuständen des Organismus führen, behoben werden könnten. Möglicherweise wird der Mensch in nicht zu ferner Zukunft sich in die Lage versetzt sehen, das Schicksal von „Erbkranken", also Mitmenschen, deren Krankheitssymptome erblich bedingt sind, wesentlich zu mildern. Damit wäre eine im echten Sinne gezielte Beeinflussung wichtiger Lebensprozesse erreicht, die eine unmittelbare Bedeutung für den Menschen und sein gemeinschaftliches Zusammenleben hat.

Jedoch sollten wir unsere spekulative Vorausschau nicht nur auf diesen, sicher von allen verantwortungsbewußt denkenden Menschen als positiven Gewinn unserer Möglichkeiten zu bewertenden Ausblick beschränken, sondern müssen auch andere, dann möglicherweise realisierbare Folgerungen ins Auge fassen. Wenn es möglich wird, das Erbgut menschlicher Zellen gezielt zu beeinflussen, wer bietet dann die Sicherheit, daß derartige Experimente nur zur Heilung bestimmter Krankheitsformen durchgeführt werden. Auch die künstliche Beeinflussung und Heranbildung bestimmter Menschentypen könnte dann möglich werden. Wer aber bestimmt die Auswahl der zu produzierenden Typen? Und welche Folgerungen ergeben sich für die menschliche Gesellschaft, wenn in kleinerem oder größerem Ausmaß vorgeplante Typen experimentell produziert werden?

In seinem utopischen Buch „Brave new world" (in einer deutschen Übersetzung 1953 unter dem Titel „Schöne neue Welt" erschienen) hat Aldous Huxley bereits 1932 ähnliche Konsequenzen romanhaft, plastisch ausgemalt. Beim Stand unserer heutigen Kenntnisse über die Grundlagen biologischer Prozesse verlieren diese Schilderungen über herangezüchtete menschliche Spezialtypen etwas von ihrem utopischen Charakter. Heute können wir uns Wege zu ihrer Realisation vorstellen. Wir sollten daher um so betroffener sein und sehr aufmerksam mögliche Entwicklungen rechtzeitig durchdenken.

Es ist eine alte, wohlbegründete Erfahrung, daß wissenschaftliche Neugierde sich nicht abstellen läßt und daher ein weiterer Fortschritt der Erkenntnisse unbedingt zu erwarten ist. Die Wissenschaft war und wird nicht zu hindern sein, auch Tatbestände ans Licht zu bringen, die für den Menschen nicht ungefährliche Folgerungen zeitigen können. Diese Folgerungen in Bahnen zu lenken, die der Allgemeinheit nützen und nicht schaden, ist eine politische Aufgabe. Durch politische Maßnahmen, die naturgemäß aus bestimmten philosophischen Grundhaltungen erwachsen, wird bewirkt werden, in welchem Maße die menschlichen Existenzbedingungen durch neue erbbiologische Techniken eine Veränderung erfahren können. Da politische Entwicklungen und Entscheidungen zumindest mittelbar aus Entwicklungsvorgängen und Entscheidungsprozessen vieler einzelner Individuen hervorgehen, ist es eine Aufgabe der Wissenschaft, frühzeitig eine möglichst große Anzahl von Menschen auf bestimmte Forschungsergebnisse und sich daraus ergebende denkbare Konsequenzen hinzuweisen. Nur rechtzeitiges Gewahrwerden und Durchdenken aufunszukommender Probleme durch eine Vielzahl von Menschen kann die menschliche Gemeinschaft vor einer Überrumpelung durch plötzlich eintretende, inadäquate politische Entscheidungen bewahren.

Weitere mögliche gesellschaftspolitische Konsequenzen auszumalen, ist nicht Aufgabe dieses Buches. Mit diesen Hinweisen auf mögliche Folgerungen aus neueren Erkenntnissen biologischer Forschungen sei daher die Erörterung über die Möglichkeiten gezielter Beeinflussungen von Lebensprozessen abgeschlossen. Wir haben uns dabei ganz auf die Diskussion möglicher Auswirkungen von Transformations-Experimenten auf den Menschen beschränkt, da diese Folgerungen für uns als Menschen zweifellos am interessantesten sind. Es braucht wohl nicht besonders ausgeführt zu werden, daß auch eine echte gezielte Beeinflussung der Erbsubstanz anderer Organismen für den Menschen von Interesse ist. Schließlich könnte dadurch der Prozeß der Heranbildung besonders nutzvoller Organismenrassen erheblich beschleunigt werden.

Wenden wir uns nun der zweiten eingangs gestellten Frage nach der Bedeutung der neueren wissenschaftlichen biologischen Erkenntnisse für das Selbstverständnis des Menschen zu. Da die Bauelemente des menschlichen Körpers, die Zellen und Zellbestandteile, denen gleichen, die auch bei anderen Organismen anzutreffen sind, ist der Mensch zweifellos auf Grund seiner materiellen Organisation ein Mitglied des Reiches der Lebewesen. Auf Grund bestimmter Konstitutionseigenschaften läßt er sich den Säugetieren und unter diesen wiederum der Gruppe der sogenannten Primaten oder Herrentiere, zu der auch die Affen und Halbaffen gehören, zuordnen. Bei allen körperlichen Gemeinsamkeiten mit dieser Tiergruppe ist ein Unterschied augenfällig, die Fähigkeit zu intensivem Denken. Es kann dahingestellt bleiben, ob man diese Errungenschaft eines Organismus als Glück oder Unglück ansehen will. Der Mensch hat diese Eigenschaft und muß sich mit den daraus resultierenden Problemen auseinandersetzen. Er nimmt seine Umwelt wahr, unterscheidet in landläufiger Weise zwischen Unbelebtem und Belebtem und fragt nach seiner Position in dieser Welt, nach Unterschieden und Gemeinsamkeiten mit wahrnehmbaren Dingen seiner Umwelt.

Für jemanden, der seine Gedanken in Vergangenheit und Zukunft senden kann, liegt es nahe, auch sein eigenes Geschick in Vergangenheit und Zukunft zu bedenken. In diesem Zusammenhang bleibt zu ergründen, ob sein Schicksal dem der Dinge seiner Uwelt vergleichbar ist oder sich in besonderer Weise davon unterscheidet. Spekulativ sind die Menschen im Laufe ihrer uns überlieferten Geschichte zu recht unterschiedlichen Ansichten in diesem Punkt gekommen. Während die einen sich damit begnügten, sich als ein Glied der sie umgebenden Natur aufzufassen, entwickelten andere Ansichten, die darin gipfelten, dem Menschen eine Sonderstellung einzuräumen, die er auf Grund von Kräfteauswirkungen einnimmt, die außerhalb aller für die übrige Materie gültigen Gesetzmäßigkeiten liegen. Solange diese Ansichten auf Hoffnungen und spekulative Deutungen zurückzuführen sind, hängt ihre Anerkennung durch den Einzelnen vornehmlich von den Konventionen seiner Erziehung sowie seiner Kritik- und Glaubensfreudigkeit ab. Mit den Fortschritten wissenschaftlich begründeter Erkenntnisse erwächst aber auch das Verlangen, spekulative Deutungen und Hoffnungen auf ihren wissenschaftlich nachweisbaren Wahrheitsgehalt zu überprüfen. Den kritisch Denkenden befriedigt naturgemäß ein objektiver Nachweis bestimmter entscheidender Tatbestände mehr als deren bloß spekulative Ausdeutung.

Auf welche Tatbestände und Fragen konzentriert sich nun dieses Bemühen in unserer heutigen Zeit?

Das Auftreten neuer Zustandsformen, d. h. das Erscheinen von Zuständen, die sich durch augenscheinlich grundsätzlich neuartige Eigenschaften von früheren Zuständen unterscheiden, ist es vor allem, was zum Verständnis der Zusammenhänge unserer Welt und der Stellung des Menschen in ihr einer Erklärung bedarf. Drei Phänomene sind für uns hier von besonderer Bedeutung: 1. Das Auftreten von Materie, 2. das Auftreten von belebter Materie, also Leben und 3. das Auftreten eines zu intensivem Denken befähigten Lebewesen, des Menschen.

Das erste Problem, die Frage nach dem Ursprung der Materie, ist mit den Mitteln der heutigen Wissenschaft nicht auflösbar. Bisher kann auch hier die Wissenschaft nur auf Spekulationen hinweisen, deren Überzeugungskraft andere Argumentationen nicht wesentlich übertrifft. Allerdings darf nicht unberücksichtigt bleiben, daß all unsere Bemühungen von unserem Denkvermögen abhängig sind, das zweifellos von bestimmter Begrenztheit ist. So sind wir z. B. gewohnt, jeden Zustand als durch Anfang und Ende begrenzt anzusehen, und übertragen das, was wir in unserer unmittelbaren Umgebung feststellen, auch auf Probleme von ganz anderen zeitlichen Dimensionen. In anderer Weise zu denken, übersteigt unser heutiges Vermögen, und wir bleiben daher auf vage Spekulationen über den Ursprung der Materie beschränkt. Wenn es auch uns nichts mehr nützen wird, so mag doch eines Tages ein Lebewesen existieren, das mit wesentlich entwickelterem Denkvermögen diese Probleme mit größerer Klarheit zu durchdringen vermag[1].

---

[1] In diesem Zusammenhang sei daran erinnert, daß der Mensch z. B. auch erst im 19. und 20. Jahrhundert erfahren hat, daß einige ihm für lange Zeit als universell gültig erscheinende Gesetze, wie das Kausalitätsgesetz oder die Gesetze der euklidischen Geometrie, nur eine beschränkte Gültigkeit haben. Obwohl ein so großer Denker, wie Emanuel Kant, diese Gesetze als unumstößliche Einsicht der reinen Vernunft erkennen zu können geglaubt hat, hat der Fortschritt wissenschaftlicher Forschung bald nach seinem Tod gezeigt, wie ergänzungsbedürftig auch gut fundiert erscheinende Erkenntnisse sein können. Stets haben wir uns davor zu hüten, gewohnte Erfahrungen als selbstverständliche Erscheinungen zu deuten.

Nehmen wir also die Existenz von Materie zur Kenntnis, ohne uns eindeutige Vorstellungen über ihren Ursprung machen zu können, und fragen uns nach den Ursachen der zweiten uns interessierenden Zustandsänderung, dem Auftreten belebter Materie. In vielen heute weit verbreiteten Interpretationen der Zusammenhänge dieser Welt wird ein wesentlicher Wert auf das Argument gelegt, daß das Auftreten von Lebewesen ein Zeugnis für die Auswirkung immaterieller Faktoren sei, also von Gesetzmäßigkeiten, die der unbelebten Materie nicht zukommen. Was kann die wissenschaftliche Forschung zu diesem Punkte sagen?

Im IV. Kapitel haben wir uns bekanntgemacht mit einigen heute verfügbaren wissenschaftlichen Erkenntnissen über die Herkunft wichtiger Baumaterialien belebter Materie und über die Bildung einfacher Strukturen aus Eiweißkörpern. Wir haben erfahren, daß beide Prozesse unter relativ einfachen Bedingungen ablaufen können. Es werden dabei Zustände realisiert, die aus den Eigenschaften bestimmter Materiekonfigurationen erwachsen, wie z. B. eine Aneinanderkettung von Aminosäuren in nicht ausschließlich nach Zufallsgesetzen zu erwartender Reihenfolge und die Herausbildung membranumschlossener, zellartiger Räume. Was diese Versuche deutlich enthüllen, ist das Vorhandensein einiger uns bis vor kurzem noch unbekannter Eigenschaften der Materie. Nur wenn man den verfrühten und nach dem Stand unserer heutigen Kenntnisse unbegründeten Schluß zieht, daß alle der Materie innewohnenden Eigenschaften restlos bekannt wären und keine Bildung komplizierter, strukturbildender Makromoleküle zuließen, könnte die Wirkung immaterieller Faktoren bei der Bildung belebter Strukturen sinnvoll in Anspruch genommen werden. Die im IV. Kapitel geschilderten Versuche zeigen aber neben anderen Ergebnissen der modernen Pysik, daß uns die Eigenschaften der Materie noch längst nicht vollständig bekannt sind, sondern neue Fragestellungen, die zu neuen experimentellen Ansätzen führen, auch neue Eigenschaften enthüllen können. Erinnert sei in diesem Zusammenhang nur an den kürzlich völlig überraschend entdeckten unparitätischen Zerfall bestimmter Elementarpartikel, der K-Mesonen[1], sowie an die unerwartete Resonanzabsorption von γ-Strahlen bei niedrigen Temperaturen in bestimmten Kristallkomplexen, eine Erscheinung, die als „Mössbauer-Effekt"[2] bekannt geworden ist. Die Bedeutung dieser Erkenntnisse wurde 1957 und 1961 durch die Verleihung des Nobelpreises

[1] Bisher waren die Physiker davon überzeugt, daß, vereinfacht ausgedrückt, bei den Elementarprozessen der Natur weder ein Rechtsschraubensinn noch ein Linksschraubensinn besonders ausgezeichnet wird, sondern beide Prozesse „paritätisch", d. h. mit gleicher Häufigkeit sich ereignen.

[2] Theoretisch sollte die sogenannte Resonanzabsorption, die Wiederverschluckung ausgestrahlter γ-Strahlen in Atomkernen derselben Art, nur bei hohen Temperaturen eintreten. Mössbauer konnte zeigen, daß die Resonanzabsorption aber auch bei sehr niedrigen Temperaturen besonders stark auftritt, wenn die strahlenden und absorbierenden Atomkerne in bestimmte Kristalle eingebaut sind.

an ihre Entdecker T. D. Lee und C. N. Yang sowie R. Mössbauer für die Allgemeinheit besonders hervorgehoben.

Erinnern wir uns darüberhinaus an die Diskussion im Kapitel IV, 3. Sie hatte gezeigt, daß die auf den ersten Blick so auffällige, eindeutige Trennung zwischen unbelebter Materie und Lebewesen bei näherer Analyse der Begriffe „unbelebt" und „belebt" nicht aufrechterhalten werden kann. Demzufolge kommt man zu dem Schluß, daß eine fundamentale Zustandsänderung, d. h. das Auftreten grundsätzlich andersartiger Eigenschaften beim Übergang von unbelebter zu belebter Materie, durch wissenschaftliche Analysen nicht nachgewiesen werden konnte. Wenn auch ein exakter Nachweis aller bei der Herausbildung von Lebewesen wirksamer Faktoren, z. B. durch eine experimentelle Produktion von Leben aus unbelebter Materie, noch nicht gelungen ist, so liefern die bis heute erzielten Resultate wissenschaftlicher Forschung doch keinen Grund zur Annahme einer grundsätzlichen Undurchführbarkeit derartiger Versuche. Wenn man also, aus welchen Gründen auch immer, annehmen zu müssen glaubt, daß die Entstehung von Leben aus unbelebter Materie als Zeugnis für die Wirksamkeit immaterieller Faktoren zu werten ist, so kann dieser Schluß nicht unter Berufung auf die Ergebnisse biologischer Forschungen erhärtet werden. Die Wissenschaft vielmehr hat gute Gründe für das Vorliegen grundsätzlich einheitlicher Existenzbedingungen „unbelebter" und „belebter" Materie zutage gebracht.

Es bleibt noch die Aufgabe, die Voraussetzungen für das Auftreten eines zu intensivem Denken befähigten Lebewesens zu erörtern. Hier müssen und können wir uns recht kurz fassen, da eine weitgehende Einheitlichkeit der Auffassungen heute allgemein vorherrscht. Alle biochemischen Untersuchungen haben übereinstimmend gezeigt, daß die grundlegenden biologischen Strukturen und Mechanismen, die wir in den Kapiteln I bis III kennengelernt haben, allen existierenden Lebewesen, einschließlich des Menschen, gemeinsam sind. Selbst die Steuerungsrezepte für den Aufbau von Makromolekülen sind von den Bakterien bis hin zum Menschen offensichtlich in einheitlicher Sprache abgefaßt. Diese Befunde weisen recht eindeutig auf einen gemeinsamen Ursprung aller heute existierenden Lebewesen hin. Die Prozesse, die zur mannigfaltigen Differenzierung der Lebewesen geführt haben, müssen über Abänderungen und Erweiterungen der erblichen Steuerungsrezepte gewirkt haben. Wie wir heute wissen, haben hierbei einen entscheidenden Einfluß molekulare Veränderungen der Basensequenz in der DNS (Mutationen) und die natürliche Auslese geeigneter Erbrezepte durch die Umwelt (Selektion) ausgeübt.

Als Folge eines gemeinsamen Ursprungs aller Lebewesen müssen weiterhin Übergangsformen zwischen den heute sehr verschiedenartig differenzierten Lebewesen und gemeinsamen Vorfahren für bestimmte Zeiten existiert haben. Die paläontologische Forschung hat eine Fülle solcher Übergangsformen in versteinerten Ablagerungen aufgefunden und in vielen Fällen eindeutige Stammbäume rekonstruieren können. Besonders in jüngster Zeit sind auch viele Reste möglicher Übergangsformen zwischen tierischen und menschlichen Organismentypen aufgefunden worden, so daß wohl niemand mehr ernstlich die organismische Abkunft des Menschen in Zweifel zieht. Die Fähigkeit zu intensivem Denken dürfte dementsprechend als eine mit zunehmender Differenzierung bestimmter Nervenzellen verbundene Funktionssteigerung anzusehen sein. Dieser Schluß erscheint um so einleuchtender, da bekanntlich bestimmte einfache psychische Leistungen, wie Lernvermögen oder gar einfachstes Kombinieren verschiedener Tatbestände, zur zielstrebigen Erreichung bestimmter Zwecke bereits im Tierreich anzutreffen sind. So ist vom wissenschaftlichen Standpunkt aus auch im Auftreten des Menschen in der belebten Welt kein notwendiger Grund für die Wirkung immaterieller Faktoren zu erblicken.

Zusammenfassend können wir also feststellen, daß die heutige Naturwissenschaft uns keine experimentell begründeten Vorstellungen über die Herkunft der Materie als Grundbaustein unserer Welt zu liefern vermag. Alle ihre Untersuchungsbefunde weisen aber darauf hin, daß die bestehende Materie Eigenschaften besitzt, in verschiedenen Konstitutionsformen existieren zu können, die wir als „unbelebte" und „belebte" Materie in bestimmter Hinsicht unterscheiden. Für die Dauer seiner individuellen Existenz ist der Mensch ein Teil der „belebten" Materie.

So weit kann uns die Wissenschaft bei der Beurteilung unserer Stellung in der Welt helfen. Entsprechend seinen individuellen Bedürfnissen ist jeder Einzelne nun genötigt, dieses Weltbild unter Umständen durch mehrere zusätzliche, spekulative Annahmen zu ergänzen. In unsupplementierter Form wird es häufig mit dem Schlagwort „Materialismus" oder „biologischer Materialismus" gekennzeichnet, wobei, je nach der Einstellung des Stellungnehmenden, ein negativer oder positiver Begutachtungswert mitschwingen kann. Das ist zweifellos ein Nachteil dieser sonst möglicherweise recht zutreffenden Bezeichnung, der aus den historischen Gegebenheiten unserer abendländischen Siuation erwachsen ist. Denn dieses Weltbild, das hier einmal wertfrei als „wissenschaftliches" Weltbild bezeichnet werden soll, schließt eine Mitwirkung immaterieller Faktoren, deren Existenz vielen als unabdingbare Notwendigkeit eines für denkende Wesen ertragbaren Lebens erscheint, nicht schlechterdings aus. Es sagt nichts über deren Mitwirkung und verlegt mögliche Mitwirkungen auf den uns heute unbegreifbaren Anfang alles materiellen Seins. Dem Einzelnen bleibt es überlassen, sich entweder mit dieser Unbegreifbarkeit zufriedenzugeben oder sie sich selbst durch die Annahme der Wirkung immaterieller Faktoren zu erklären. Genügt die Annahme einer einmaligen Einwirkung immaterieller Faktoren seinen Ansprüchen an Sicher- und Geborgenheitsgefühlen für eine befristete Existenz noch nicht, so wird er geneigt sein, weitere Mitwirkungen immaterieller Faktoren während der Ausgestaltung der heute existierenden Welt anzunehmen. Jedoch dürfte allgemeine Einigkeit darüber bestehen, daß es an Haarspalterei grenzt, die Bedeutung solcher transcendentaler Eingriffe an ihrer Häufigkeit zu messen. Auch das einmalige Ingangsetzen materieller Existenz durch immaterielle Faktoren wäre ein gewaltiges Phänomen von unermeßlicher Bedeutung, dessen Realität das wissenschaftliche Weltbild nicht ausschließen kann. Es ist das Los des zu intensivem Denken befähigten Organismus, sich hier entscheiden zu müssen. Eine Tat, die manche wohlmeinenden Helfer in Erkenntnis der Gefahren dieser Aufgabe vielen Mitmenschen unter Zufügung manch anderer, die intellektuelle menschliche Existenz vermeintlich abschirmender Annahmen, abzunehmen versuchen. Trost dieser Art kann die Wissenschaft nicht bieten.

Empfohlene Literatur

Heberer, G.: Die Evolution der Organismen, 2. Aufl. Stuttgart 1959.
Heberer, G.: Neue Ergebnisse der menschlichen Abstammungslehre. Göttingen 1951.
Reichenbach, H.: Der Aufstieg der wissenschaftlichen Philosophie, Berlin 1951.
Rensch, B.: Neuere Probleme der Abstammungslehre, 2. Aufl. Stuttgart 1954.
Simpson, G. G.: Auf den Spuren des Lebens. Berlin 1957.

Register

Die fettgedruckten Zahlen weisen auf Seiten mit Abbildungen hin

FSC
www.fsc.org
MIX
Papier | Fördert gute Waldnutzung
FSC® C083411

Zeitfracht Medien GmbH
Ferdinand-Jühlke-Straße 7
99095 Erfurt, Deutschland
produktsicherheit@kolibri360.de